Supported by Key Project for the Development of State Facilities and Information Infrastructure for Science and Technology: National Specimen Information Infrastructure (2005DKA21401)
国家科技基础条件平台：标本资源共享平台建设项目（2005DKA21401）资助
国家"十三五"重点图书出版规划项目

Type Specimens in China National Herbarium (PE)

Volume 2

PTERIDOPHYTA (2)

中国国家植物标本馆（PE）模式标本集

第2卷

蕨类植物门（2）

Institute of Botany, Chinese Academy of Sciences Edit
The editor of this volume LIN Qi

中国科学院植物研究所 编

本卷主编 林 祁

河南科学技术出版社
Henan Science and Technology Press

图书在版编目（CIP）数据

中国国家植物标本馆模式标本集. 第2卷：中国科学院植物研究所编；林祁分册主编. —郑州：河南科学技术出版社, 2015.10（2016.11重印）

ISBN 978-7-5349-7507-3

Ⅰ.①中… Ⅱ.①中…②林… Ⅲ.①植物—标本—中国—图集 Ⅳ.①Q94-34

中国版本图书馆CIP数据核字（2014）第298102号

The editor of this volume LIN Qi

Edited by BAN Qin, CHEN Shurong, DU Yufen, HE Dongdong, LIN Qi, LIN Yun, MA Xintang, SONG Li, TIAN Xiya, WANG Zhongtao, YANG Zhirong

(Names are arranged in alphabetical order)

主　编　林　祁

编著者（以姓氏拼音为序）

班　勤　陈淑荣　杜玉芬　何东东　林　祁　林　云

马欣堂　宋　莉　田希娅　王忠涛　杨志荣

生物中国总策划：周本庆

出版发行：河南科学技术出版社

地址：郑州市经五路66号　　邮编：450002

电话：（0371）65737028　　65788613

网址：www.hnstp.cn

策划编辑：周本庆　杨秀芳

责任编辑：杨秀芳

责任校对：李振方

整体设计：张　伟

责任印制：张艳芳

印　　刷：北京盛通印刷股份有限公司

经　　销：全国新华书店

幅面尺寸：240mm×345mm　　印张：61.5　　字数：180千字

版　　次：2015年10月第1版　　2016年11月第2次印刷

定　　价：1200.00元

Introduction

Predecessors of China National Herbarium (abbreviated code PE), Institute of Botany, Chinese Academy of Sciences are the Herbarium, Department of Botany, the Fan Memorial Institute of Biology, Peiping (1928), as well as the Herbarium, Institute of Botany, the National Academy of Peiping (1929). Now PE has developed into the largest herbarium in Asia. The current collections contain more than 2,650,000 specimens in the herbarium, including mosses, ferns, seed plants, seed collections and plant fossil samples. Among them, there are about 20,000 type specimens (holotype, isotype, lectotype, isolectotype, neotype, isoneotype, epitype, isoepitype, paratype, isoparatype, syntype, isosyntype).

Type specimens in this book were produced by selecting the most important type specimen deposited at PE under the same scientific name (species, subspecies, variety and form), and then they were also reviewed and scanned. After compilation, ***Type Specimens in China National Herbarium (PE)*** which consists of 14 volumes is completed. The taxa are arranged by family according to the system of ***Flora Bryophytorum Sinicorum*** and ***Flora Reipublicae Popularis Sinicae***. Infra-family taxa are alphabetized by genera, species, subspecies, varieties and forms. The explanation of each taxon is listed in the figure caption with Chinese name, scientific name, original publication, nature of specimen (holotype/ isotype/ lectotype/ isolectotype/ neotype/ isoneotype/ epitype/ isoepitype/ paratype/ isoparatype/ syntype/ isosyntype), type locality (country/ province/ county/ mountain if present) , altitude, collection date, collector and collection number. The collector and type locality in this book follow ***Index Herbariorum Sinicorum*** (L. K. Fu, 1993) and ***Gazetteer of China—An Index to the Atlas of the People's Republic of China*** (Chinese Academy of Surveying & Mapping, 1997) respectively.

This book is a very important work for researching and identifying Chinese plants. It could also be used as a reference by plant taxonomists and people from botanic research institutions, educational institutions and production departments at home and abroad.

Volume 2 of ***Type Specimens in China National Herbarium (PE)*** includes 465 type specimens from Hypodematiaceae to Dryopteridaceae (1), comprising 420 holotypes, 31 isotypes, 6 lectotypes, 7 paratypes, 1 isosyntype, and belonging to 7 families, 29 genera, 447 species, 14 varieties and 4 forms.

Greatest thanks to Prof. Li Liangqian and Prof. Zhang Xianchun, curators of China National Herbarium (PE), for their support and help throughout the publication of the book.

LIN Qi

2014.12

前　言

中国科学院植物研究所国家植物标本馆（缩写代号 PE）的前身是 1928 年成立的北平静生生物调查所植物标本室和 1929 年成立的北平研究院植物研究所标本室，PE 现已发展为亚洲最大的植物标本馆，目前馆藏植物标本 265 万余份，包括苔藓植物标本、蕨类植物标本、种子植物标本、种子标本和植物化石标本，其中模式标本近 2 万份（含主模式、等模式、后选模式、等后选模式、新模式、等新模式、附加模式、等附加模式、副模式、等副模式、合模式、等合模式）。

书中所收录的模式标本是在同一学名下（种、亚种、变种、变型）遴选出一份最重要的馆藏模式标本，经整理并扫描后编撰而成《中国国家植物标本馆（PE）模式标本集》（共 14 卷）。全书各科依据《中国苔藓志》及《中国植物志》系统排列，属、种、亚种、变种、变型的名称按字母顺序排列。每张扫描模式标本相片的图注解释均标注中名、学名、原始文献、模式类型（主模式、等模式、后选模式、等后选模式、新模式、等新模式、附加模式、等附加模式、副模式、等副模式、合模式、等合模式）、采集地点（国名、省名、县名、山名）、海拔、采集时间（年月日）、采集人和采集号。本书中的采集人根据《中国植物标本馆索引》(傅立国，1993) 书写，采集地根据《中国地名录——中华人民共和国地图集地名索引》（国家测绘局地名研究所，1997）书写。

本书是一部研究与鉴定中国植物的重要著作，可供国内外植物分类学者及有关植物学科研、教学和生产部门人员参考。

第 2 卷包括肿足蕨科（Hypodematiaceae）至鳞毛蕨科（Dryopteridaceae）（1）的 465 份模式标本，含 420 份主模式、31 份等模式、6 份后选模式、7 份副模式、1 份等合模式，隶属于 7 科、29 属、447 种、14 变种和 4 变型。

感谢中国国家植物标本馆（PE）馆长李良千研究员和张宪春研究员在本书编撰过程中给予的支持和帮助。

林　祁

2014 年 2 月

Contents
目　录

Hypodematiaceae

肿足蕨科

zhongzujueke

无毛肿足蕨 ***Hypodematium glabrum*** Ching ex K. H. Shing, Fl. Reip. Pop. Sin. 4(1): 9, 319. 1999. **Holotype:** China. Yunnan: Yuanmo, alt. 1 800 m, 1963-09-14, Jinshajiang Exped. 6907.

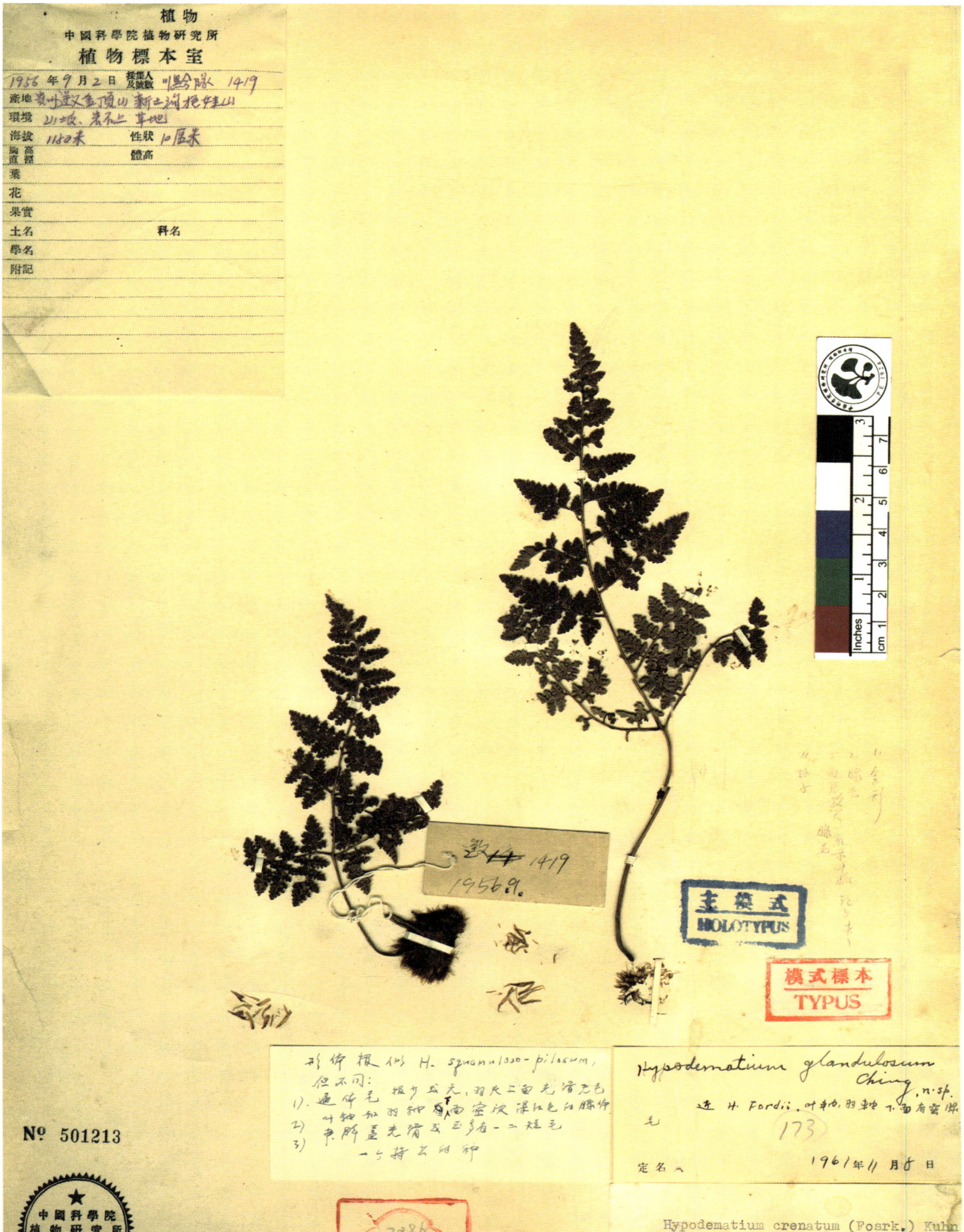

腺毛肿足蕨 ***Hypodematium glandulosum*** Ching ex K. H. Shing, Fl. Reip. Pop. Sin. 4(1): 14, 319. 1999. **Holotype:** China. Guizhou: Zunyi, Jindingshan, alt. 1 180 m, 1956-09-02, Sichuan-Guizhou Exped. 1419.

修株肿足蕨 ***Hypodematium gracile*** Ching, Fl. Tsinling. 2: 129, 220. 1974. **Holotype:** China. Jiangxi: Lushan, Y. K. Shiung 06799.

滇边肿足蕨 ***Hypodematium microlepioides*** Ching ex K. H. Shing, Fl. Reip. Pop. Sin. 4(1): 5, 318. 1999. **Holotype:** China. Yunnan: Longling, alt. 1 400 m, 1952-12-??, R. C. Ching s. n.

毛叶肿足蕨 ***Hypodematium pilosum*** Ching ex Z. T. Yin, Fl. Beijing, rev. ed., 1: 25, 669, f. 30. 1984. **Holotype:** China. Beijing: Fangshan, 1933-07-16, K. M. Liou 859.

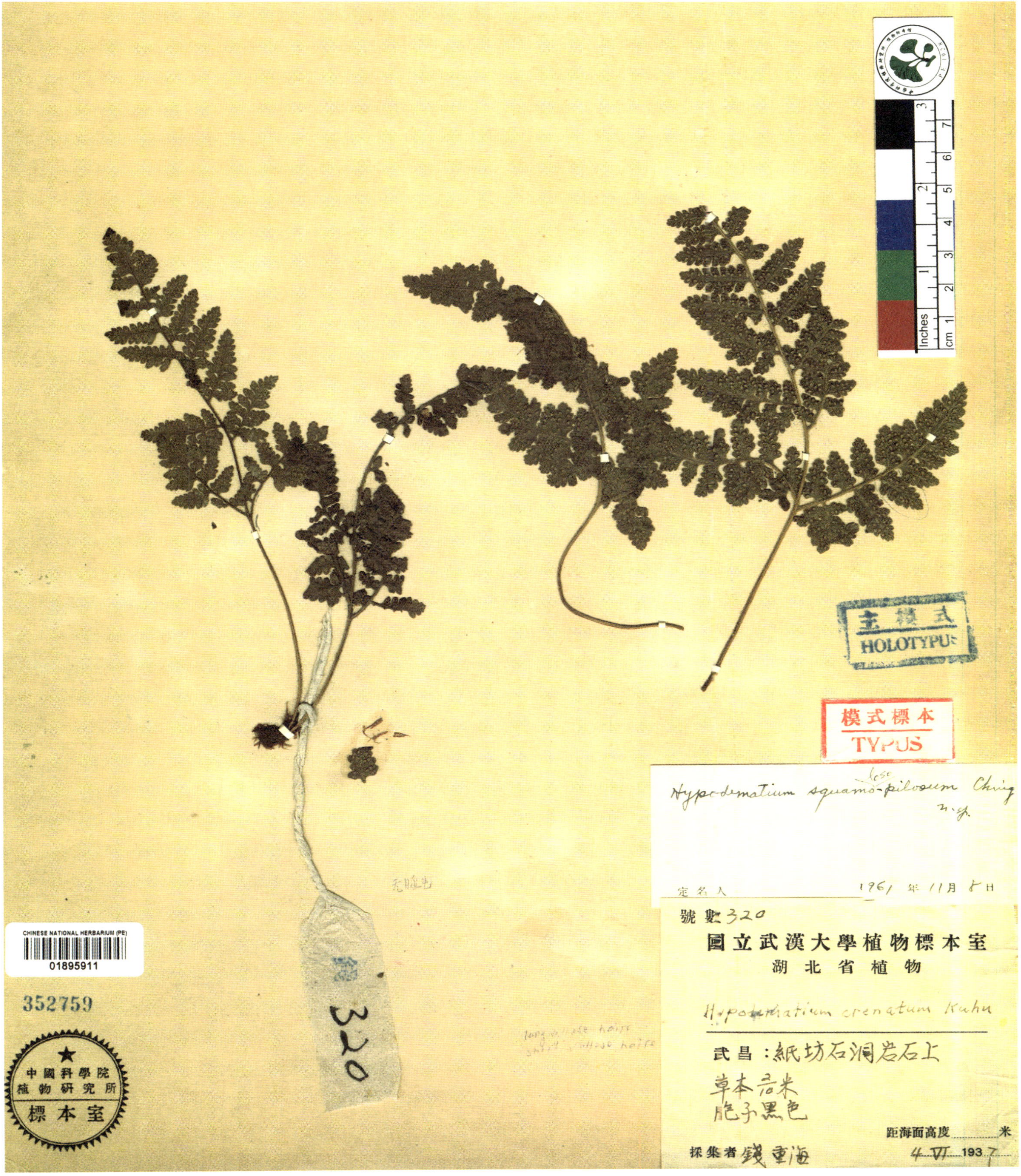

鳞毛肿足蕨 ***Hypodematium squamuloso-pilosum*** Ching, Fl. Jiangsu. 1: 465, f. 68. 1977. **Holotype:** China. Hubei: Wuhan, 1937-06-04, Z. H. Qian 320.

台湾肿足蕨 ***Hypodematium taiwanensis*** Ching ex K. H. Shing, Fl. Reip. Pop. Sin. 4(1): 7, 318. 1999. **Holotype:** China. Taiwan: Gaoxiong, 1914-02-??, U. Faurie 131.

Thelypteridaceae

金星蕨科

jinxingjueke

西藏钩毛蕨 ***Cyclogramma tibetica*** Ching & S. K. Wu, Fl. Xizang. 1: 157, f. 38: 4-7. 1983. **Isotype:** China. Xizang: Mêdog, alt. 1 530 m, 1974-09-11, Qinghai-Xizang Exped. 5091.

锐尖毛蕨 ***Cyclosorus acutissimus*** Ching ex K. H. Shing & J. F. Cheng in Jiangxi Sc. 8(3): 45. 1990. **Holotype:** China. Jiangxi: Dexing, 1958-10-02, M. X. Nie 5340.

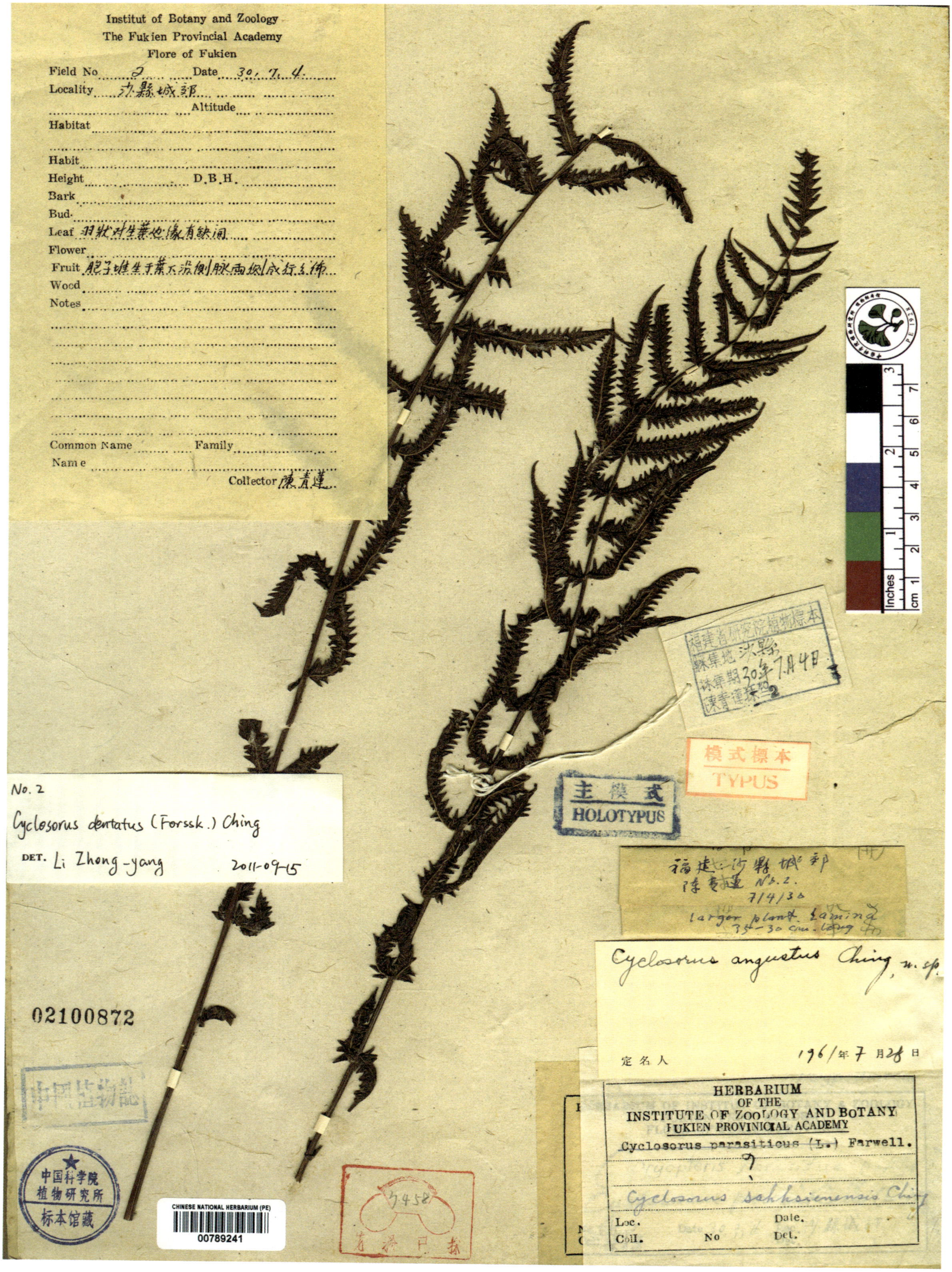

狭羽毛蕨 ***Cyclosorus angustus*** Ching, Fl. Fujian. 1: 598. 1982. **Holotype:** China. Fujian: Sha Xian, 1941-07-04, Q. L. Chen 2.

金腺毛蕨 ***Cyclosorus aureo-glaudulosus*** Ching & K. H. Shing ex Ching & C. F. Zhang in Bull. Bot. Res., Harbin 3(3): 4, photo. 4. 1983. **Holotype:** China. Zhejiang: Leqing, Yandangshan, alt. 100 m, 1979-11-20, K. Y. Shing & al. 229.

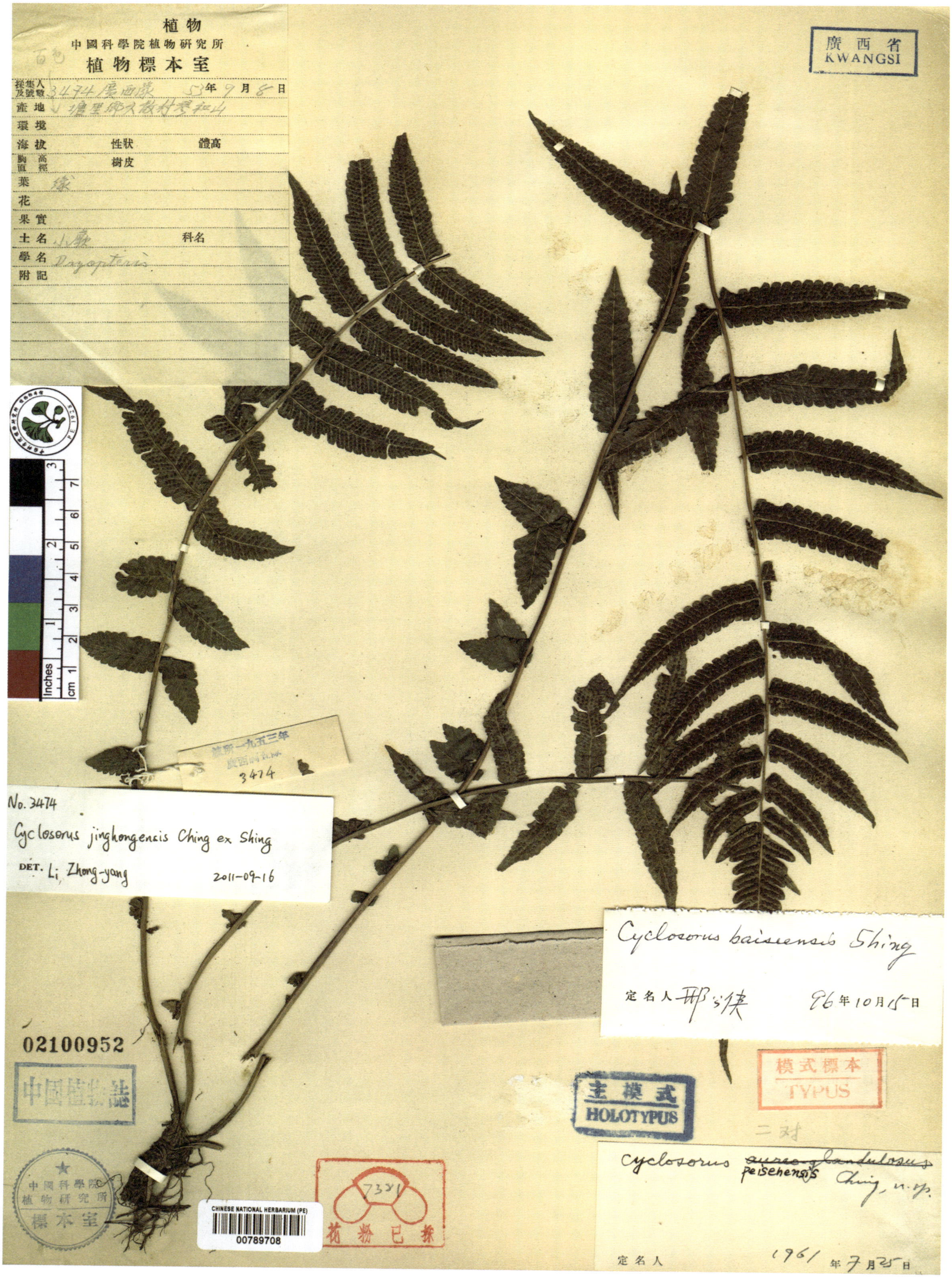

百色毛蕨 ***Cyclosorus baiseensis*** Ching ex K. H. Shing, Fl. Reip. Pop. Sin. 4(1): 225, 338, pl. 38: 8-9. 1999. **Holotype:** China. Guangxi: Baise, 1953-09-08, Guangxi Exped. 3474.

短柄毛蕨 ***Cyclosorus brevipes*** Ching ex K. H. Shing, Fl. Reip. Pop. Sin. 4(1): 208, 336. 1999. **Holotype:** China. Fujian: Dehua, alt. 530 m, 1974-(10-11)-??, K. H. Shing & al. 404.

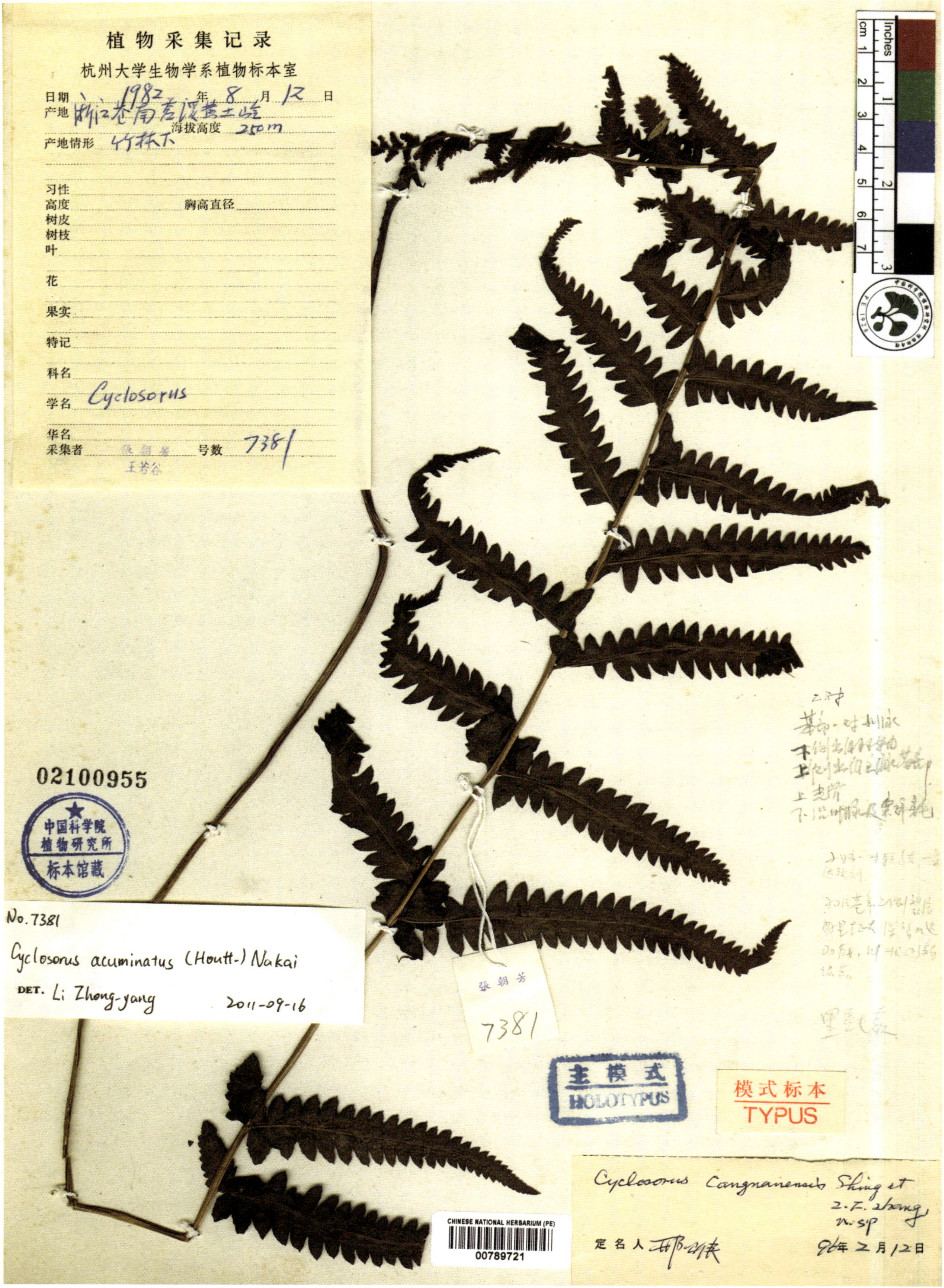

苍南毛蕨 ***Cyclosorus cangnanensis*** K. H. Shing & C. F. Zhang, Fl. Reip. Pop. Sin. 4(1): 230, 339. 1999. **Holotype:** China. Zhejiang: Cangnan, alt. 250 m, 1982-08-12, C. F. Zhang & R. G. Wang 7381.

薄叶毛蕨 *Cyclosorus chingii* Z. Y. Liu ex Ching & Z. Y. Liu in Bull. Bot. Res., Harbin 3(4): 25, photo. 22. 1983. **Holotype:** China. Chongqing: Nanchuan, Jinfoshan, alt. 700 m, 1980-11-13, Z. Y. Liu 1172.

慈利毛蕨 ***Cyclosorus ciliensis*** K. H. Shing, Fl. Reip. Pop. Sin. 4(1): 230, 339. 1999. **Holotype:** China. Hunan: Cili, alt. 550 m, 1957-08-19, Q. Y. Liu 4022.

棒腺毛蕨 ***Cyclosorus clavatus*** K. H. Shing, Fl. Reip. Pop. Sin. 4(1): 280, 350. 1999. **Holotype:** China. Guizhou: Wangmo, alt. 650 m, 1991-12-23, P. S. Wang 222(B).

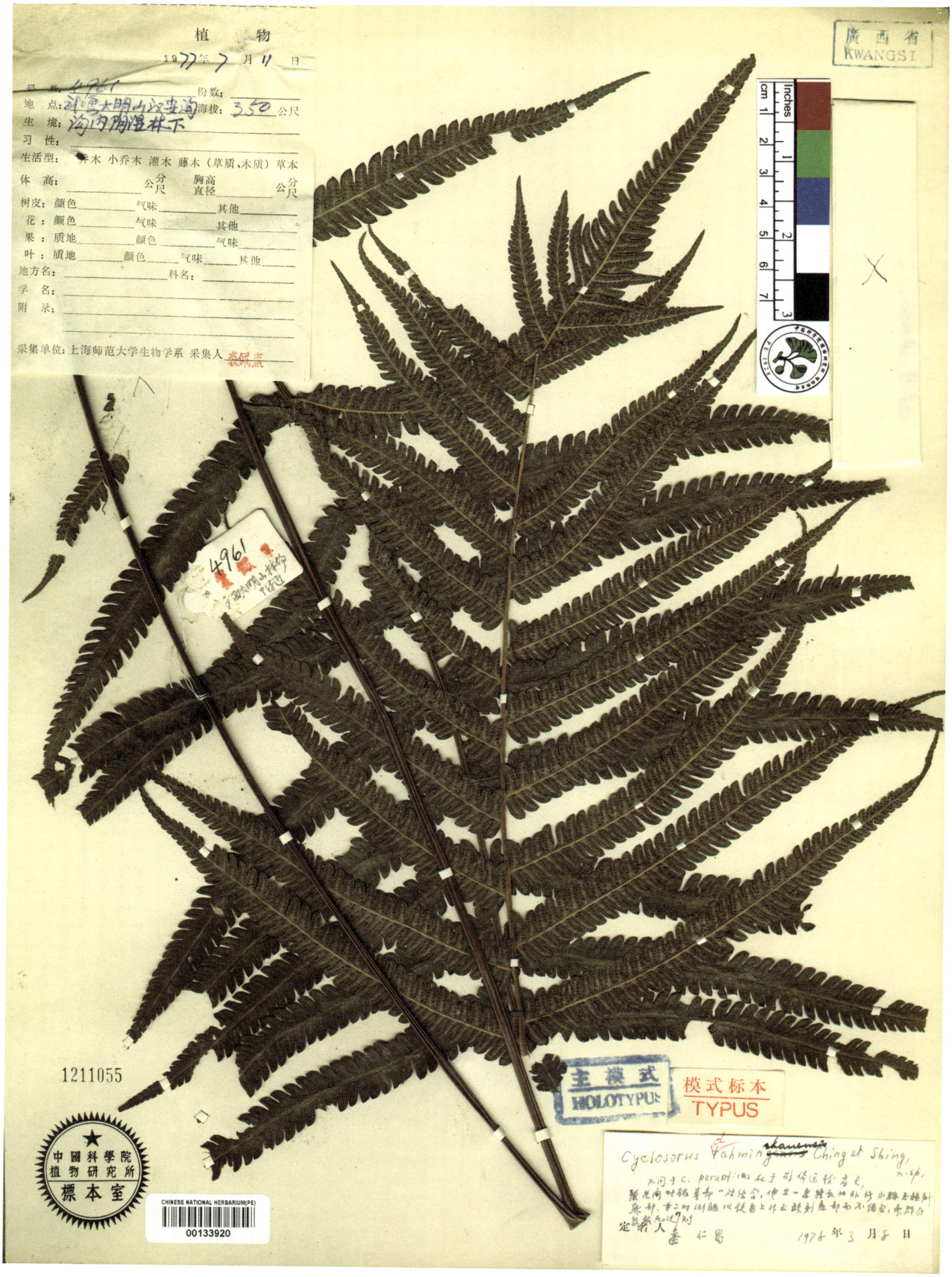

大明山毛蕨 ***Cyclosorus damingshanensis*** Ching ex K. H. Shing, Fl. Reip. Pop. Sin. 4(1): 226, 339. 1999. **Holotype:** China. Guangxi: Wuming, Damingshan, alt. 350 m, 1977-07-11, P. S. Chiu 4961.

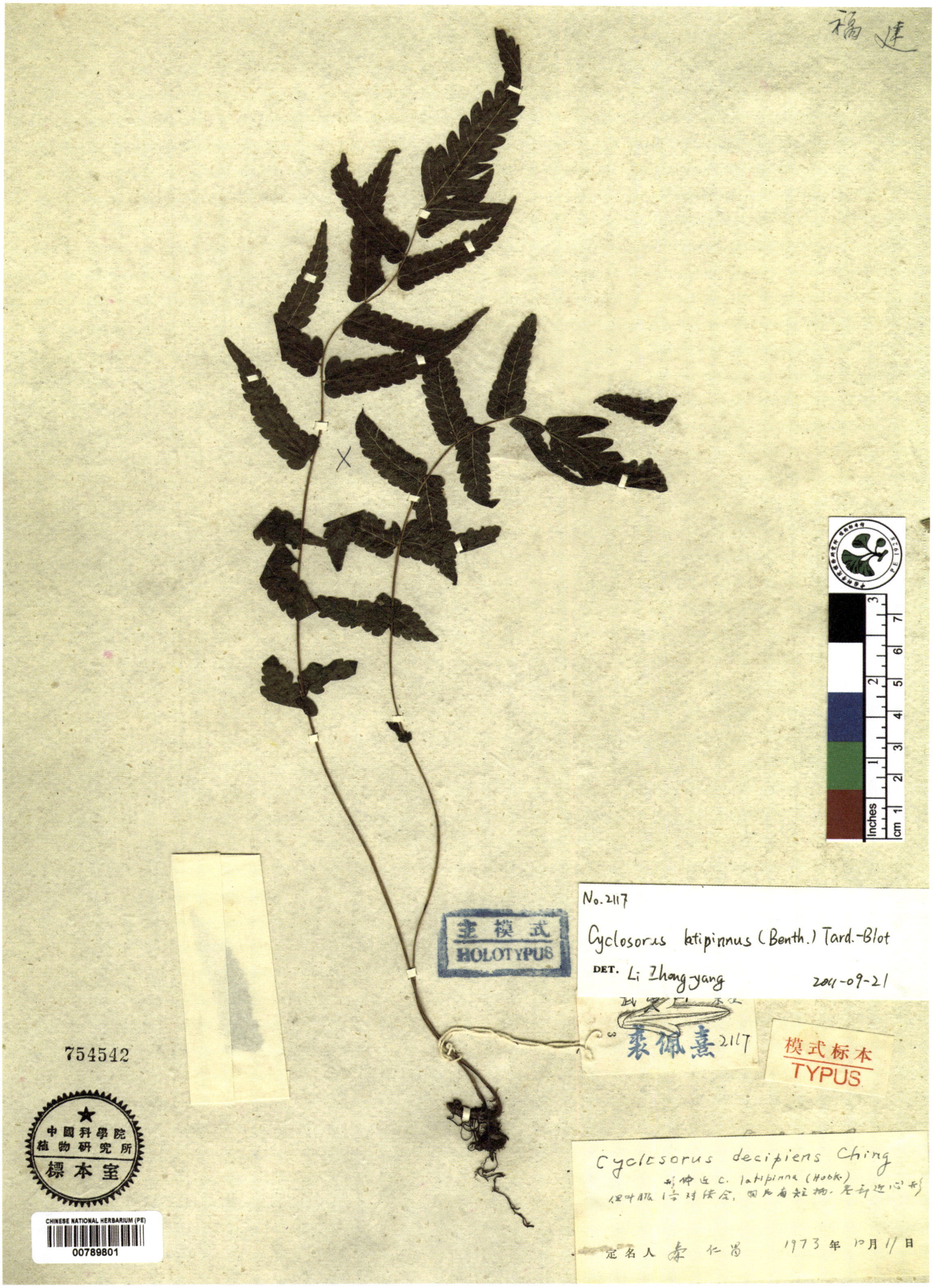

光盖毛蕨 ***Cyclosorus decipiens*** Ching, Fl. Fujian. 1: 159, 599, f. 147. 1982. **Holotype:** China. Fujian: Jianyang, alt. 200 m, 1958-08-24, P. S. Chiu 2117.

德化毛蕨 ***Cyclosorus dehuaensis*** Ching & K. H. Shing, Fl. Fujian. 1: 163, 599, f. 162. 1982. **Holotype:** China. Fujian: Dehua, alt. 300 m, 1974-(10-11) -??, Fujian Exped. 151.

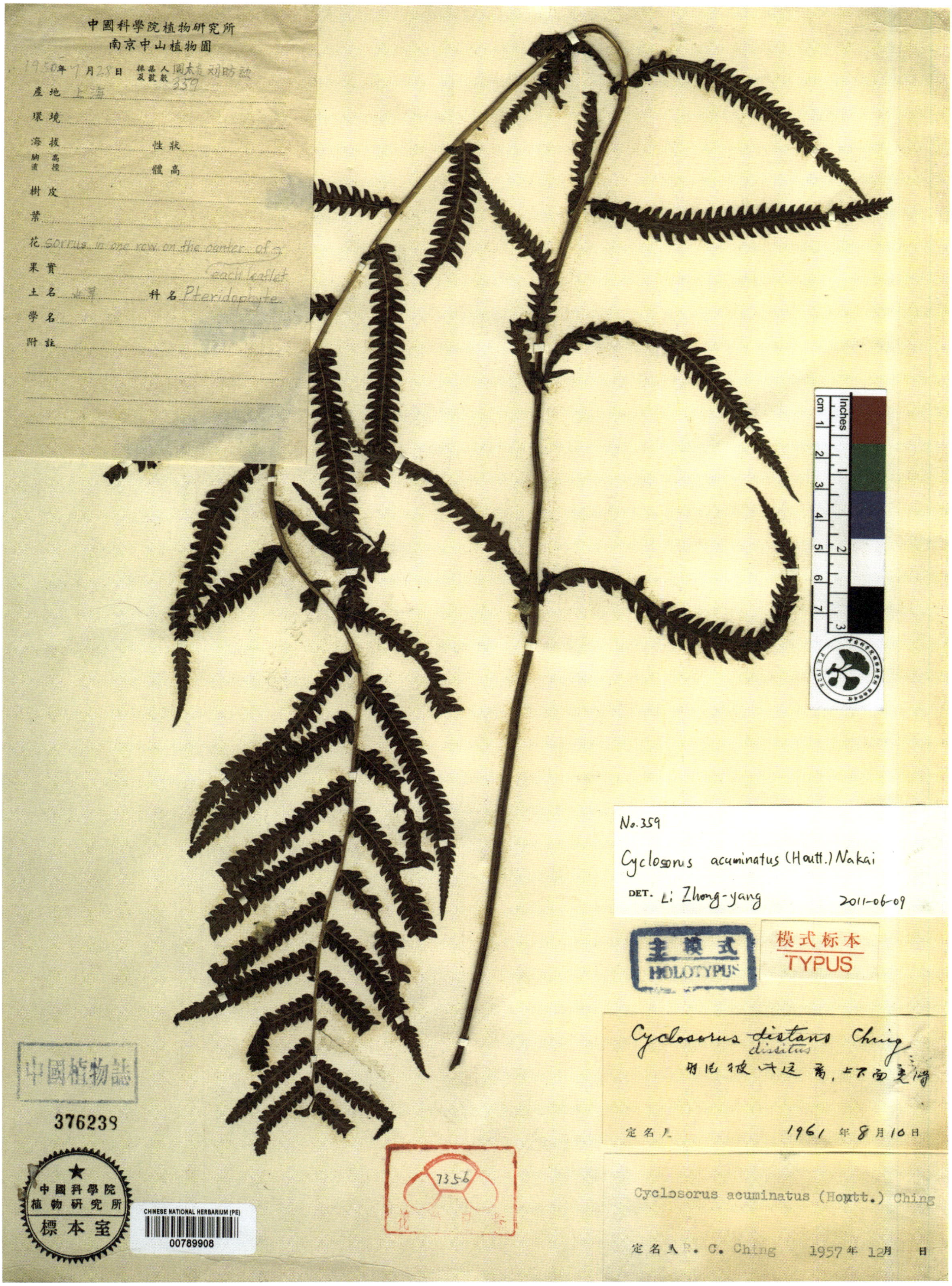

疏羽毛蕨 ***Cyclosorus dissitus*** Ching ex K. H. Shing, Fl. Reip. Pop. Sin. 4(1): 196, 334. 1999. **Holotype:** China. Shanghai, 1950-07-28, T. Y. Chow & F. X. Liu 359.

高大毛蕨 ***Cyclosorus excelsior*** Ching & K. H. Shing, Fl. Fujian. 1: 156, 598, f. 144. 1982. **Holotype:** China. Fujian: Fuzhou, Gushan, alt. 200 m, 1974-10-10, Fujian Exped. 4.

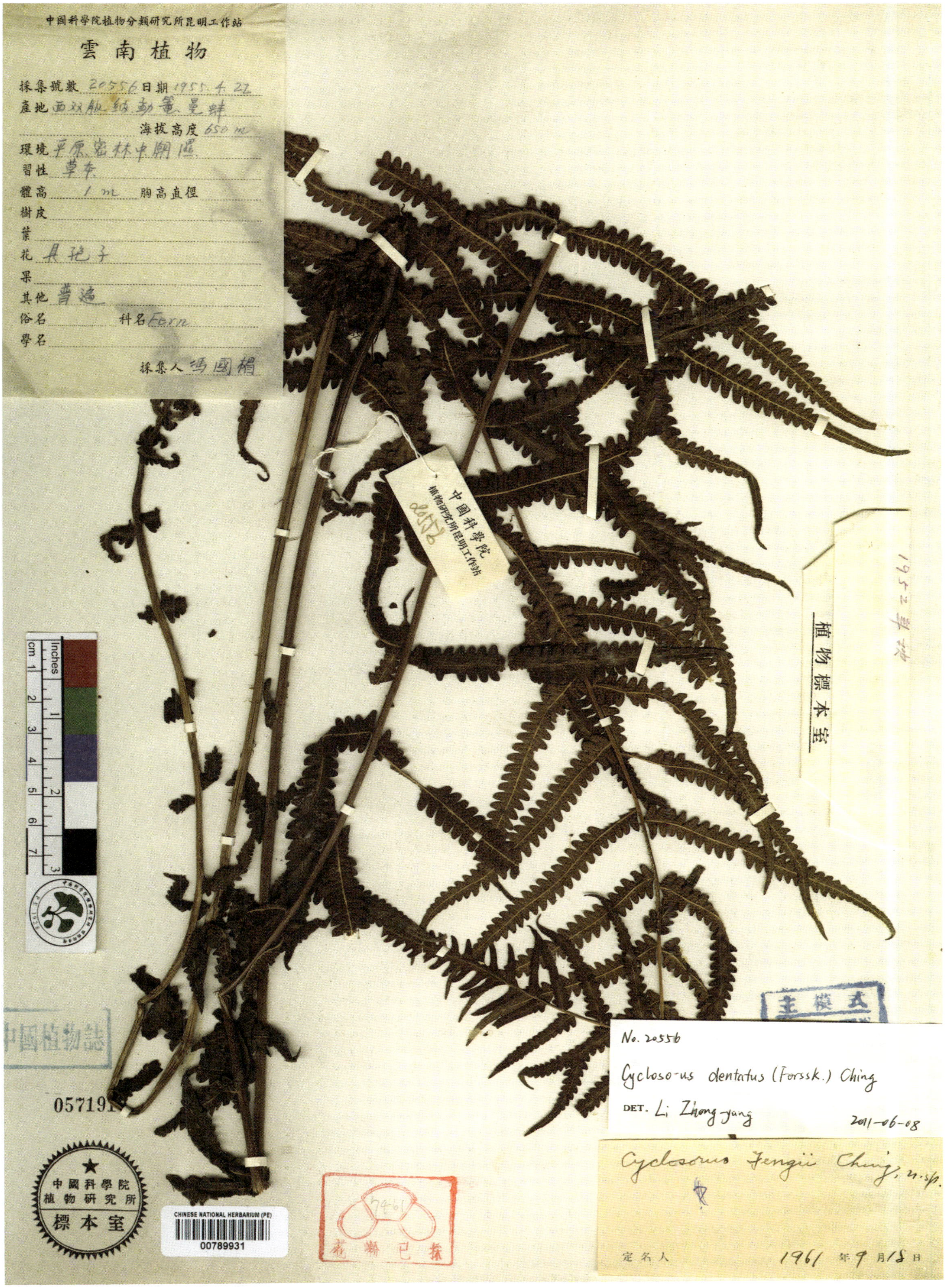

国楣毛蕨 ***Cyclosorus fingii*** Ching ex K. H. Shing, Fl. Reip. Pop. Sin. 4(1): 216, 336 1999. **Holotype:** China. Yunnan: Xishuangbanna, Manbang, alt. 650 m, 1955-04-22, K. M. Feng 20556.

高雄毛蕨 ***Cyclosorus gaoxiongensis*** Ching ex K. H. Shing, Fl. Reip. Pop. Sin. 4(1): 246, 344. 1999. **Holotype:** China. Taiwan: Gaoxiong, 1931-08-15, Suzubi 5032.

光叶毛蕨 ***Cyclosorus glabrescens*** Ching ex K. H. Shing, Fl. Reip. Pop. Sin. 4(1): 188, 332. 1999. **Holotype:** China. Fujian: Xiamen, 1978-11-24, G. D. Ye 926.

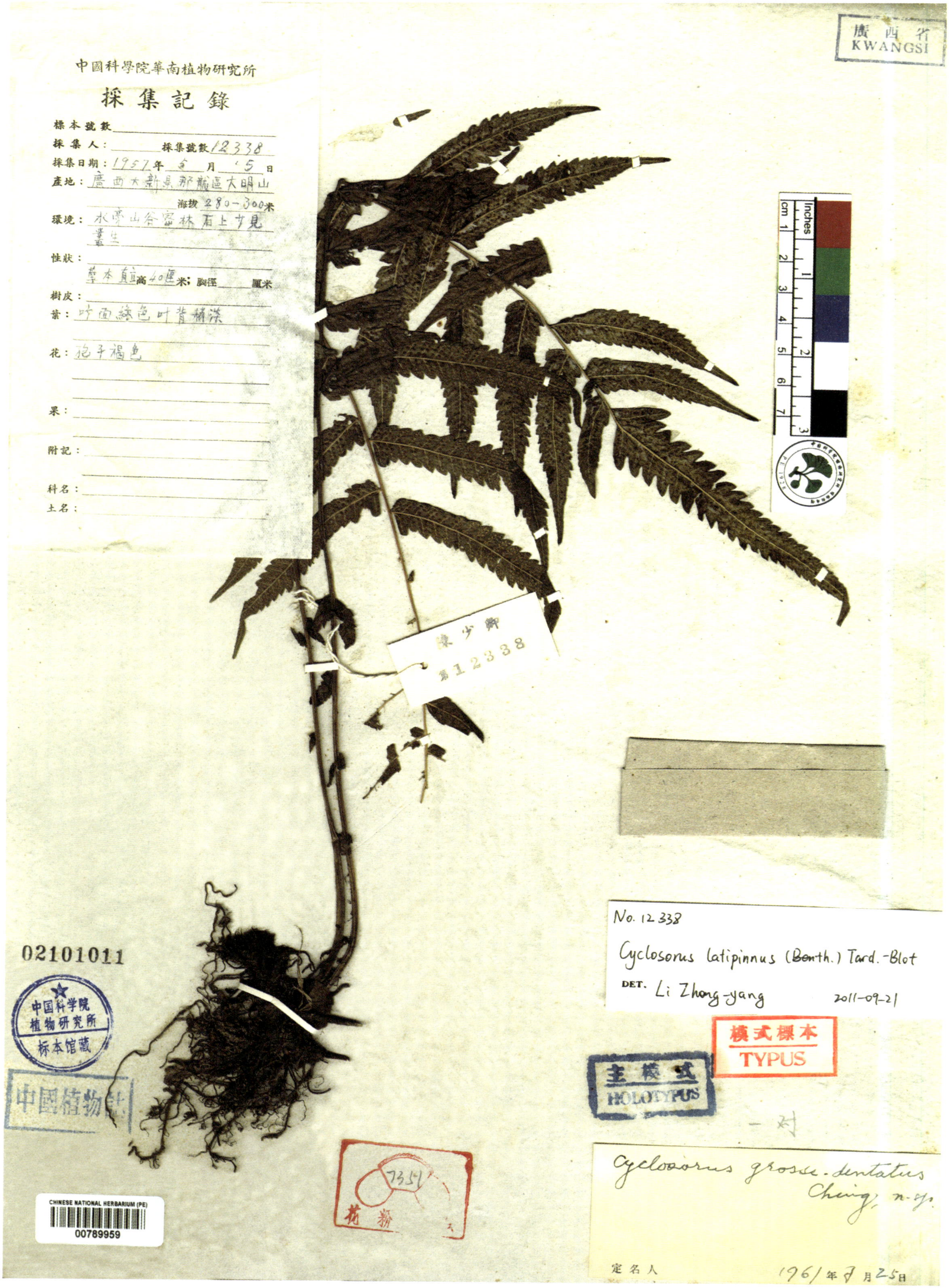

粗齿毛蕨 ***Cyclosorus gross-dentatus*** Ching ex K. H. Shing, Fl. Reip. Pop. Sin. 4(1): 186, 332. 1999. **Holotype:** China. Guangxi: Daxin, alt. 280~300 m, 1957-05-15, S. H. Chun 12338.

海南毛蕨 ***Cyclosorus hainanensis*** Ching in Acta Phytotax. Sin. 9(4): 362.1964. **Holotype:** China. Hainan: Changjiang, 1933-07-29, C. Wang 33460.

学煜毛蕨 ***Cyclosorus houi*** Ching in Bull. Fan Inst. Biol., New Ser. 1(3): 290. 1949. **Holotype:** China. Guizhou: Sanhe (=Sandu), alt. 170 m, 1942-12-04, S. Y. Hou 1695.

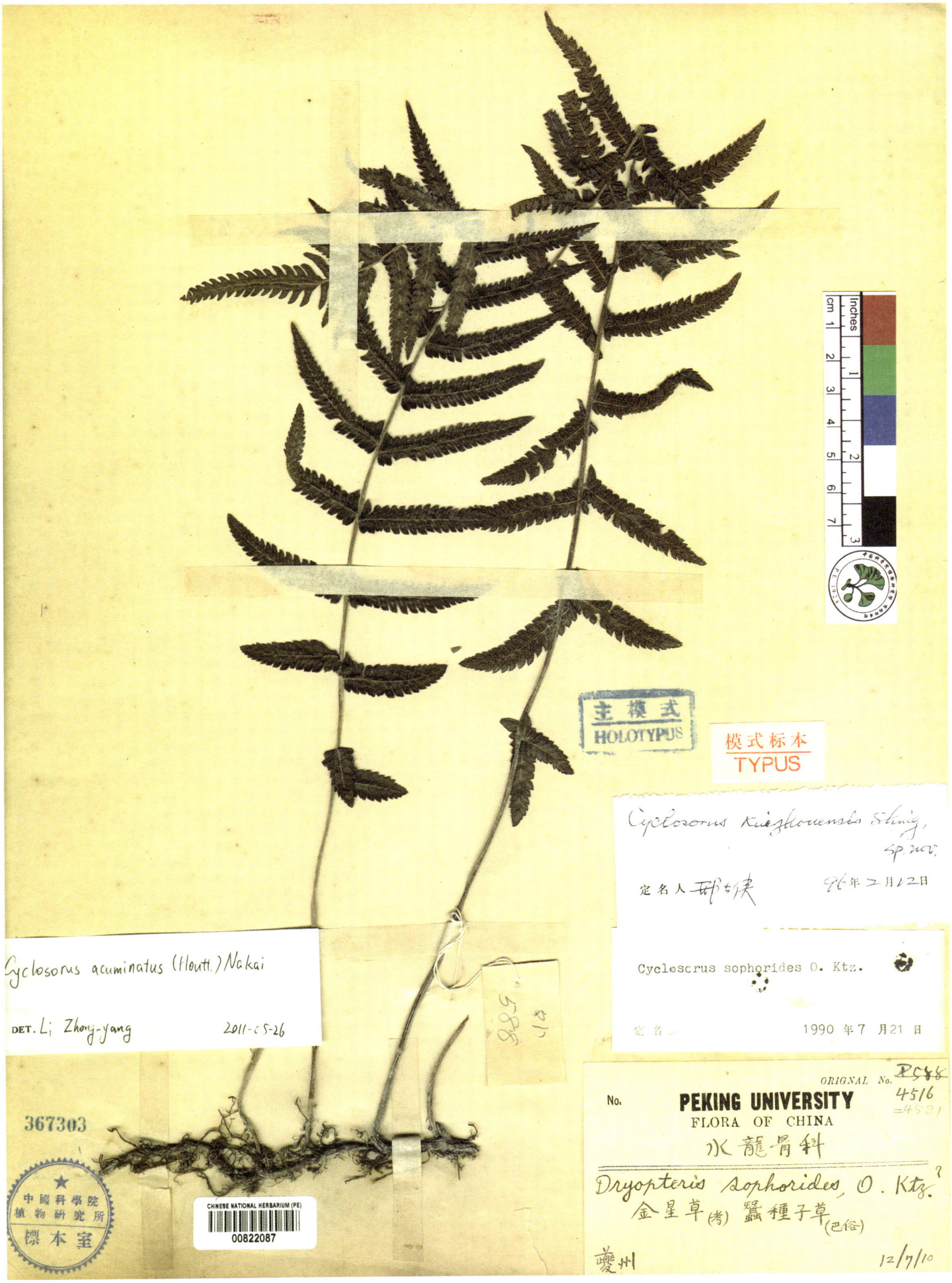

夔州毛蕨 ***Cyclosorus kuizhouensis*** K. H. Shing, Fl. Reip. Pop. Sin. 4(1): 245, 344. 1999. **Holotype:** China. Hubei: Kuizhou (=Chongqing: Fengjie), 1912-07-10, Anonymous 588.

雷波毛蕨 ***Cyclosorus leipoensis*** Ching & H. S. Kung ex K. H. Shing, Fl. Reip. Pop. Sin. 4(1): 262, 346. 1999. **Holotype:** China. Sichuan: Leibo, alt. 1 200 m, 1978-08-05, X. S. Kung 5669.

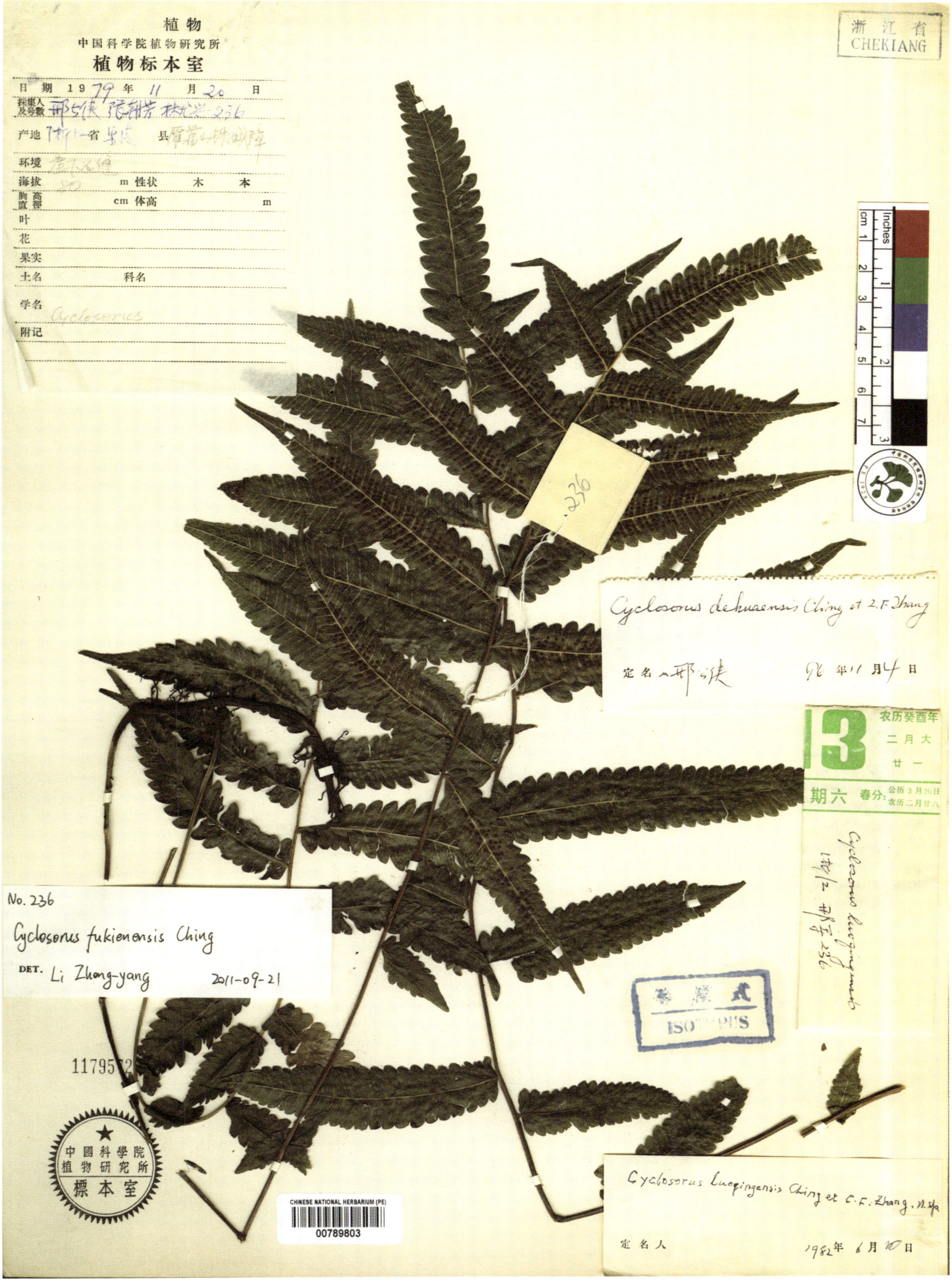

乐清毛蕨 ***Cyclosorus luoqingensis*** Ching & C. F. Zhang in Bull. Bot. Res., Harbin 3(3): 6, photo. 6. 1983. **Isotype:** China. Zhejiang: Leqing, Yandangshan, alt. 80 m, 1979-11-20, K. H. Shing & al. 236.

阔羽毛蕨 ***Cyclosorus macrophyllus*** Ching & Z. Y. Liu in Bull. Bot. Res., Harbin 4(3): 16, photo. 18. 1984. **Holotype:** China. Chongqing: Nanchuan, Jinfoshan, alt. 800 m, 1982-10-16, Z. Y. Liu 3759.

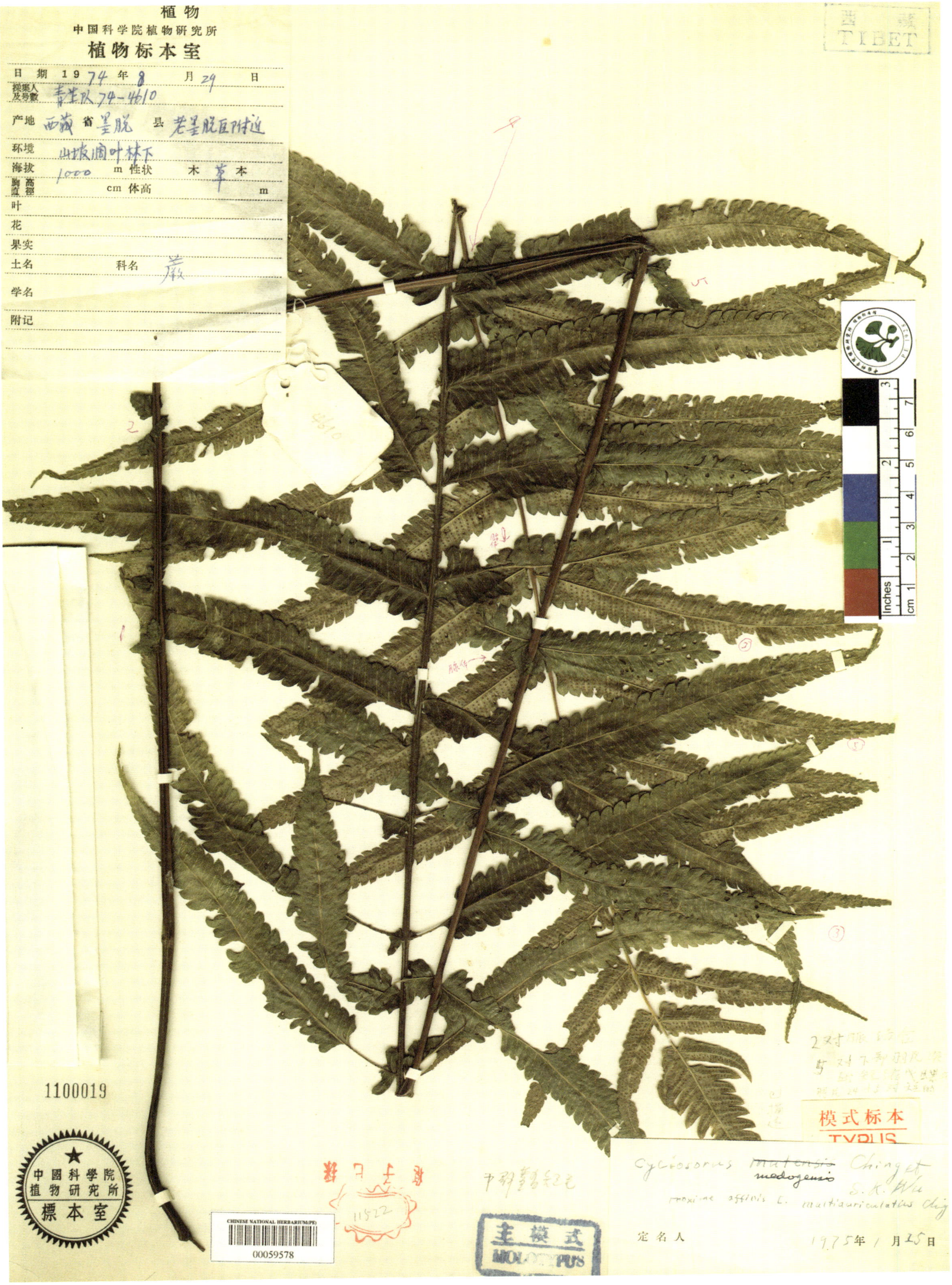

墨脱毛蕨 ***Cyclosorus medogensis*** Ching & S. K. Wu, Fl. Xizang. 1: 171, pl. 4: 3-4. 1983. **Holotype:** China. Xizang: Mêdog, alt. 1 000 m, 1974-08-29, Qinghai-Xizang Exped. 4610.

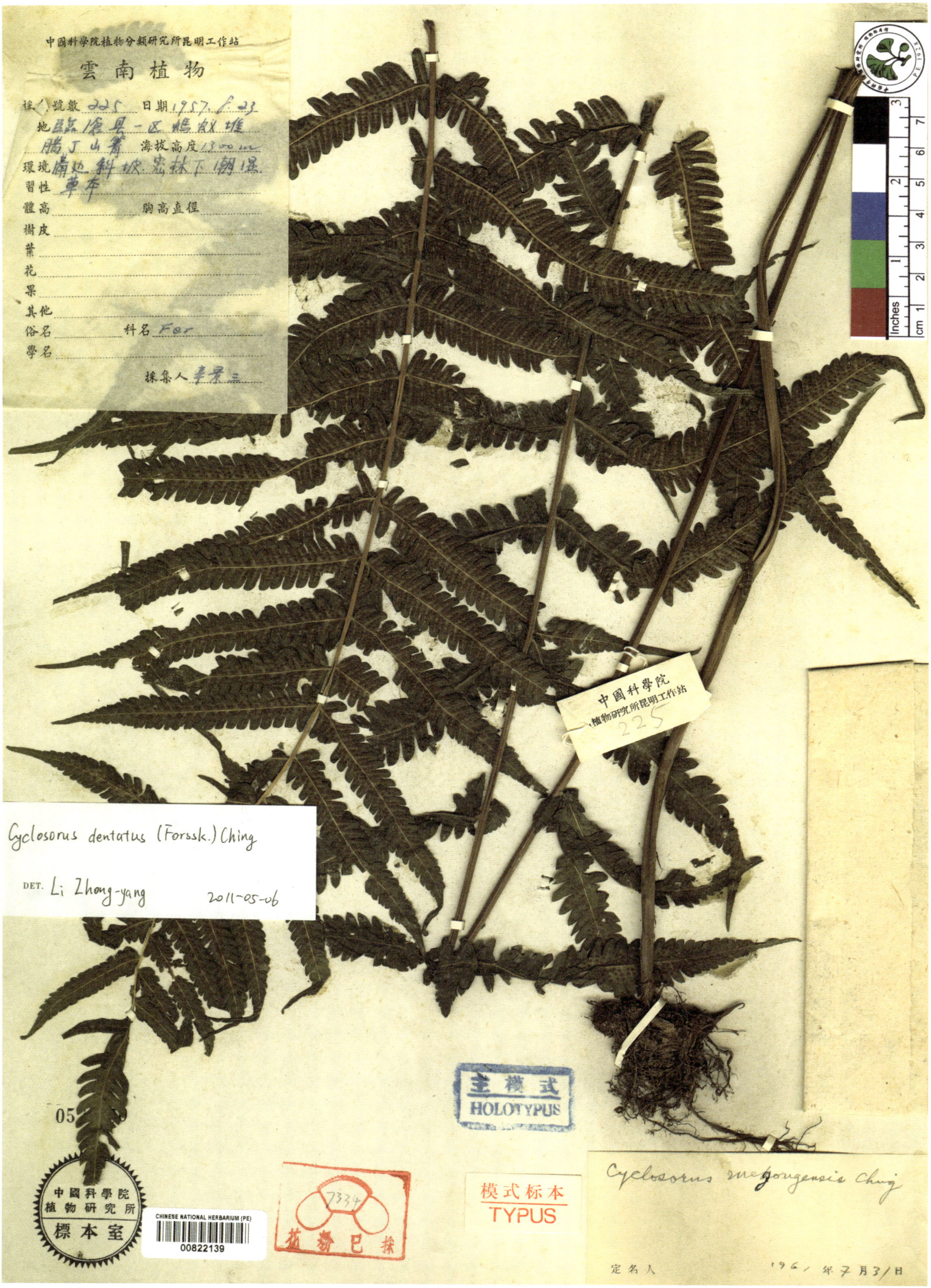

临沧毛蕨 ***Cyclosorus mekongensis*** Ching ex K. H. Shing, Fl. Reip. Pop. Sin. 4(1): 193, 333. 1999. **Holotype:** China. Yunnan: Lincang, alt. 1 300 m, 1957-08-23, K. S. Sin 225.

冕宁毛蕨 ***Cyclosorus mianningensis*** Ching ex K. H. Shing, Fl. Reip. Pop. Sin. 4(1): 233, 340. 1999. **Holotype:** China. Sichuan: Mianning, alt. 1 400 m, 1960-09-23, T. S. Ying 4269.

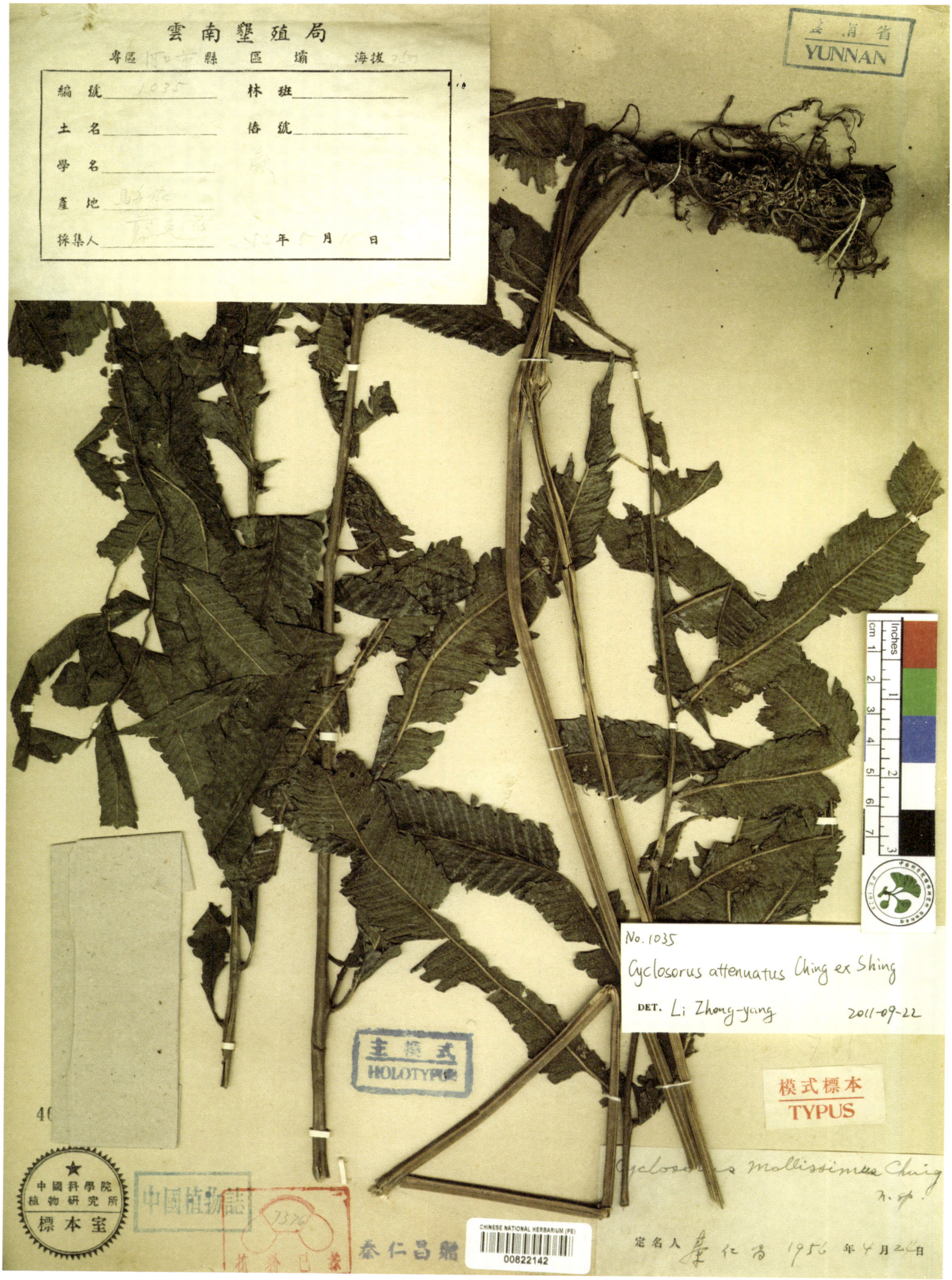

多网眼毛蕨 ***Cyclosorus mollissimus*** Ching ex K. H. Shing, Fl. Reip. Pop. Sin. 4(1): 267, 347. 1999. **Holotype:** China. Yunnan: Hekou, alt. 350 m, 1953-05-10, K. H. Cai 1035.

多囊毛蕨 ***Cyclosorus multisorus*** Ching ex K. H. Shing, Fl. Reip. Pop. Sin. 4(1): 201, 334. 1999. **Holotype:** China. Chongqing: Shapingba, 1979-05-21, B. Y. Zhang 0030.

南岭毛蕨 ***Cyclosorus nanlingensis*** Ching ex K. H. Shing & J. F. Zheng in Jiangxi Sci. 8(3): 46. 1990. **Holotype:** China. Jiangxi: Xunwu, alt. 310 m, 1964-11-13, J. F. Cheng 40143.

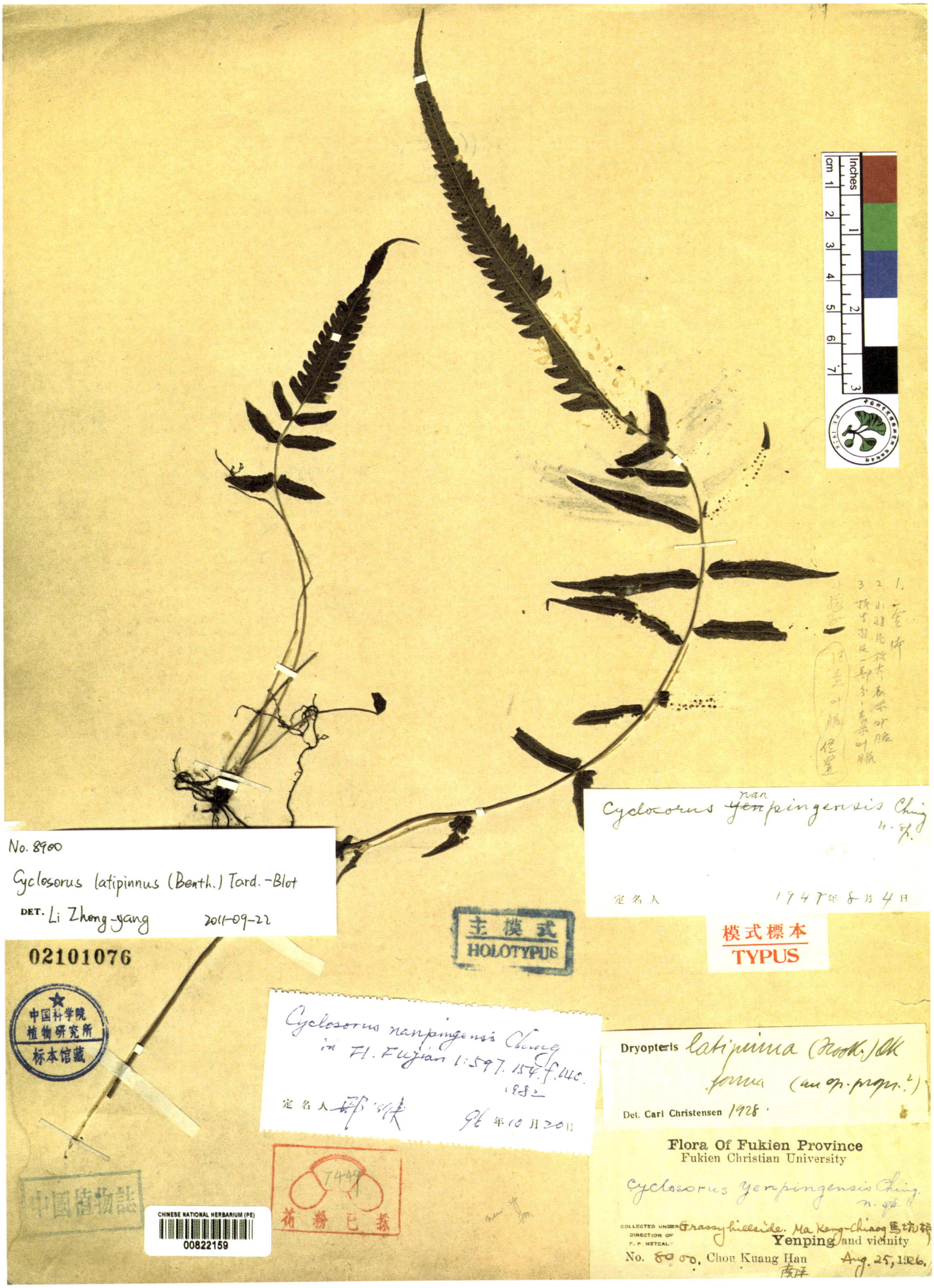

南平毛蕨 ***Cyclosorus nanpingensis*** Ching, Fl. Fujian. 1: 154, 597, f. 140. 1982. **Holotype:** China. Fujian: Nanping, 1926-08-25, K. H. Chou 8900.

倒披针毛蕨 ***Cyclosorus oblanceolatus*** K. H. Shing & C. F. Zhang, Fl. Reip. Pop. Sin. 4(1): 181, 331. 1999. **Holotype:** China. Zhejiang: Qingyuan, alt. 500 m, 1985-08-30, C. F. Zhang 8803.

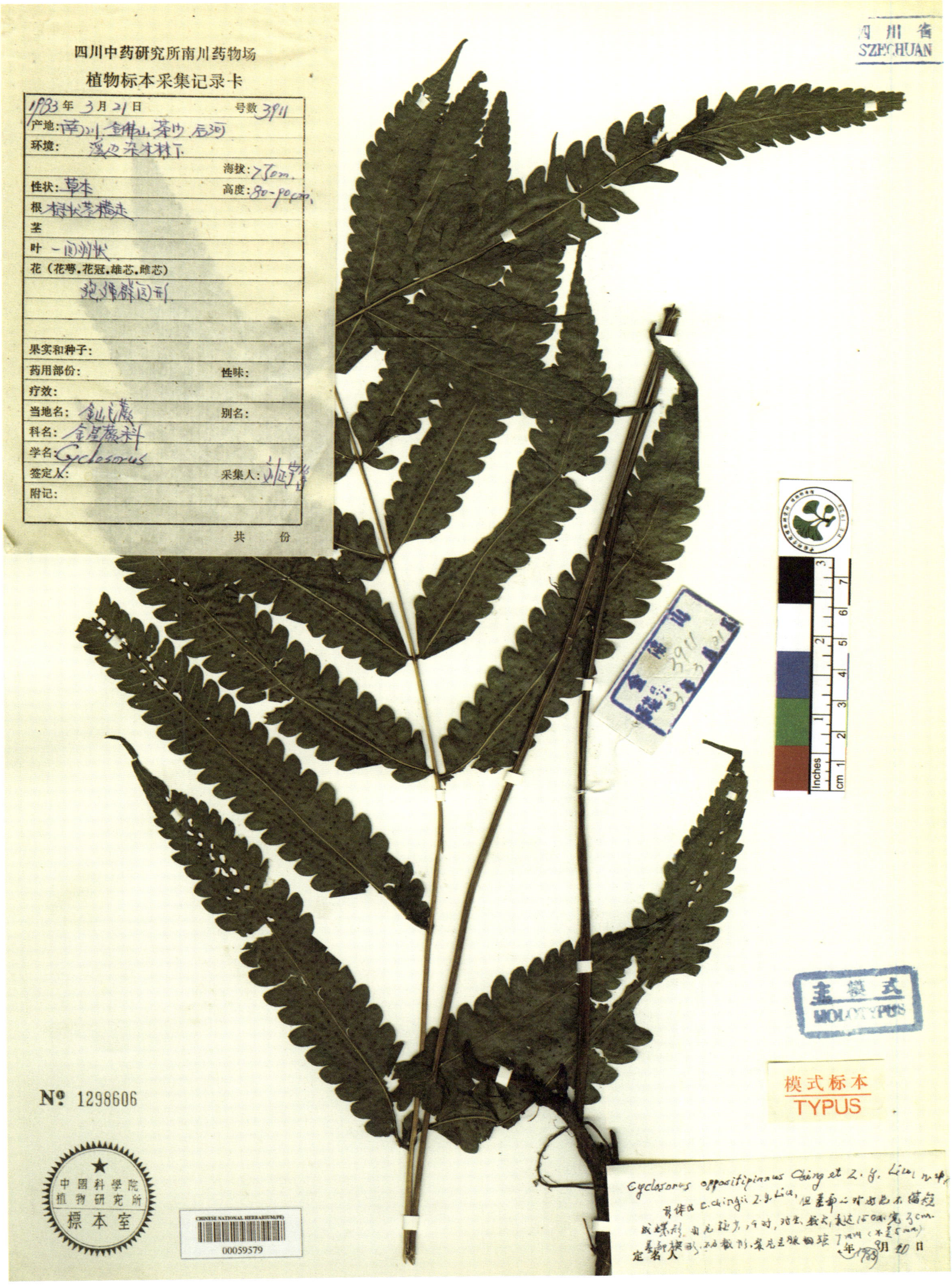

对生毛蕨 ***Cyclosorus oppositipinnus*** Ching & Z. Y. Liu in Bull. Bot. Res., Harbin 4(3): 15, photo. 17. 1984. **Holotype:** China. Chongqing: Nanchuan, Jinfoshan, alt. 730 m, 1983-03-21, Z. Y. Liu & al. 3911.

东方毛蕨 ***Cyclosorus orientalis*** Ching ex K. H. Shing, Fl. Reip. Pop. Sin. 4(1): 192, 332. 1999. **Holotype:** China. Taiwan: Urai, 1934-06-??, N. Fukuyama s. n..

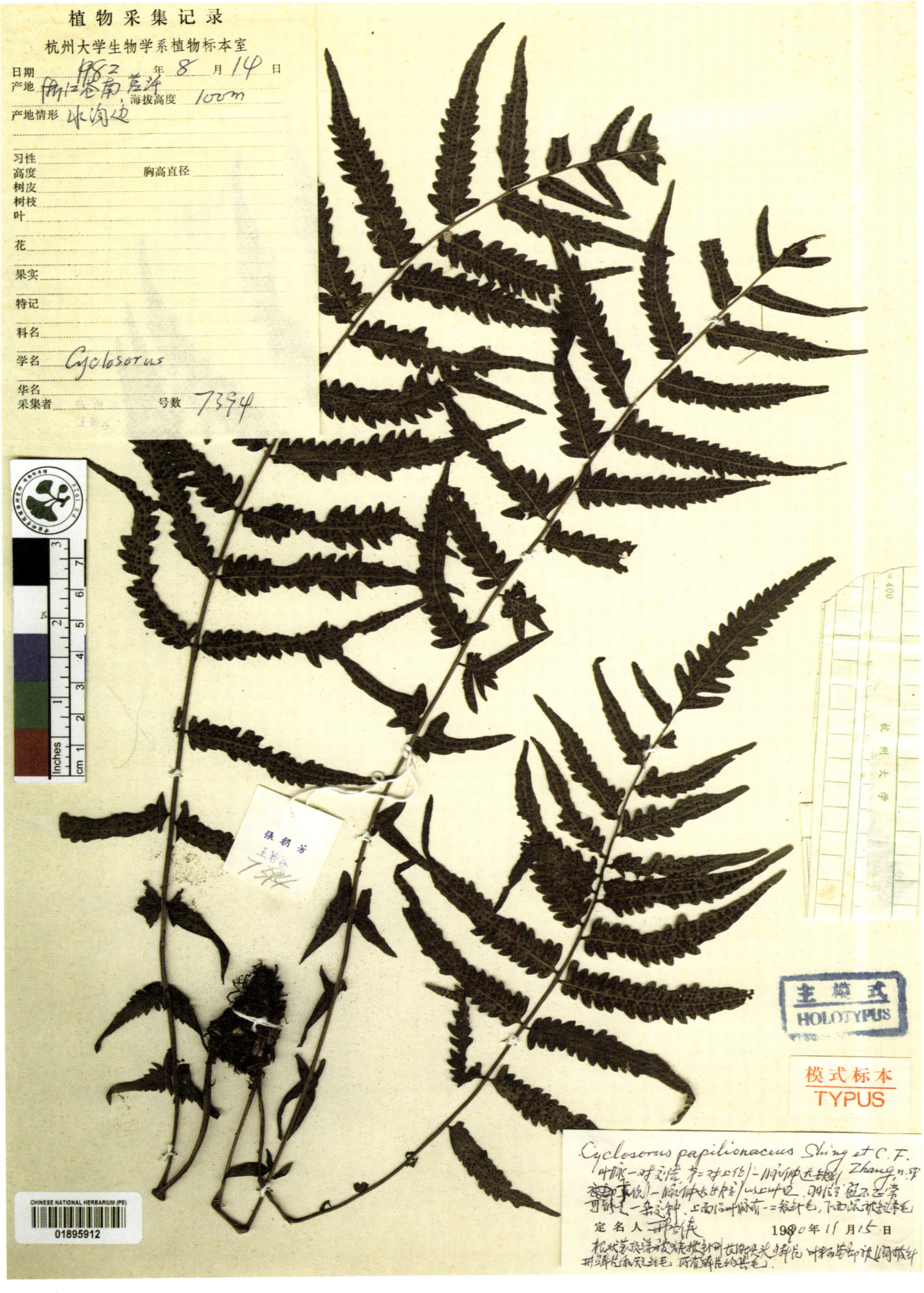

蝶羽毛蕨 ***Cyclosorus papilionaceus*** K. H. Shing & C. F. Zhang, Fl. Reip. Pop. Sin. 4(1): 185, 331. 1999. **Holotype:** China. Zhejiang: Cangnan, alt. 100 m, 1982-08-14, C. F. Zhang & R. G. Wang 7394.

宽顶毛蕨 ***Cyclosorus paracuminatus*** Ching ex K. H. Shing & J. F. Cheng in Jiangxi Sci. 8(3): 46. 1990. **Holotype:** China. Jiangxi: Xunwu, alt. 450 m, 1964-11-07, J. F. Cheng 40205.

曲轴毛蕨 ***Cyclosorus paradentatus*** Ching ex K. H. Shing, Fl. Reip. Pop. Sin. 4(1): 220, 338. 1999. **Holotype:** China. Yunnan: Mangshi, 1952-??-??, R. C. Ching 50903.

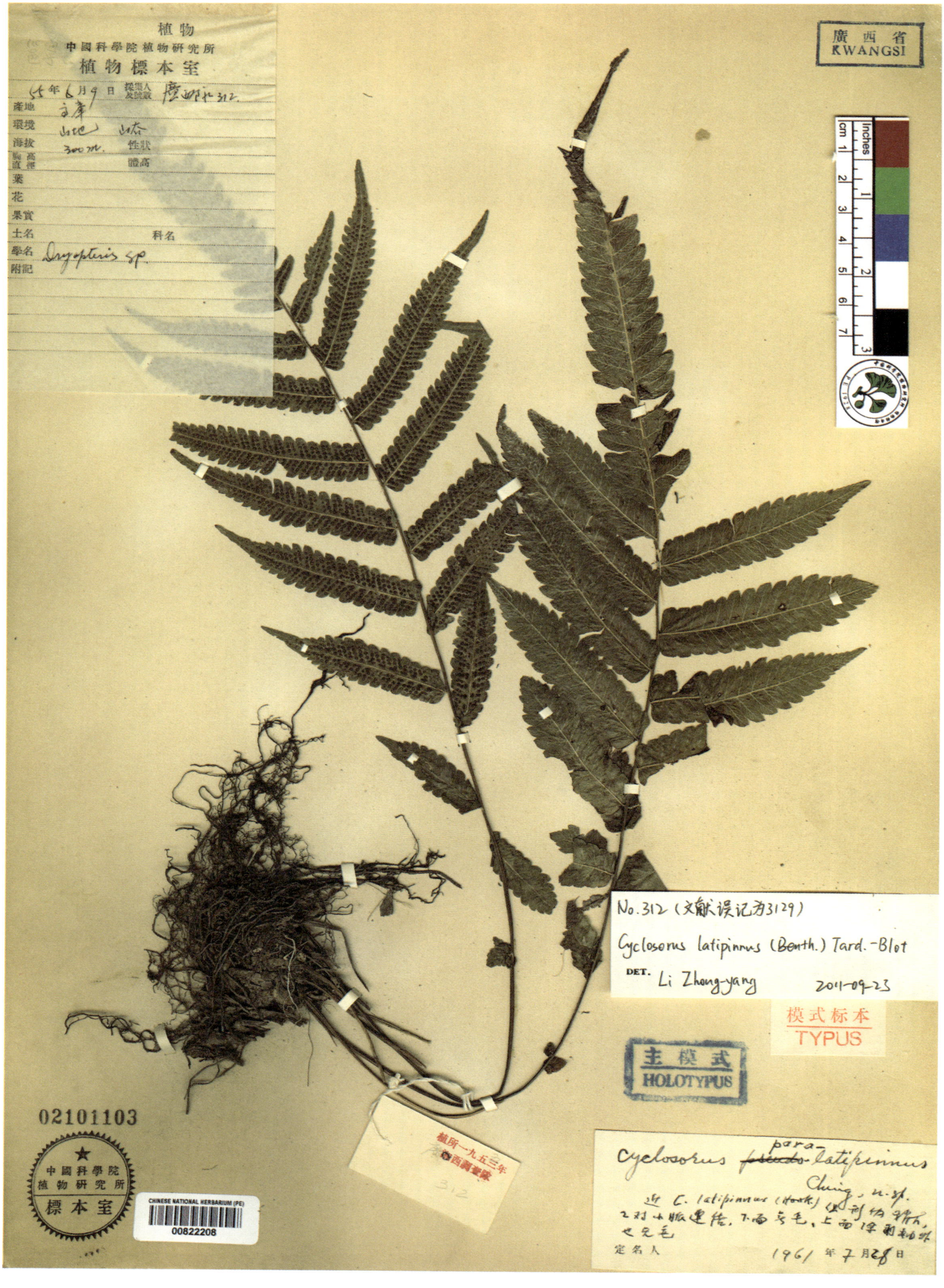

长尾毛蕨 ***Cyclosorus paralatipinnus*** Ching ex K. H. Shing, Fl. Reip. Pop. Sin. 4(1): 253, 345. 1999. **Holotype:** China. Guangxi: Nanning, alt. 300 m, 1955-06-09, Guangxi Exped. 312.

岳麓山毛蕨 ***Cyclosorus pararidus*** Ching ex K. H. Shing, Fl. Reip. Pop. Sin. 4(1): 247, 344, pl. 41: 9-12. 1999. **Holotype:** China. Hunan: Changsha, Yuelushan, alt. 90 m, 1957-09-16, Z. G. Zhang 56.

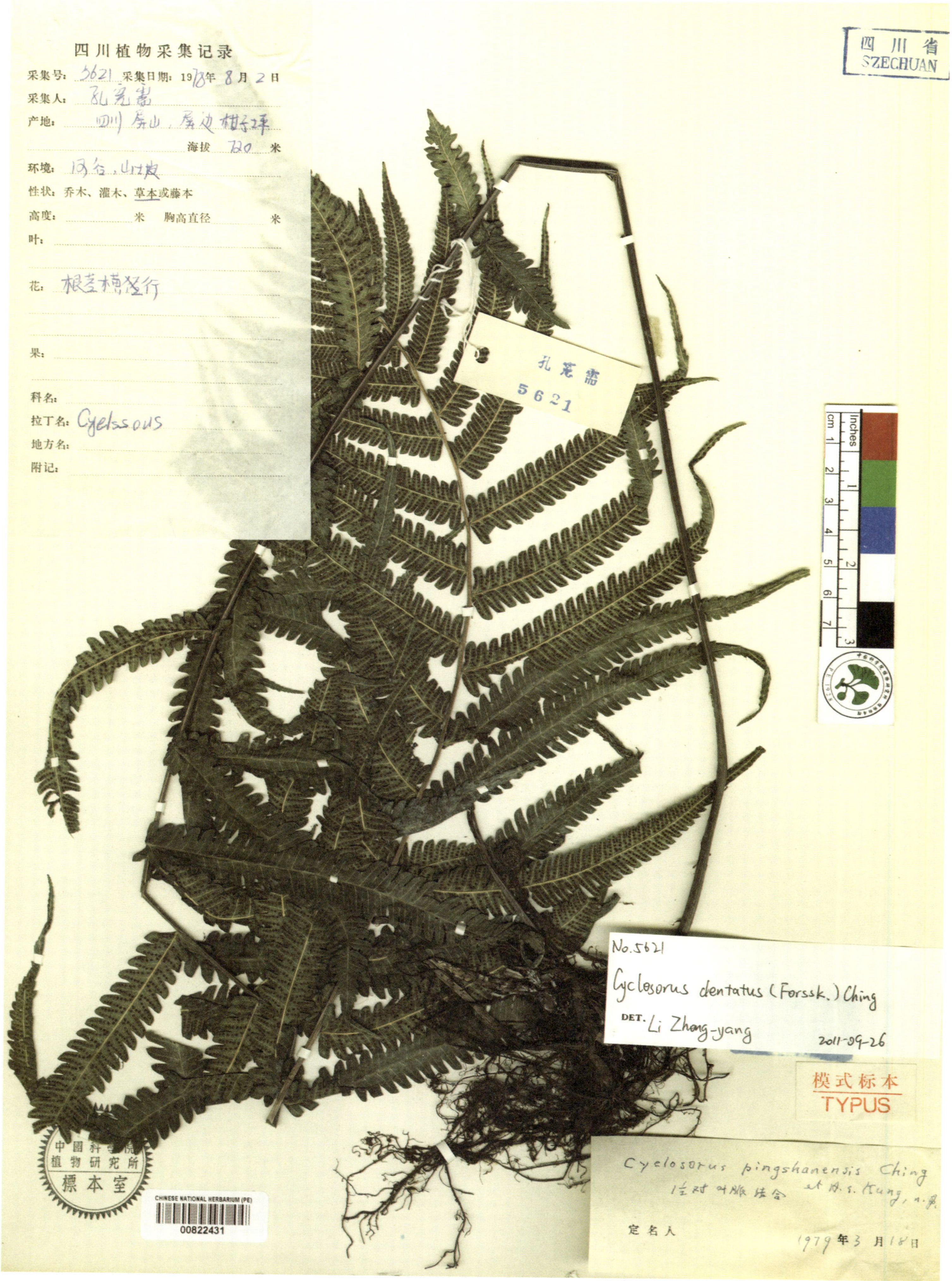

屏山毛蕨 ***Cyclosorus pingshanensis*** Ching & H. H. Kung ex K. H. Shing, Fl. Reip. Pop. Sin. 4(1): 215, 349. 1999. **Holotype:** China. Sichuan: Pingshan, alt. 720 m, 1978-08-02, H. S. Kung 5621.

越北毛蕨 *Cyclosorus proximus* Ching ex Ching & C. H. Wang in Acta Phytotax. Sin. 9(4): 361.1964. **Paratype:** China. Hainan: Baisha, 1936-04-23, S. K. Lau 26430.

楔形毛蕨 ***Cyclosorus pseudocuneatus*** Ching ex K. H. Shing, Fl. Reip. Pop. Sin. 4(1): 270, 348. 1999. **Holotype:** China. Guangxi: Precise locality not known, Anonymous 4394.

狭叶毛蕨 ***Cyclosorus pumilis*** Ching ex K. H. Shing, Fl. Reip. Pop. Sin. 4(1): 264, 346. 1999. **Holotype:** China. Guangxi: Wuming, Damingshan, alt. 320 m, 1977-07-09, P. S. Chiu 4889.

泡泡毛蕨 ***Cyclosorus pustuliferus*** Ching ex K. H. Shing, Fl. Reip. Pop. Sin. 4(1): 257, 345, pl. 45: 5-6. 1999. **Holotype:** China. Yunnan: Jinghong, alt. 540 m, 1955-05-06, K. M. Feng 20738.

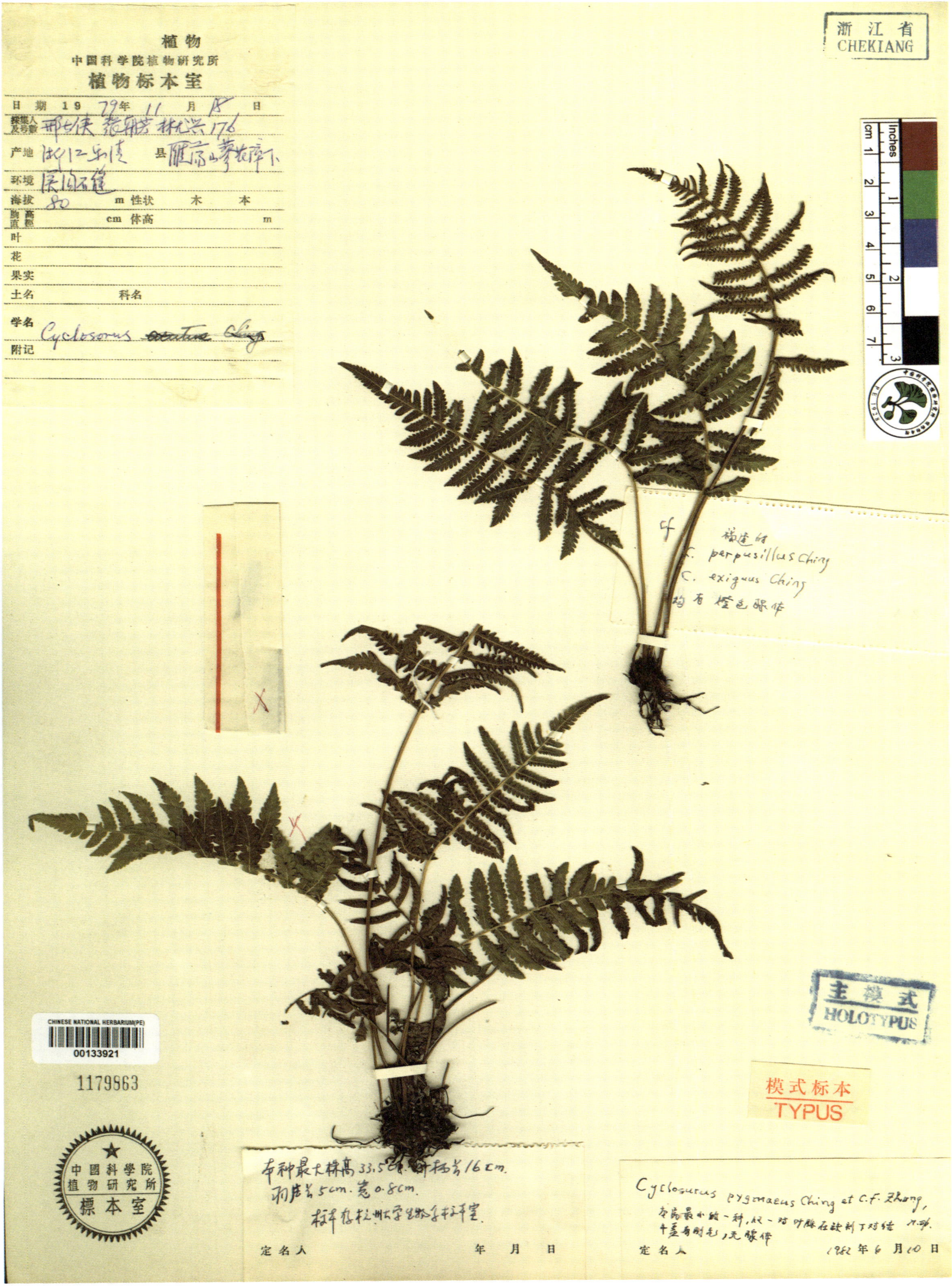

矮毛蕨 ***Cyclosorus pygmaeus*** Ching & C. F. Zhang in Bull. Bot. Res., Harbin 3(3): 5. photo. 5. 1983. **Holotype:** China. Zhejiang: Leqing, Yandangshan, alt. 80 m, 1979-11-18, K. H. Shing & al. 176.

石生毛蕨 ***Cyclosorus rupicola*** Ching & K. H. Shing, Fl. Fujian. 1: 154, 598, f. 141. 1982. **Holotype:** China. Fujian: Dehua, 1974-(10-11)-??, Fujian Exped. 131.

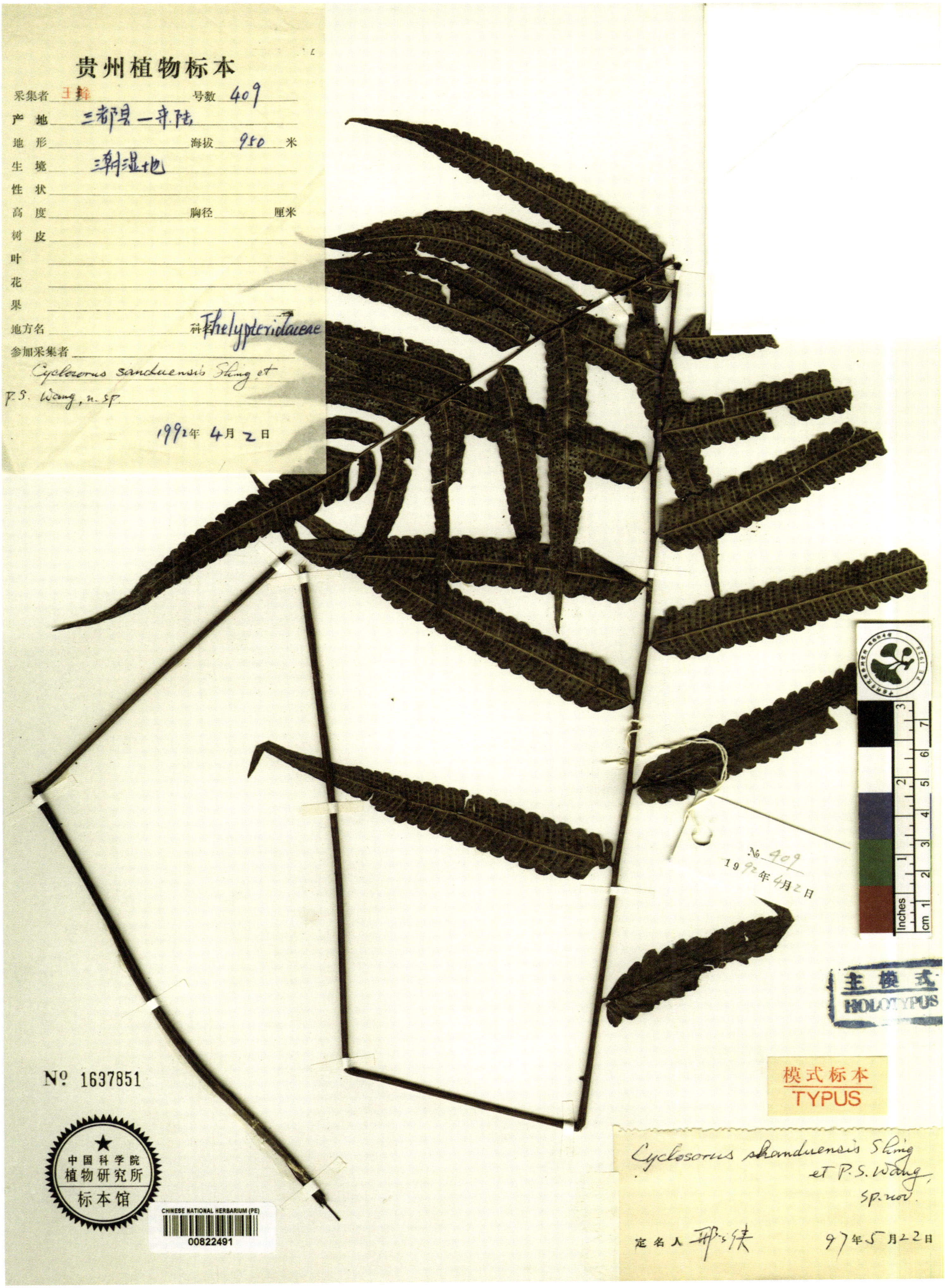

三都毛蕨 ***Cyclosorus sanduensis*** K. H. Shing & P. S. Wang, Fl. Reip. Pop. Sin. 4(1): 244, 343. 1999. **Holotype:** China. Guizhou: Sandu, alt. 950 m, 1992-04-02, F. Wang 409.

沙坪坝毛蕨 ***Cyclosorus sapingbaensis*** R. C. Ching ex K. H. Shing, Fl. Reip. Pop. Sin. 4(1): 215, 336, pl. 34: 7-9. 1999.
Holotype: China. Chongqing: Shapingba, 1979-05-21, B. Y. Zhang 29.

糙叶毛蕨 ***Cyclosorus scaberulus*** Ching in Bull. Fan Mem. Inst. Biol., Bot. Ser. 8: 223. 1938. **Holotype:** China. Hainan: Hongmasha, 1929-05-03, Tsang, Tang & Fung 17566.

锯齿毛蕨 ***Cyclosorus serrifer*** Ching ex K. H. Shing, Fl. Reip. Pop. Sin. 4(1): 276, 349. 1999. **Holotype:** China. Guangxi: Wuming, Damingshan, alt. 400 m, 1977-07-20, P. S. Chiu 5150.

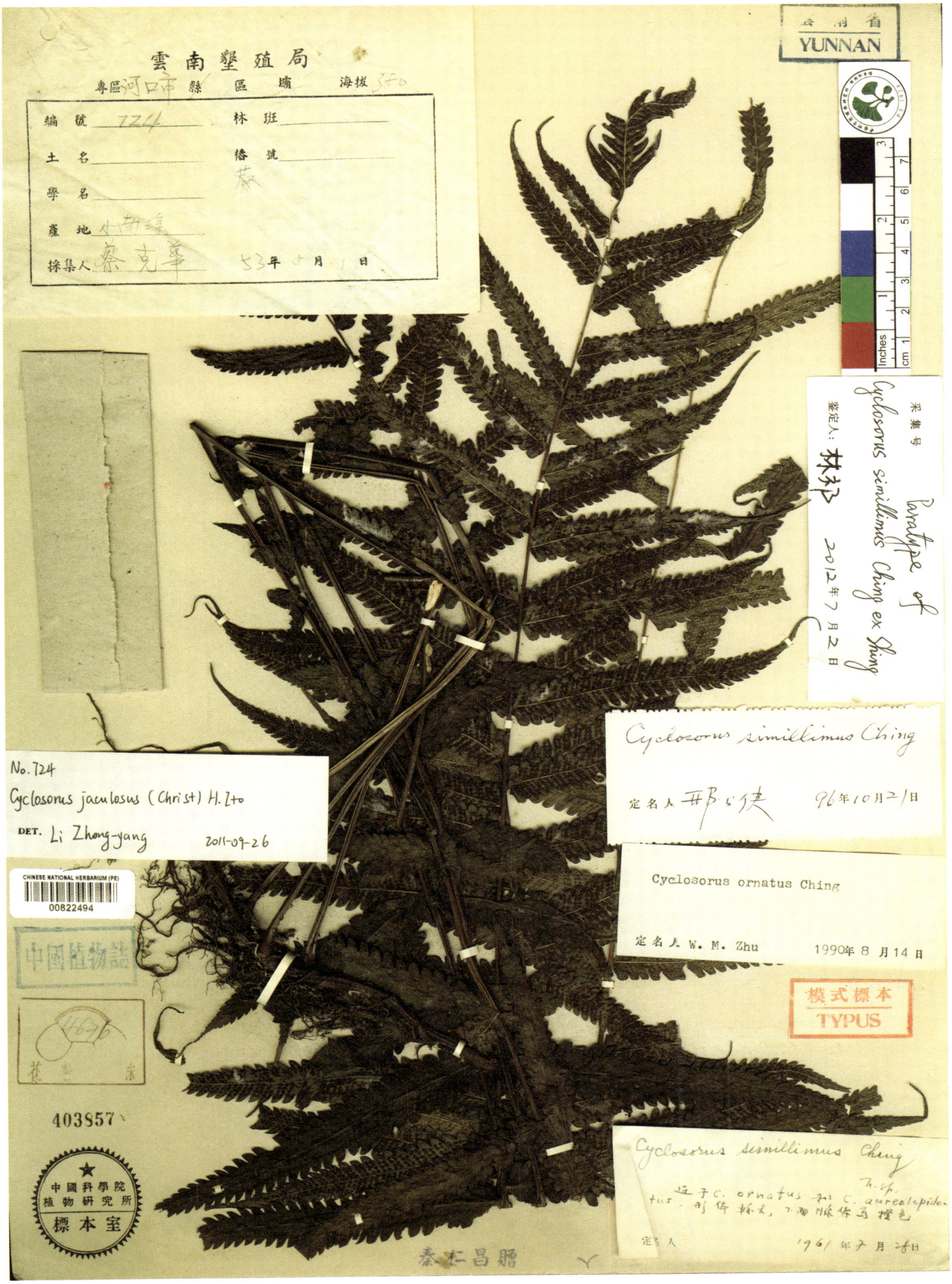

同羽毛蕨 ***Cyclosorus simillimus*** Ching ex K. H. Shing, Fl. Reip. Pop. Sin. 4(1): 242, 343, pl. 43: 6-7. 1999; S. Y. Jin, Catal. Type Specim. (Cormoph.) Herb. China, suppl. II: 21. 2007. **Paratype:** China. Yunnan: Hekou, alt. 330 m, 1953-05-01, K. H. Cai 724.

中华齿状毛蕨 ***Cyclosorus sinodentatus*** Ching & Z. Y. Liu in Bull. Bot. Res., Harbin 4(3): 13, photo. 15. 1984. **Holotype:** China. Chongqing: Nanchuan, Jinfoshan, alt. 900 m, 1983-06-23, Z. Y. Liu 4266.

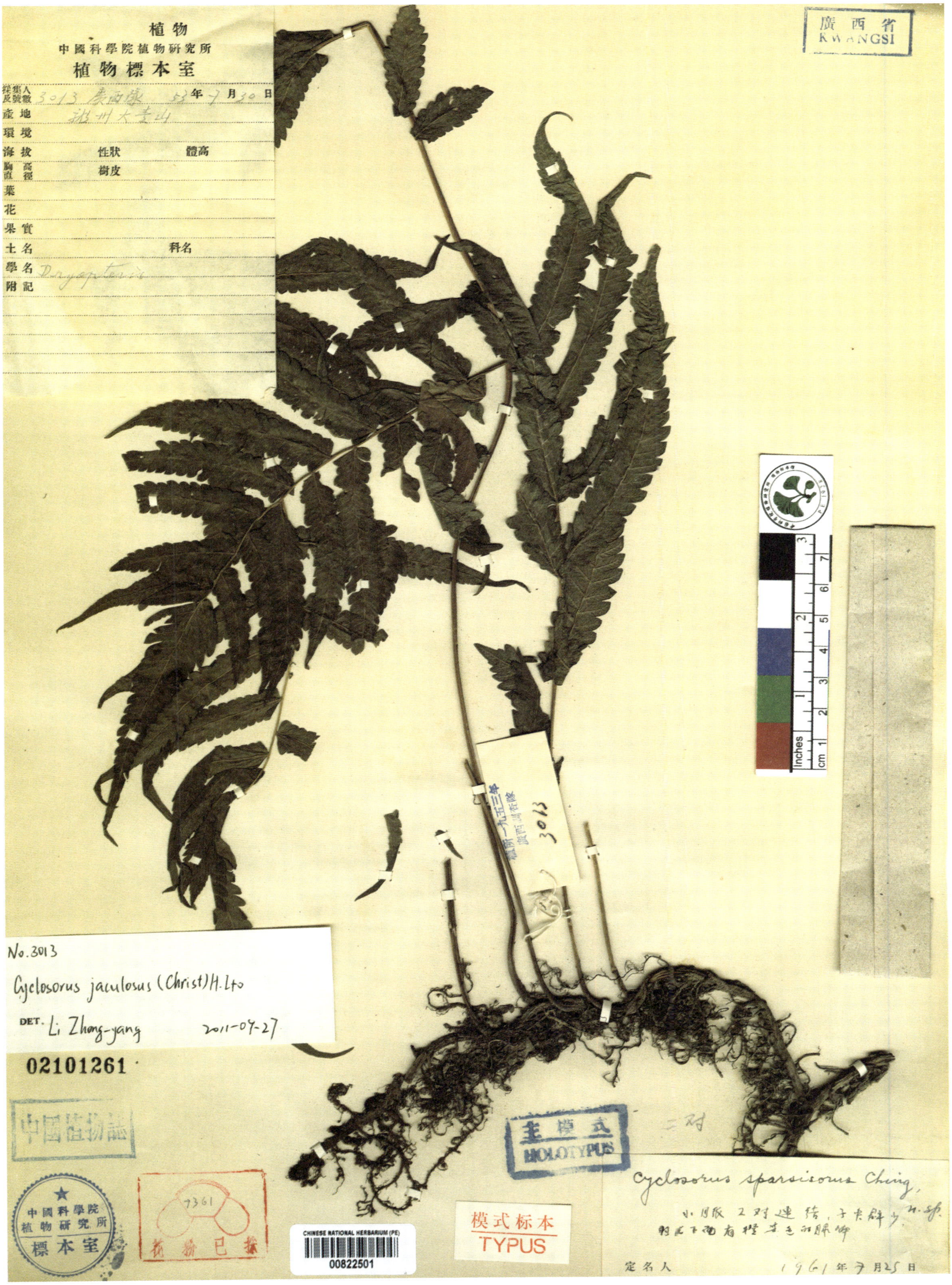

疏囊毛蕨 ***Cyclosorus sparsisorus*** K. H. Shing, Fl. Reip. Pop. Sin. 4(1): 241, 342. 1999. **Holotype:** China. Guangxi: Longzhou, Daqingshan, 1953-07-30, Guangxi Exped. 3013.

狭脚毛蕨 ***Cyclosorus stenopes*** Ching & K. H. Shing ex K. H. Shing, Fl. Reip. Pop. Sin. 4(1): 211, 336, pl. 37: 4-6. 1999. **Holotype:** China. Guangxi: Wuming, Damingshan, alt. 400 m, 1977-07-12, P. S. Chiu 4975.

假渐尖毛蕨 ***Cyclosorus subacuminatum*** Ching ex K. H. Shing & J. F. Cheng in Jiangxi Sci. 8(3): 45. 1990. **Holotype:** China. Jiangxi: Yifeng, 1947-10-05, Y. G. Xiong 06239.

短尖毛蕨 ***Cyclosorus subacutus*** Ching, Fl. Fujian. 1: 155, 598, f. 142. 1982. **Holotype:** China. Fujian: Precise locality not known, H. H. Chung 242.

坚叶毛蕨 ***Cyclosorus subcoriaceus*** Ching ex K. H. Shing, Fl. Reip. Pop. Sin. 4(1): 211, 341. 1999. **Holotype:** China. Yunnan: Kaiyuan, 1954-04-04, W. X. Xu s. n.

万金毛蕨 ***Cyclosorus subnamburensis*** Ching ex K. H. Shing, Fl. Reip. Pop. Sin. 4(1): 240, 341. 1999. **Holotype:** China. Taiwan: Bankinsing, 1914-02-??, U. Faurie 101.

河边毛蕨 ***Cyclosorus transitorius*** Ching ex K. H. Shing, Fl. Reip. Pop. Sin. 4(1): 268, 347. pl. 48: 1-4. 1999. **Holotype:** China. Yunnan: Hekou, 1953-04-25, K. H. Cai 568.

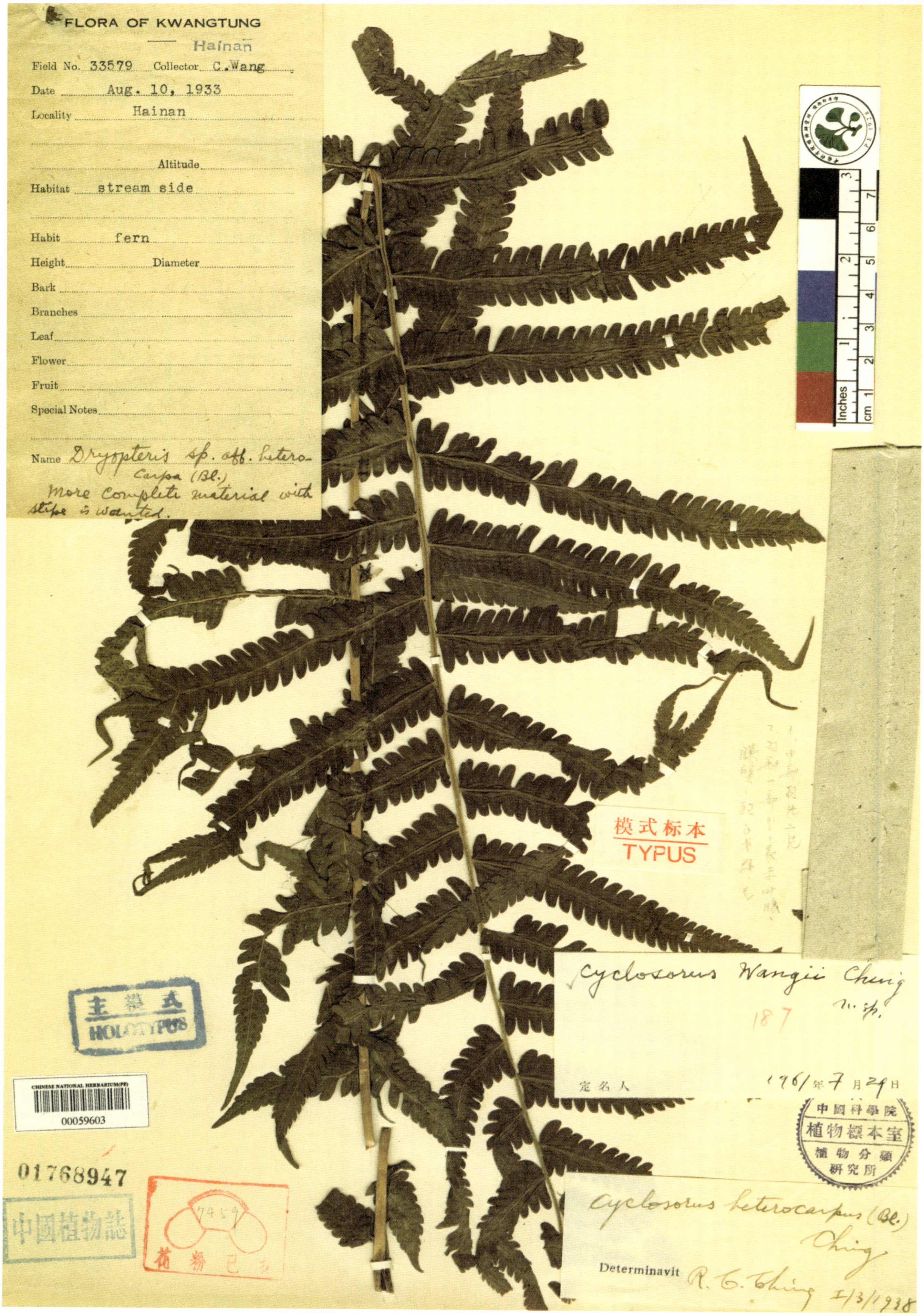

黄志毛蕨 ***Cyclosorus wangii*** Ching in Acta Phytotax. Sin. 9(4): 363. 1964. **Holotype:** China. Hainan: Sanya, 1933-08-10, C. Wang 33579.

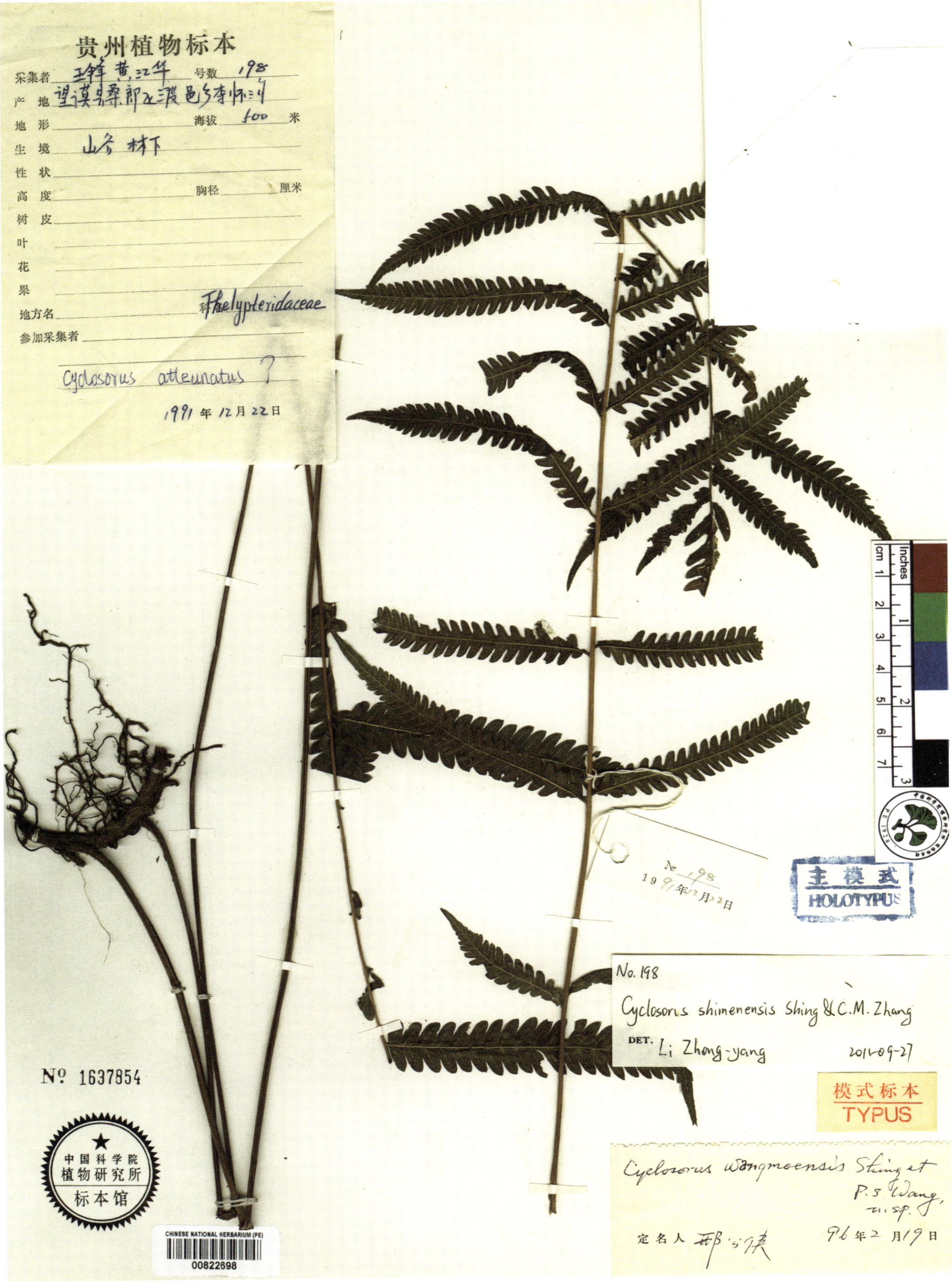

望谟毛蕨 ***Cyclosorus wangmoensis*** K. H. Shing & P. S. Wang, Fl. Reip. Pop. Sin. 4(1): 193, 333, pl. 34: 4-6. 1999.
Holotype: China. Guizhou: Wangmo, alt. 500 m, 1991-12-22, F. Wang & J. H. Huang 198.

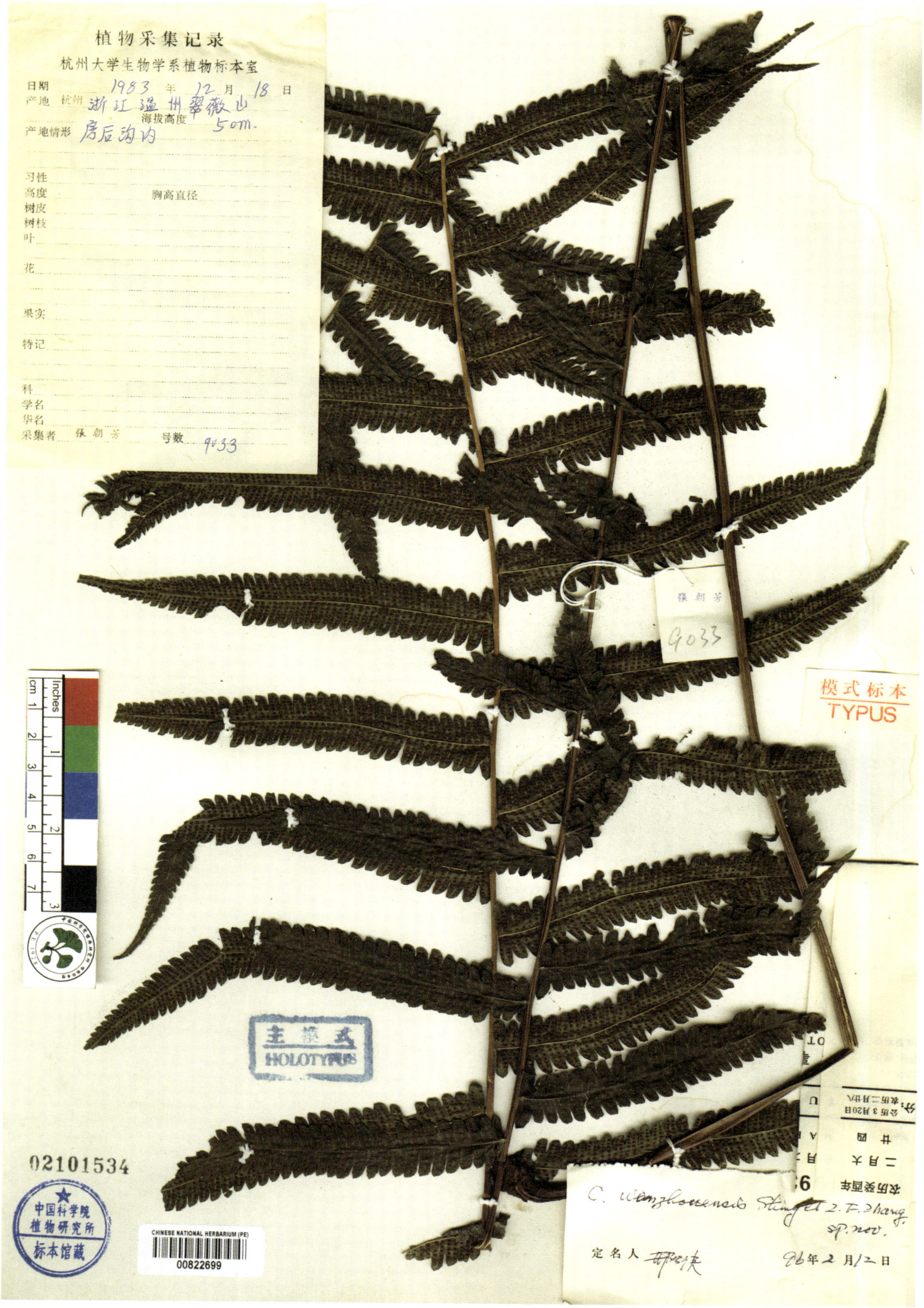

温州毛蕨 ***Cyclosorus wenzhouensis*** K. H. Shing & C. F. Zhang, Fl. Reip. Pop. Sin. 4(1): 234, 341, pl. 40: 4-5. 1999.
Holotype: China. Zhejiang: Wenzhou, alt. 50 m, 1983-12-18, C. F. Zhang 9033.

寻乌毛蕨 ***Cyclosorus xunwuensis*** Ching ex K. H. Shing & J. F. Cheng in Jiangxi Sci. 8(3): 44. 1990. **Holotype:** China. Jiangxi: Xunwu, alt. 480 m, 1964-01-15, J. F. Cheng 40088.

雁荡毛蕨 ***Cyclosorus yandangensis*** Ching & K. H. Shing in Bull. Bot. Res., Harbin 3(3): 7, photo. 7. 1983. **Holotype:** China. Zhejiang: Leqing, Yandangshan, alt. 80 m, 1979-11-21, K. H. Shing & al. 248.

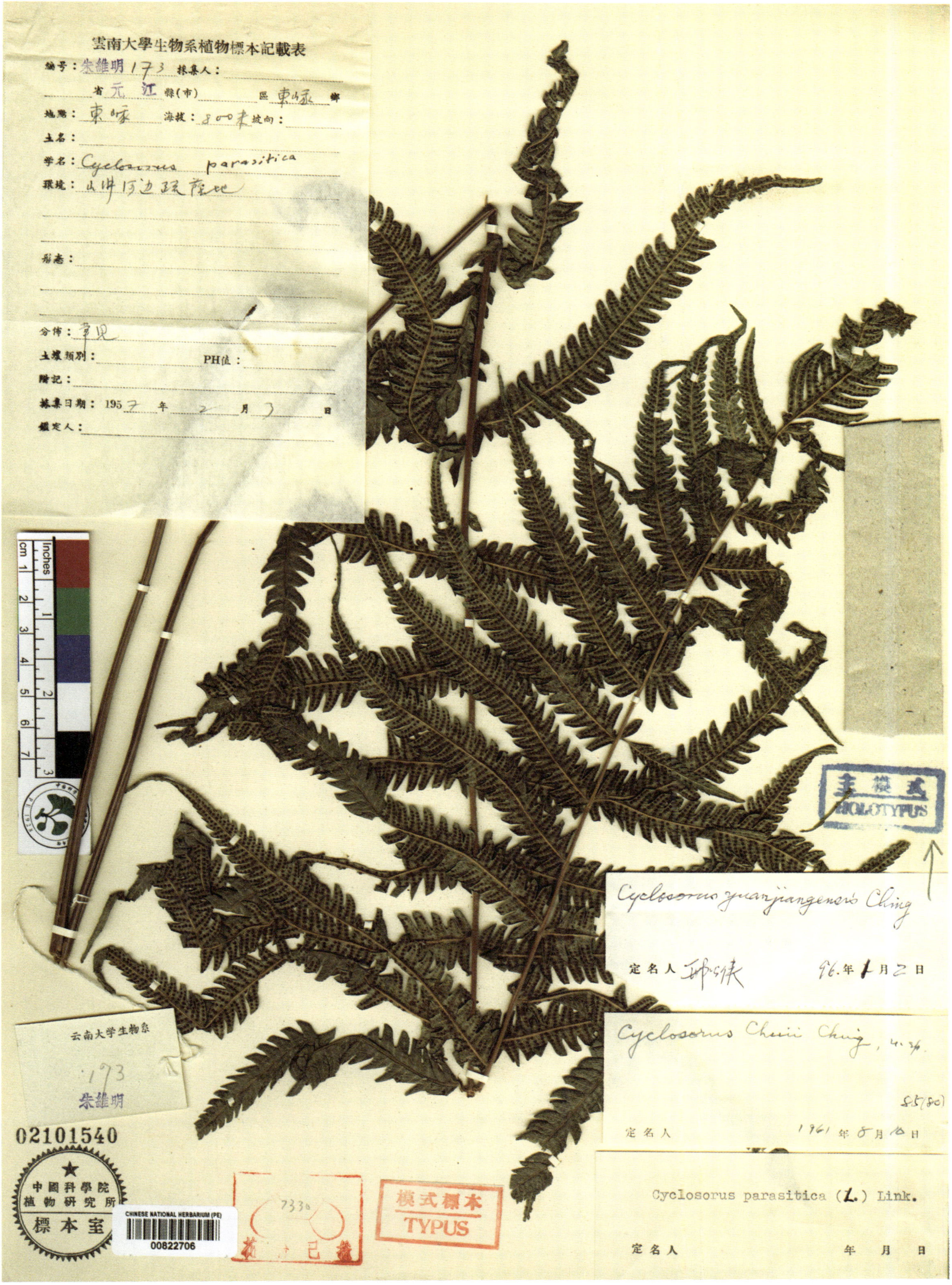

元江毛蕨 ***Cyclosorus yuanjiangensis*** Ching ex K. H. Shing, Fl. Reip. Pop. Sin. 4(1): 203, 335, pl. 36: 1-4. 1999. **Holotype:** China. Yunnan: Yuanjiang, alt. 800 m, 1957-02-03, W. M. Chu 173.

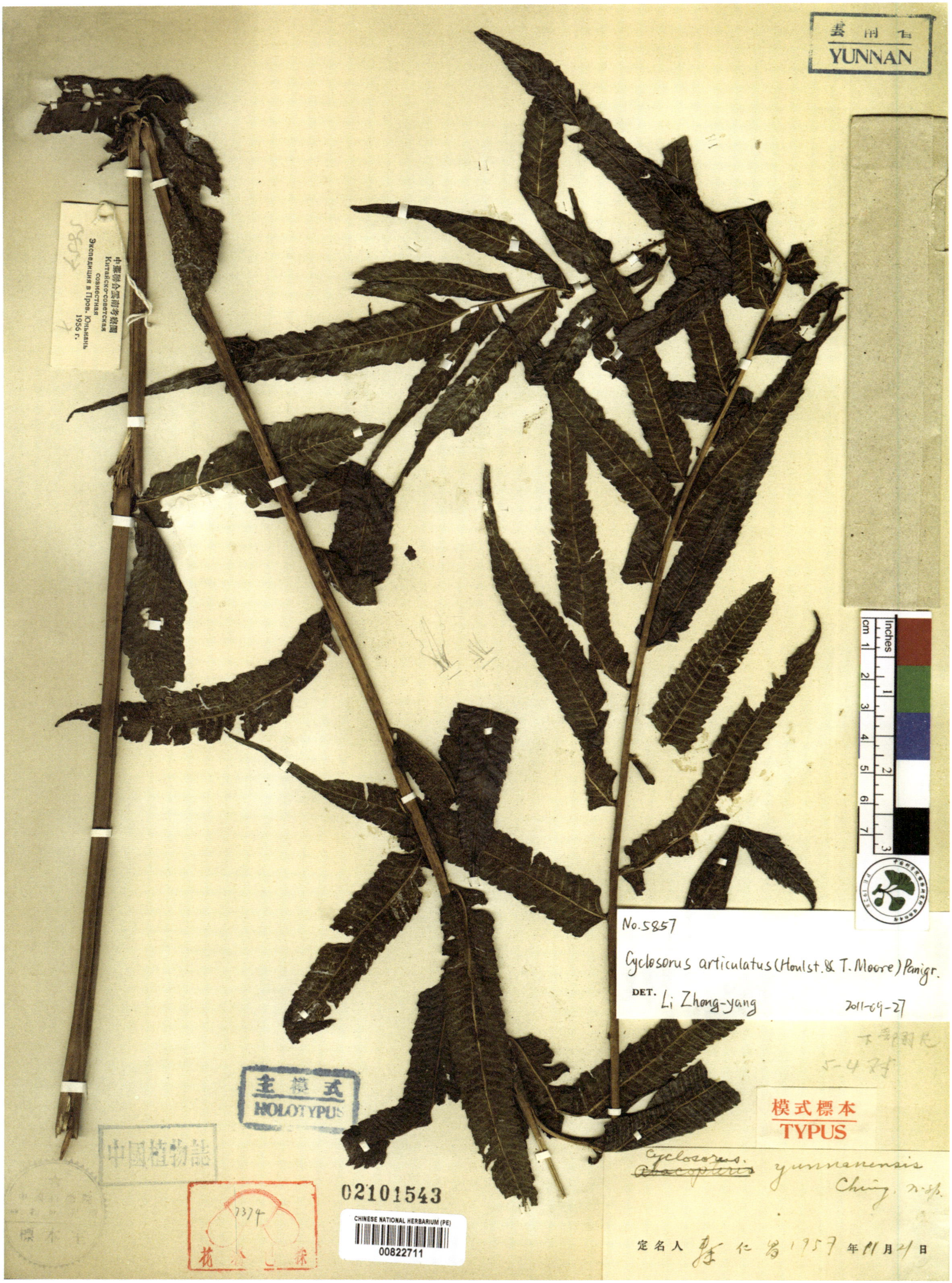

云南毛蕨 ***Cyclosorus yunnanensis*** Ching ex K. H. Shing, Fl. Reip. Pop. Sin. 4(1): 270, 348, pl. 49: 1-3. 1999. **Holotype:** China. Yunnan: Xishuangbanna, 1957-??-??, Sino-Russia Yunnan Exped. 5857.

朝芳毛蕨 ***Cyclosorus zhangii*** K. H. Shing, Fl. Reip. Pop. Sin. 4(1): 231, 340, pl. 40: 1-3 1999. **Holotype:** China. Zhejiang: Taishun, alt. 300 m, 1984-01-09, C. F. Zhang 9196.

戟叶圣蕨 ***Dictyocline sagittifolia*** Ching in Acta Phytotax. Sin. 8(4): 335. 1963. **Holotype:** China. Guangdong: Luofoshan, 1929-06-02, C. L. Tso 20923.

峨眉方秆蕨 ***Glaphyropteridopsis emeiensis*** Y. X. Lin, Fl. Reip. Pop. Sin. 4(1): 131, 324, pl. 26: 1-4. 1999. **Holotype:** China. Sichuan: Emei, Emeishan, alt. 1 900 m, 1963-08-16, K. H. Shing & K. Y. Lang 384.

金佛山方秆蕨 ***Glaphyropteridopsis jinfushanensis*** Ching ex Y. X. Lin, Fl. Reip. Pop. Sin. 4(1): 134, 325, pl. 25: 5-7. 1999.

Holotype: China. Chongqing: Nanchuan, Jinfoshan, alt. 750 m, 1983-03-21, Z. Y. Liu & J. L. Zhang 3917.

大叶方秆蕨 ***Glaphyropteridopsis splendens*** Ching in Acta Phytotax. Sin. 8(4): 322. 1963. **Holotype:** China. Sichuan: Emei, Emeishan, alt. 560 m, 1953-08-20, S. C. Cheng 10016.

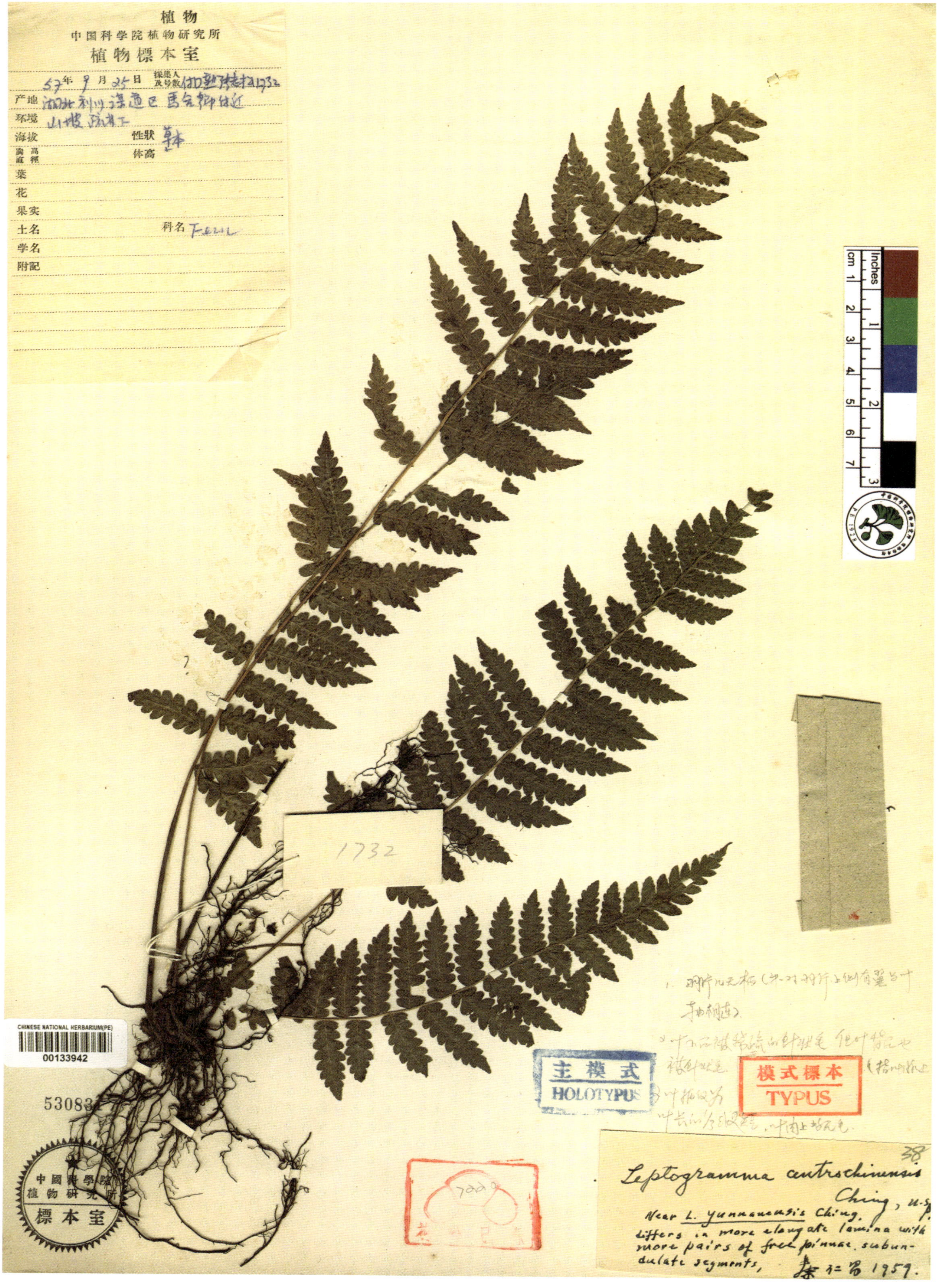

华中茯蕨 ***Leptogramma centrochinensis*** Ching ex Y. X. Lin, Fl. Reip. Pop. Sin. 4(1): 120, 323, pl. 21: 1-2. 1999.
Holotype: China. Hubei: Lichuan, 1957-09-25, G. X. Fu & Z. S. Zhang 1732.

雅安茯蕨 ***Leptogramma yahanensis*** Ching ex Y. X. Lin, Fl. Reip. Pop. Sin. 4(1): 124, 324, pl. 23: 4-5. 1999. **Holotype:** China. Sichuan: Ya'an, alt. 1 000 m, 1939-07-30, D. H. Zhang 1.138.

细裂针毛蕨 ***Macrothelypteris contingens*** Ching in Acta Phytotax. Sin. 8(4): 310. 1963. **Holotype:** China. Yunnan: Xishuangbanna, alt. 1 050 m, 1957-??-??, Sino-Russia Yunnan Exped. 7303.

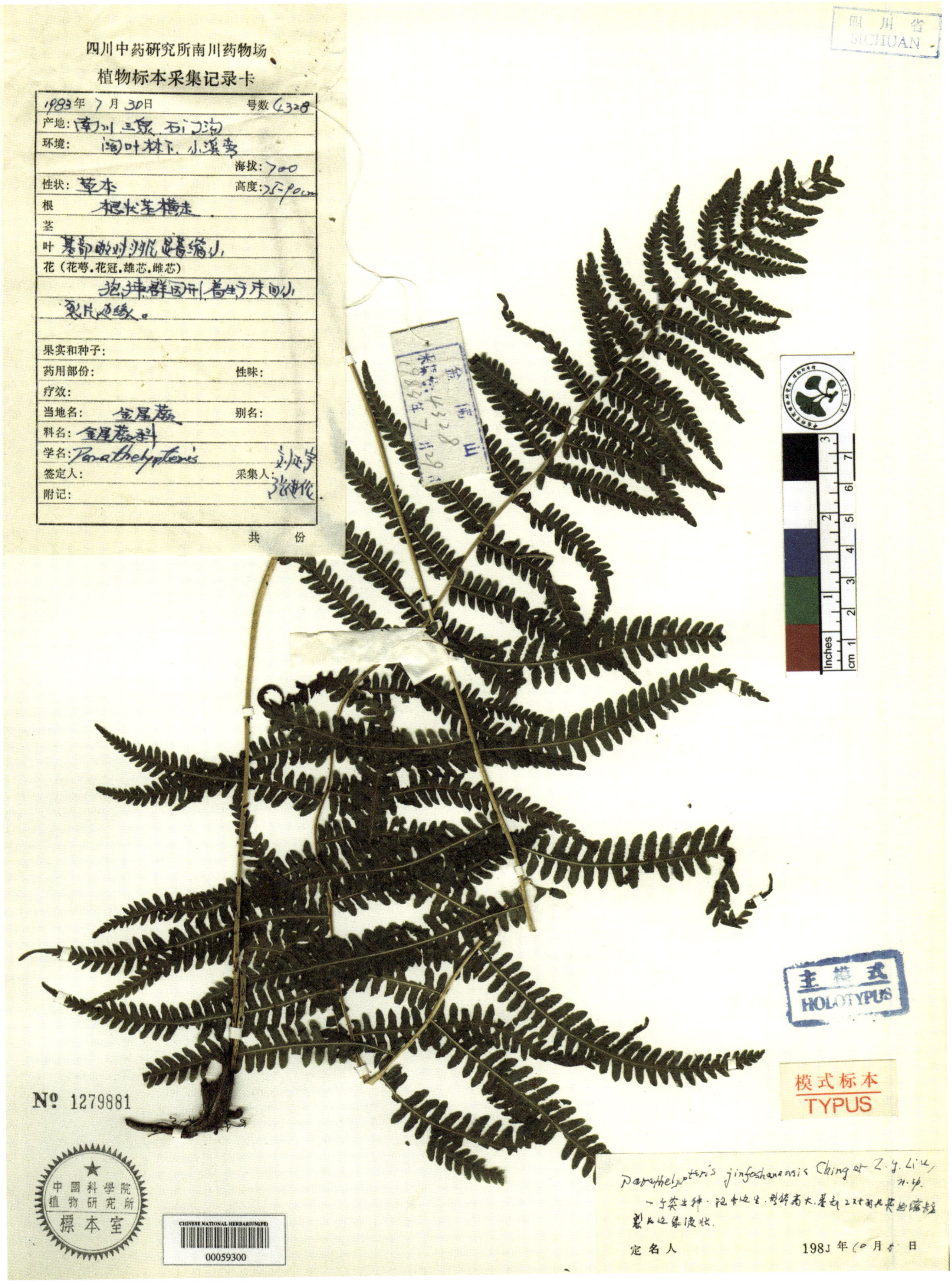

金佛山金星蕨 ***Parathelypteris jinfoshanensis*** Ching & Z. Y. Liu in Bull. Bot. Res., Harbin 4(3): 18, photo. 20. 1984.

Holotype: China. Chongqing: Nanchuan, Jinfoshan, alt. 700 m, 1983-07-29, Z. Y. Liu & J. L. Zhang 4328.

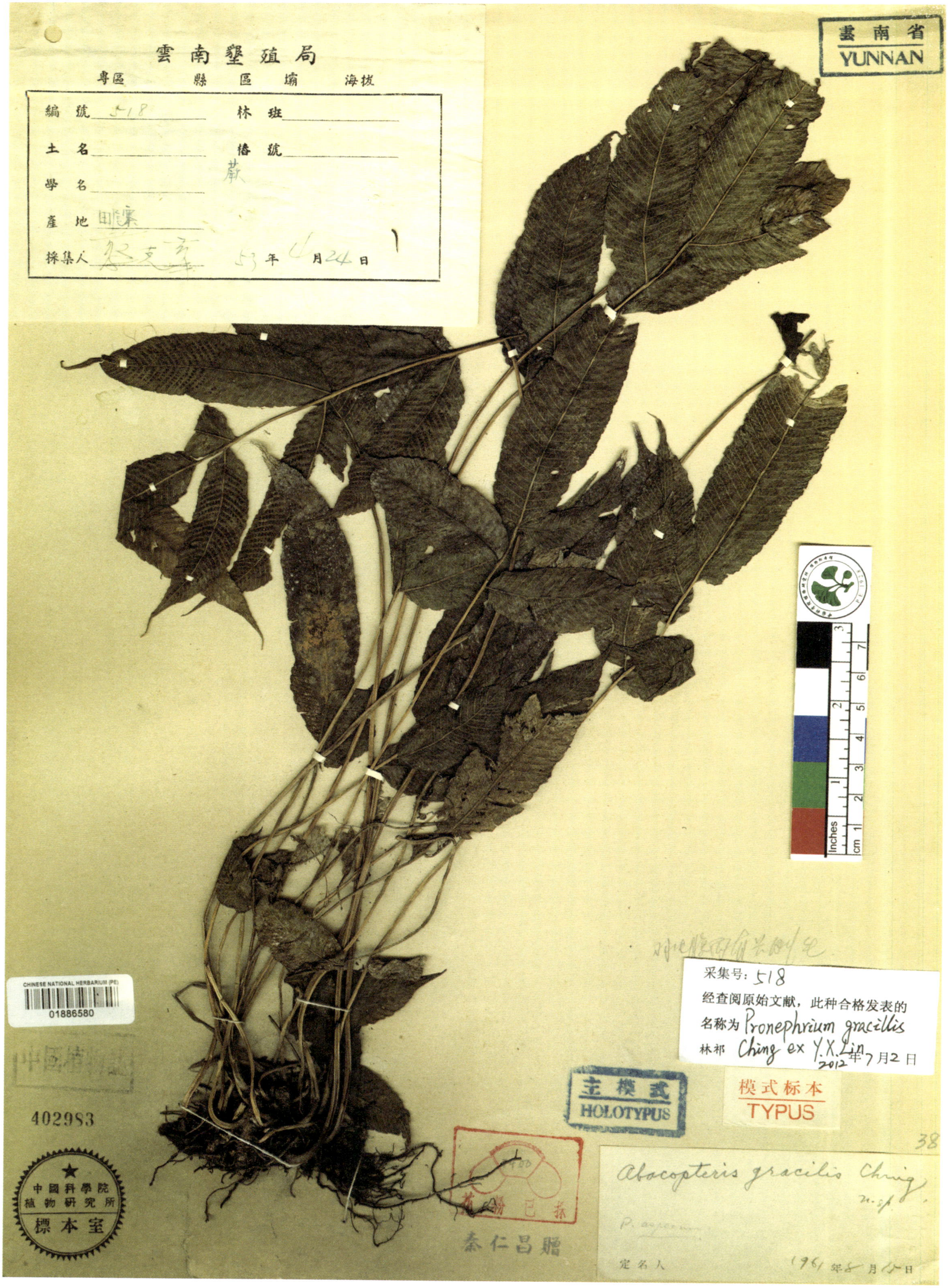

小叶新月蕨 ***Pronephrium gracillis*** Ching ex Y. X. Lin, Fl. Reip. Pop. Sin. 4(1): 308, 352, pl. 58: 3. 1999. **Holotype:** China. Yunnan: Mengzi, 1953-04-24, K. H. Cai 518.

刚毛新月蕨 ***Pronephrium setosum*** Y. X. Lin, Fl. Reip. Pop. Sin. 4(1): 308, 352, pl. 59: 1-4. 1999. **Holotype:** China. Yunnan: Mangshi, alt. 950 m, 1952-??-??, R. C. Ching 50369.

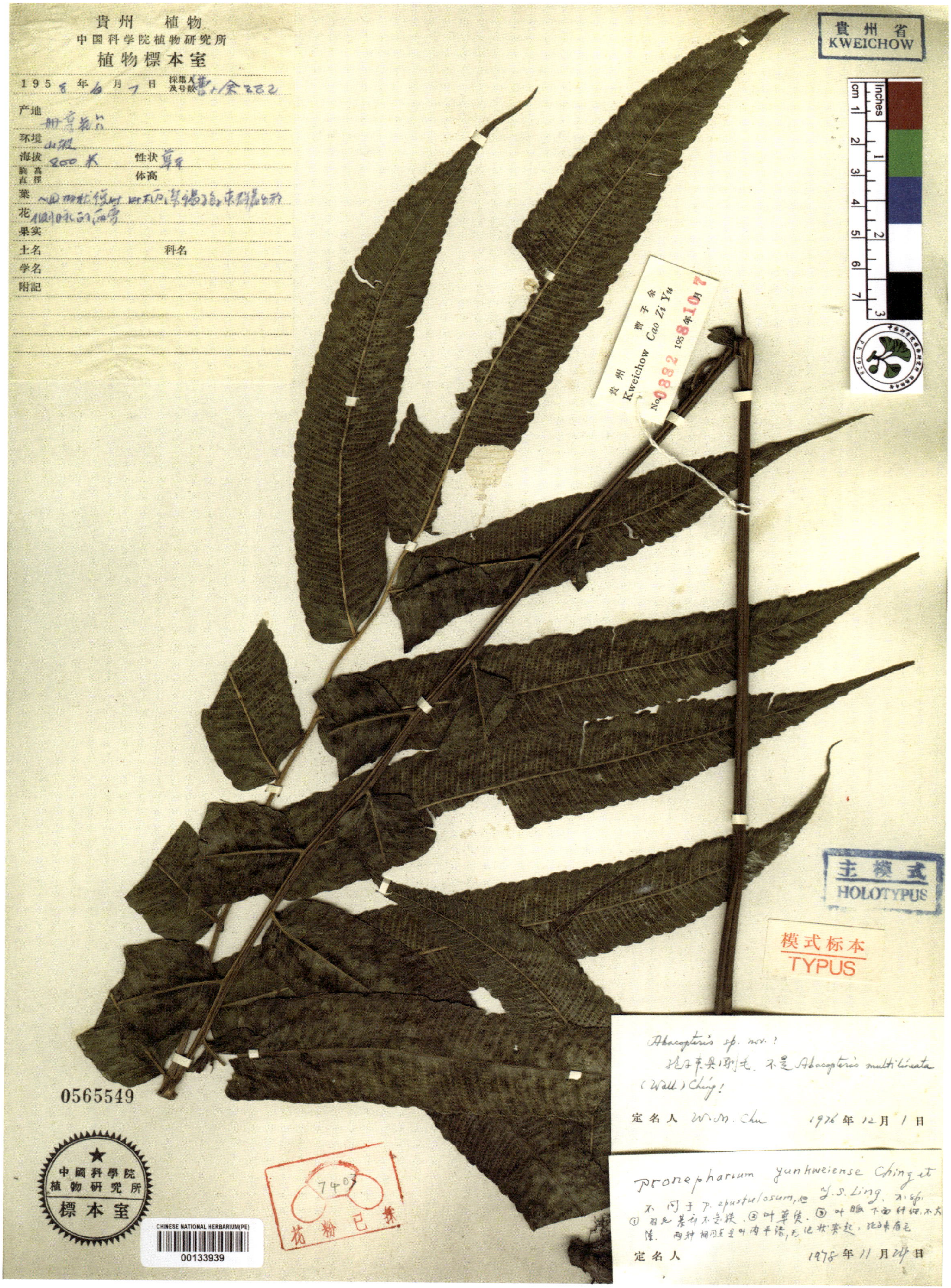

云贵新月蕨 ***Pronephrium yunguiensis*** Ching ex Y. X. Lin, Fl. Reip. Pop. Sin. 4(1): 308, 352, pl. 59: 5-6. 1999. **Holotype:** China. Guizhou: Ceheng, alt. 800 m, 1958-10-07, Z. Y. Cao 882.

大明山假毛蕨 ***Pseudocyclosorus damingshanensis*** Ching ex Y. X. Lin, Fl. Reip. Pop. S n. 4(1): 162, 330. 1999. **Holotype:** China. Guangxi: Damingshan, P. S. Chiu s. n.

线羽假毛蕨 ***Pseudocyclosorus linearis*** Ching & K. H. Shing ex Y. X. Lin, Fl. Reip. Pop. Sin. 4(1): 157, 328. 1999.
Holotype: China. Sichuan: Emei, Emeishan, alt. 900 m, 1963-09-01, K. H. Shing & K. Y. Lang 1138.

斜展假毛蕨 ***Pseudocyclosorus obliquus*** Ching ex Y. X. Lin, Fl. Reip. Pop. Sin. 4(1): 162, 331. 1999. **Holotype:** China. Guangxi: Lingui, 1953-03-17, L. Q. Chen 94427.

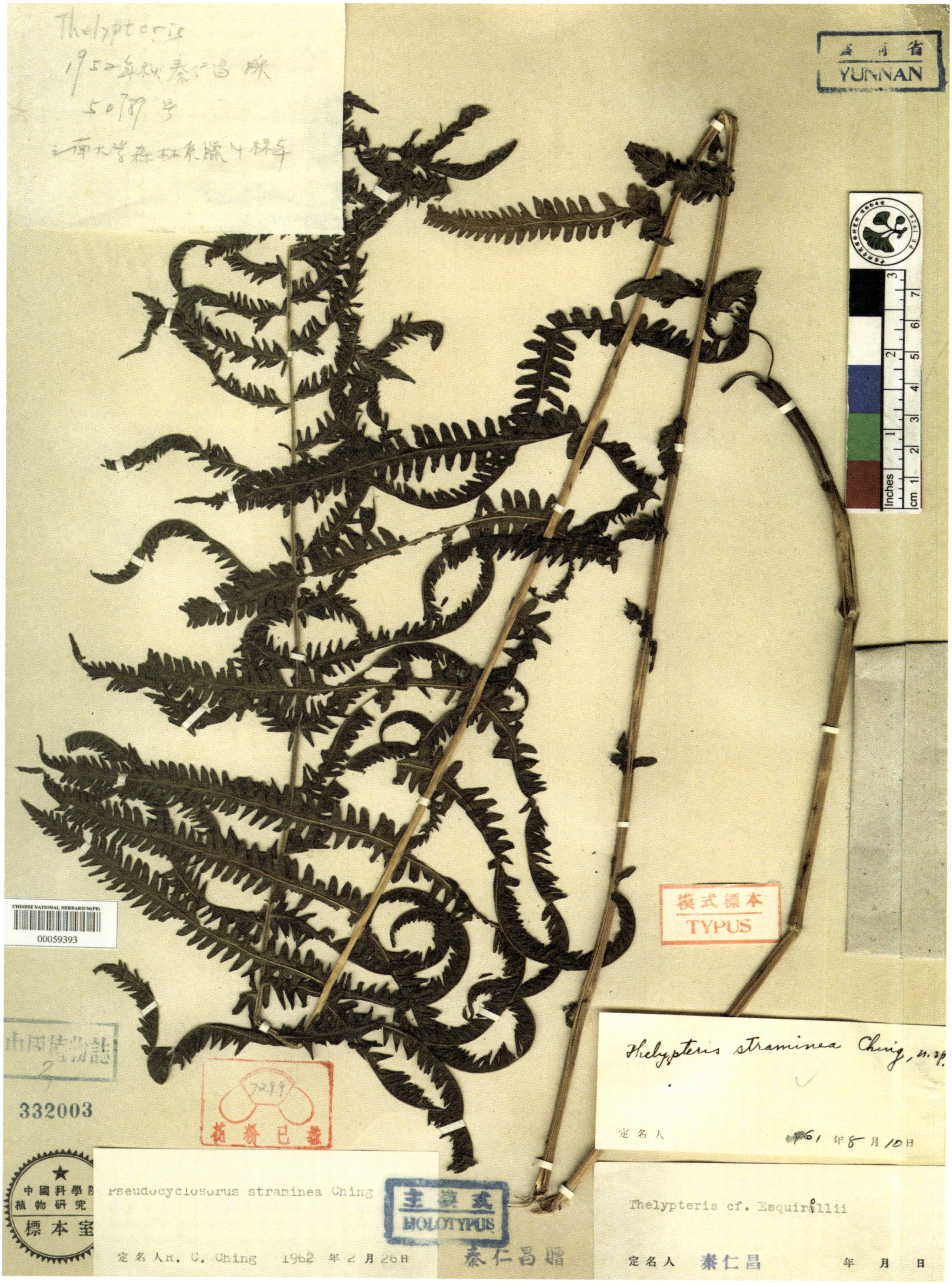

禾秆假毛蕨 ***Pseudocyclosorus straminea*** Ching ex Y. X. Lin, Fl. Reip. Pop. Sin. 4(1): 159, 329. 1999. **Holotype:** China. Yunnan: Precise locality not known, 1952-??-??, R. C. Ching 50789.

急梳假毛蕨 ***Pseudocyclosorus torrentis*** Ching ex Y. X. Lin, Fl. Reip. Pop. Sin. 4(1): 145, 326. 1999. **Holotype:** China. Yunnan: Yingjiang to Ruili, alt. 800~1 500 m, 1952-??-??, R. C. Ching 50210.

新平假毛蕨 ***Pseudocyclosorus xinpingensis*** Ching ex Y. X. Lin, Fl. Reip. Pop. Sin. 4(1): 143, 326, pl. 28: 1-5. 1999.
Holotype: China. Yunnan: Xinping, alt. 2 300 m, 1957-01-30, W. M. Chu 385.

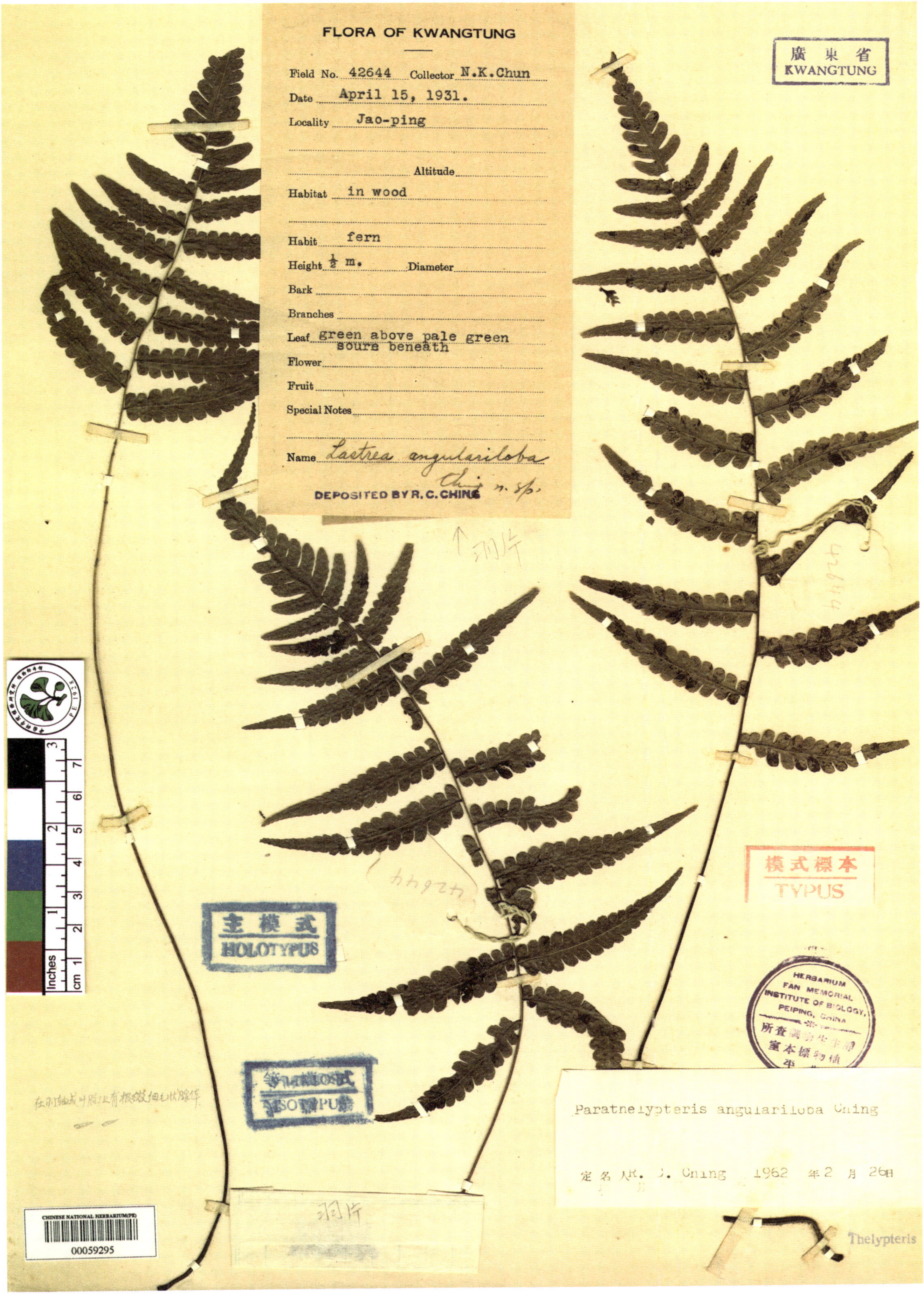

钝角金星蕨 ***Thelypteris angulariloba*** Ching in Bull. Fan Mem. Inst. Biol., Bot. 6: 323. 1936. **Holotype:** China. Guangdong: Jaoping, 1931-04-15, N. K. Chun 42644.

淡色紫柄蕨 ***Thelypteris brunnea*** (Wall.) Ching var. ***pallida*** Ching in Bull. Fan Mem. Inst. Biol., Bot. Ser. 11: 59. 1941. **Lectotype** ［designated by L. Song & al. in Acta Bot. Bor.-Occ. Sin. 33(6): 1266. 2013.］: China. Yunnan: Weixi, K. M. Feng 8748.

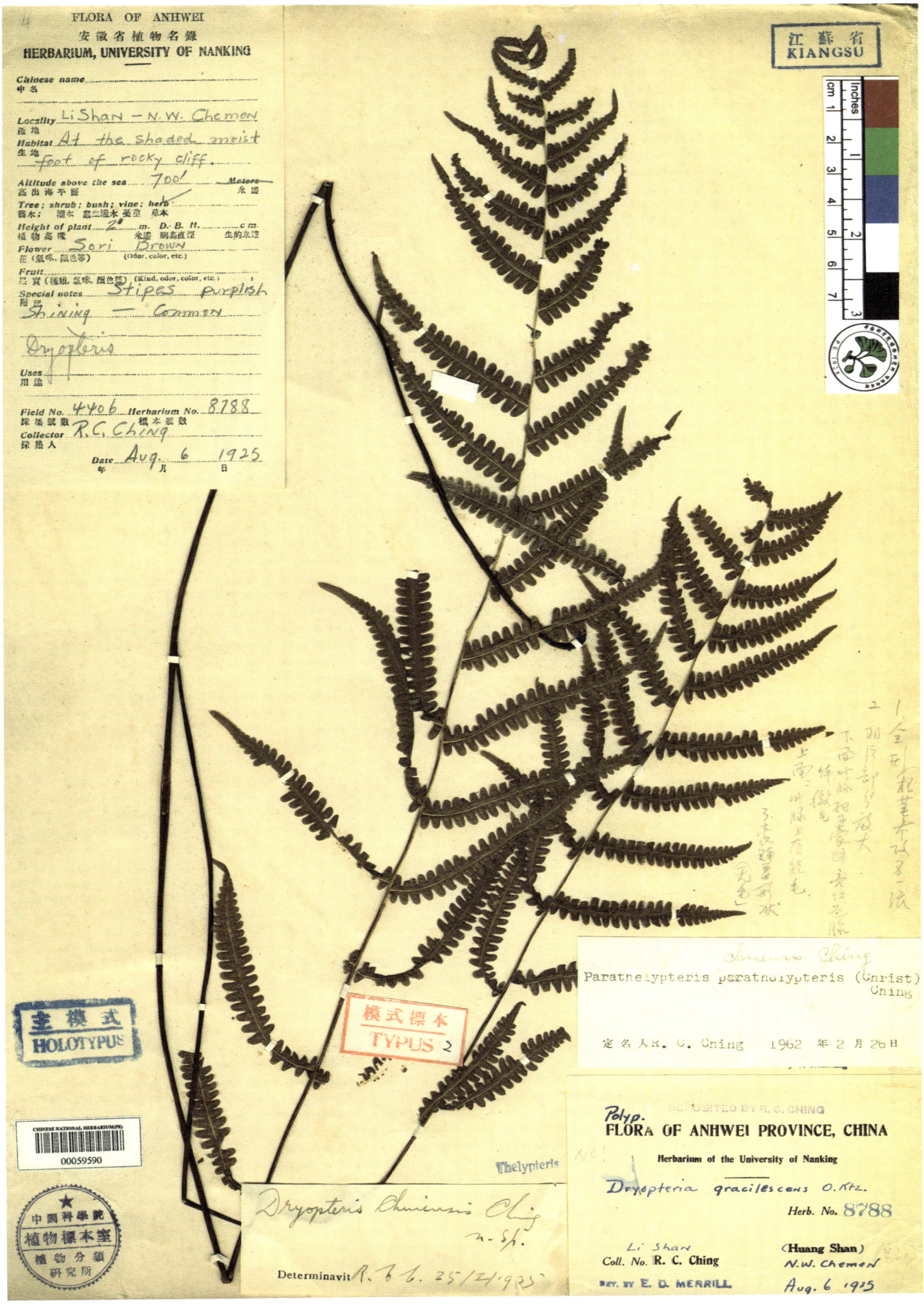

中华金星蕨 ***Thelypteris chinensis*** Ching in Bull. Fan Mem. Inst. Biol., Bot. 6: 311. 1936. **Holotype:** China. Anhui: Qimen, Lishan, 1925-08-06, R. C. Ching 4406.

焕镛钩毛蕨 ***Thelypteris chunii*** Ching in Bull. Fan Mem. Inst. Biol., Bot. 6: 284. 1936. **Holotype:** China. Guangdong: Suni (=Xinyi), 1931-08-12, Y. K. Wang 31154.

普通假毛蕨 ***Thelypteris subochthodes*** Ching in Bull. Fan Mem. Inst. Biol., Bot. 6: 305. 1936. **Holotype:** China. Guangdong: Dapu, 1932-07-22, W. T. Tsang 21260.

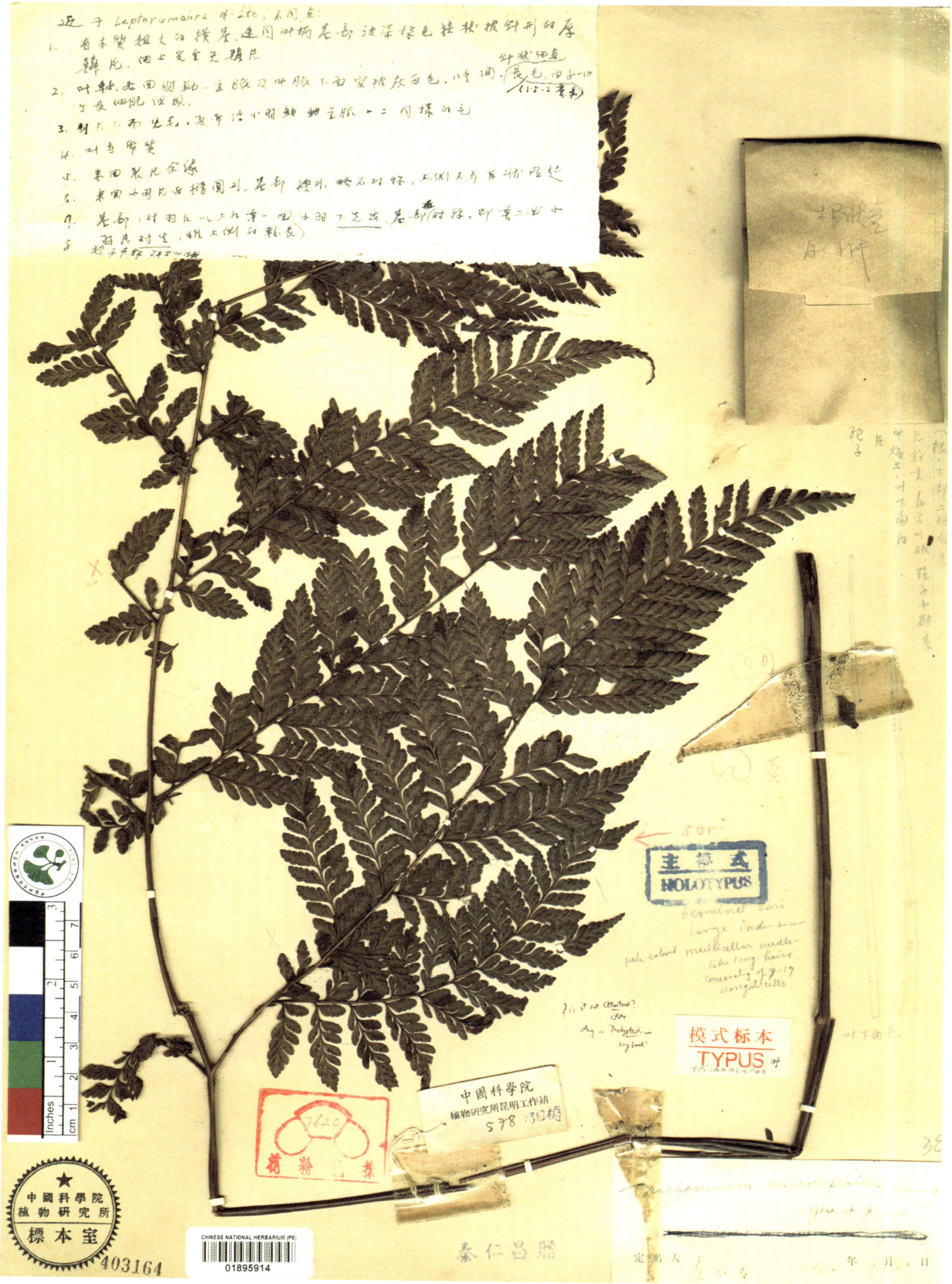

毛脉蕨 ***Trichoneuron microlepioides*** Ching in Acta Phytotax. Sin. 10(2): 119, pl. 22. 1965. **Holotype:** China. Yunnan: Xishuangbanna, K. M. Feng 578.

Aspleniaceae

铁角蕨科

tiejiaojueke

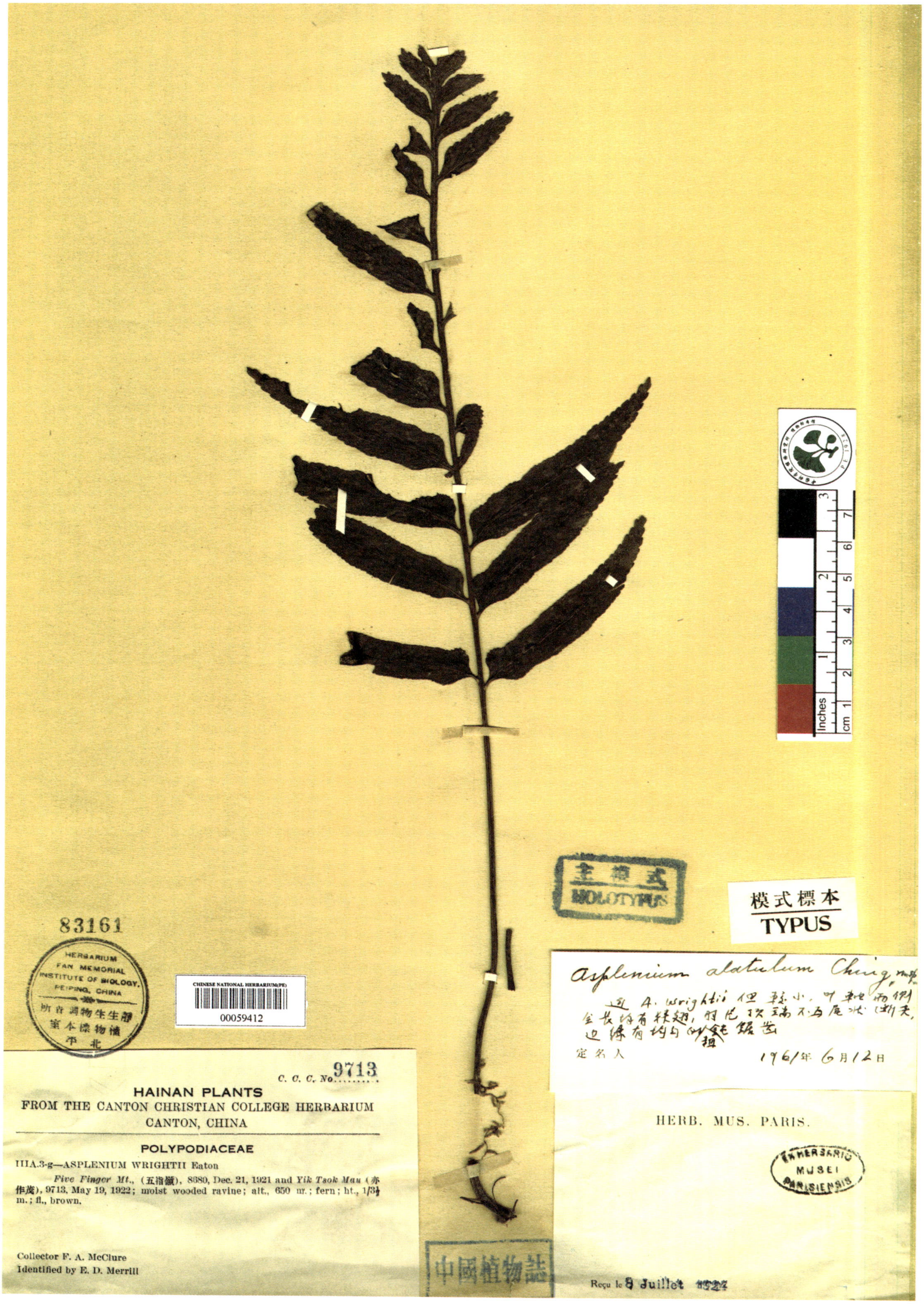

狭翅铁角蕨 ***Asplenium alatulum*** Ching in Acta Phytotax. Sin. 9(4): 359. 1964. **Holotype:** China. Hainan: Qiongzhong, Five Finger Mountain, alt. 650 m, 1922-05-19 F. A. Mcclure 9713.

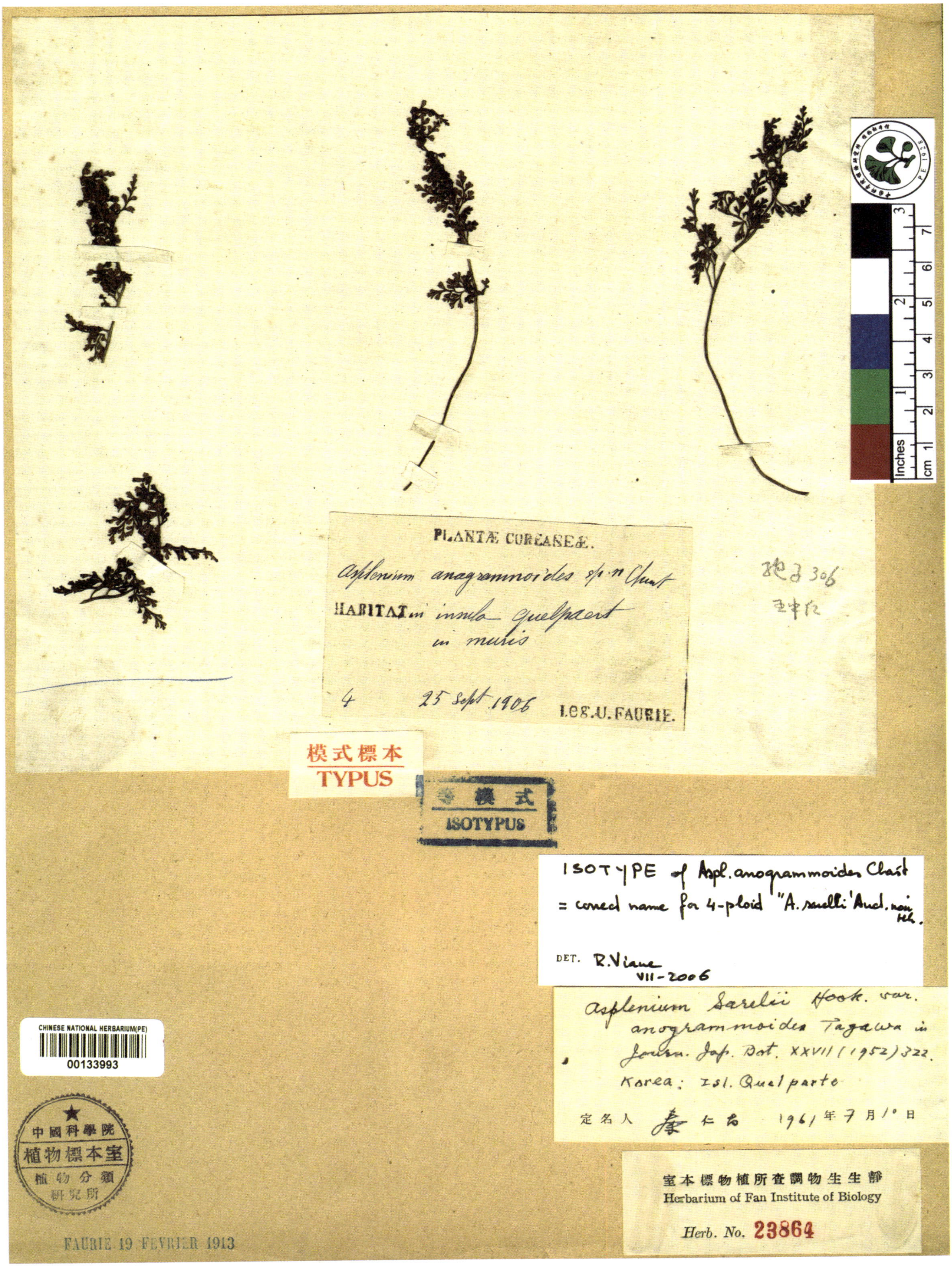

广布铁角蕨 ***Asplenium anogrammoides*** Christ in Feede, Repert. Spec. Nov. Regni Veg. 5: 11. 1908. **Isotype:** P. O. Korea. Quelpaert I. (=Cheju-do), 1906-09-25, U. Faurie 4.

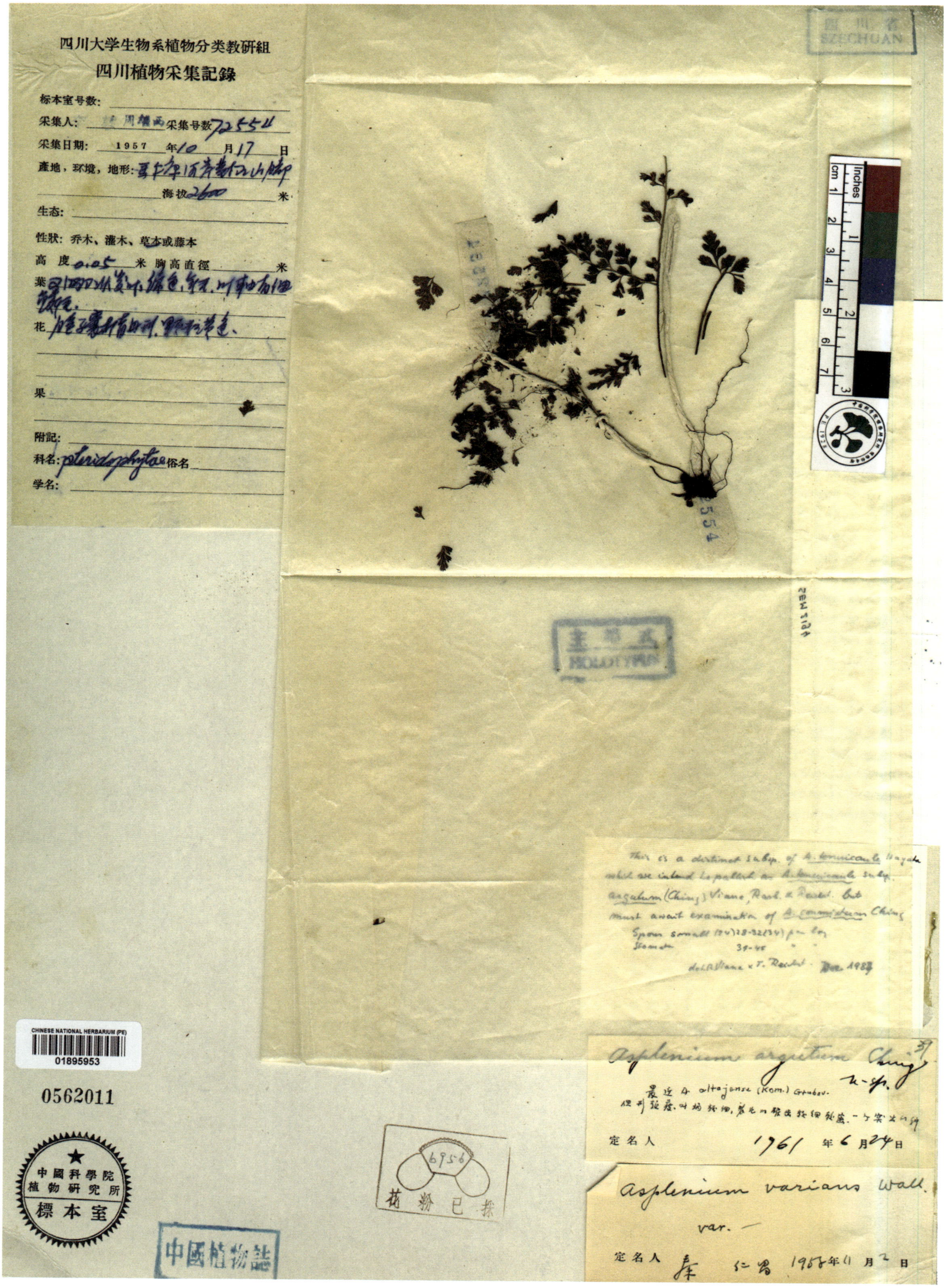

尖齿铁角蕨 ***Asplenium argutum*** Ching in Acta Phytotax. Sin. 23(1): 9, pl. 3: 2. 1985. **Holotype:** China. Sichuan: Barkam, alt. 2 600 m, 1957-10-17, S. Li & X. X. Zhou 72554.

黑鳞铁角蕨 ***Asplenium asterolepis*** Ching in Bull. Fan Mem. Inst. Biol., New Ser. 1(3): 274. 1949. **Holotype:** China. Guizhou: Duyun, alt. 1 000 m, 1942-12-11, S. Y. Hou 1737.

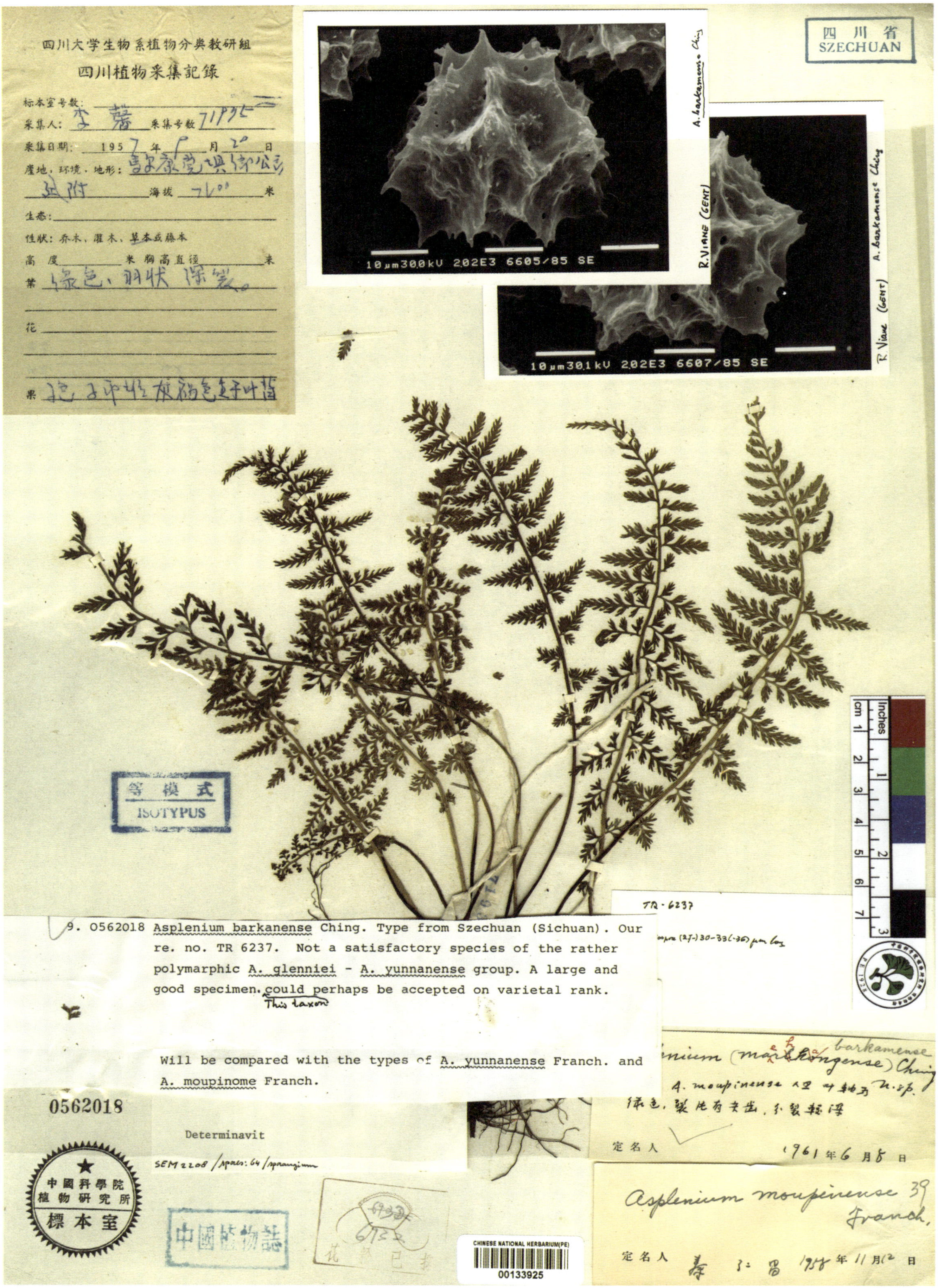

马尔康铁角蕨 ***Asplenium barkamense*** Ching in Acta Phytotax. Sin. 23(1): 2, pl. 1: 1. 1985. **Holotype:** China. Sichuan: Barkam, alt. 2 100 m, 1957-09-20, S. Li 71975.

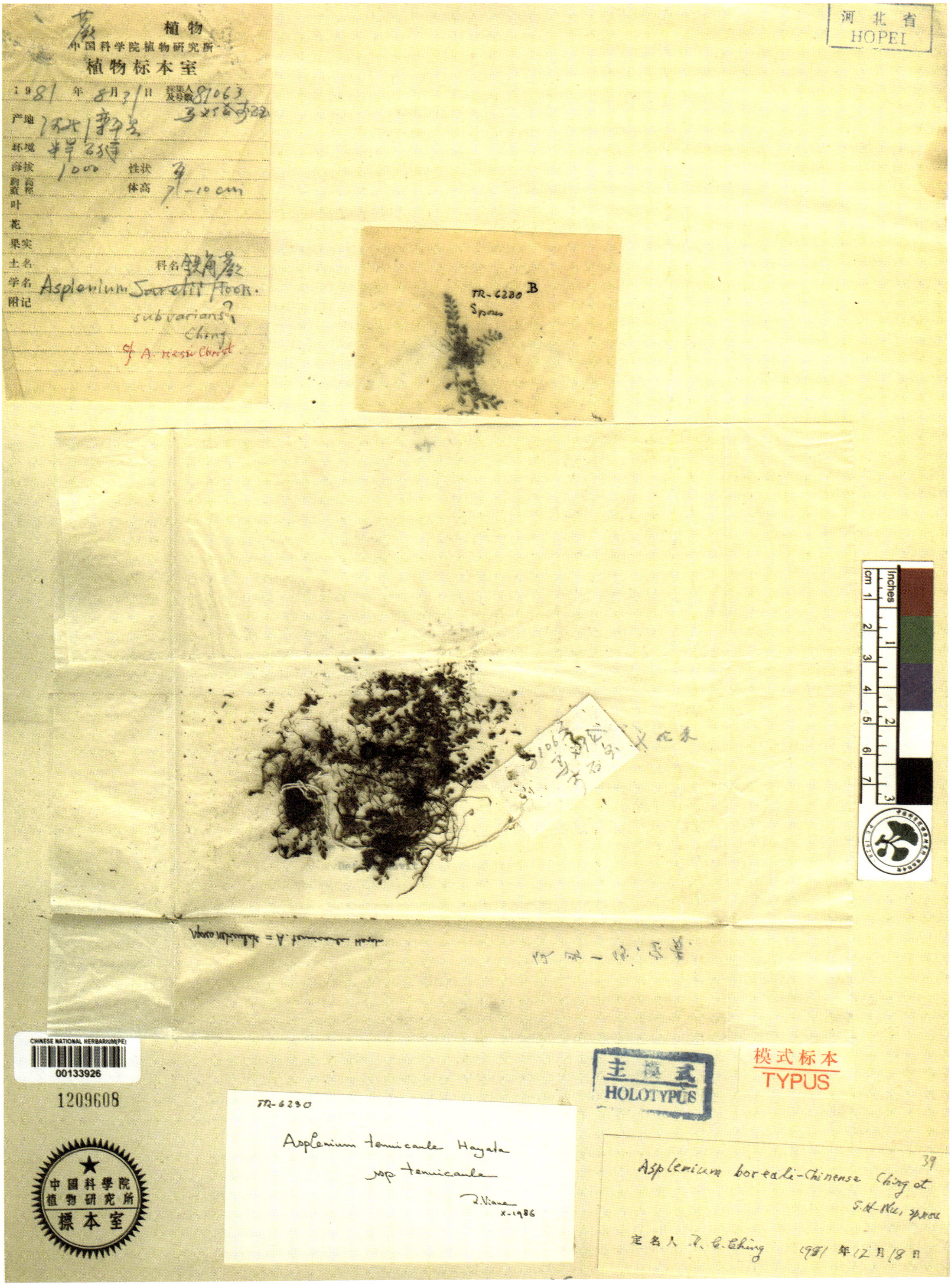

华北铁角蕨 ***Asplenium boreali-chinense*** Ching & S. H. Wu in Acta Phytotax. Sin. 23(1): 9, pl. 3: 4. 1985. **Holotype:** China. Hebei: Luanping, alt.1 000 m, 1981-08-31, Y. L. Ma & S. Y. Li 81063.

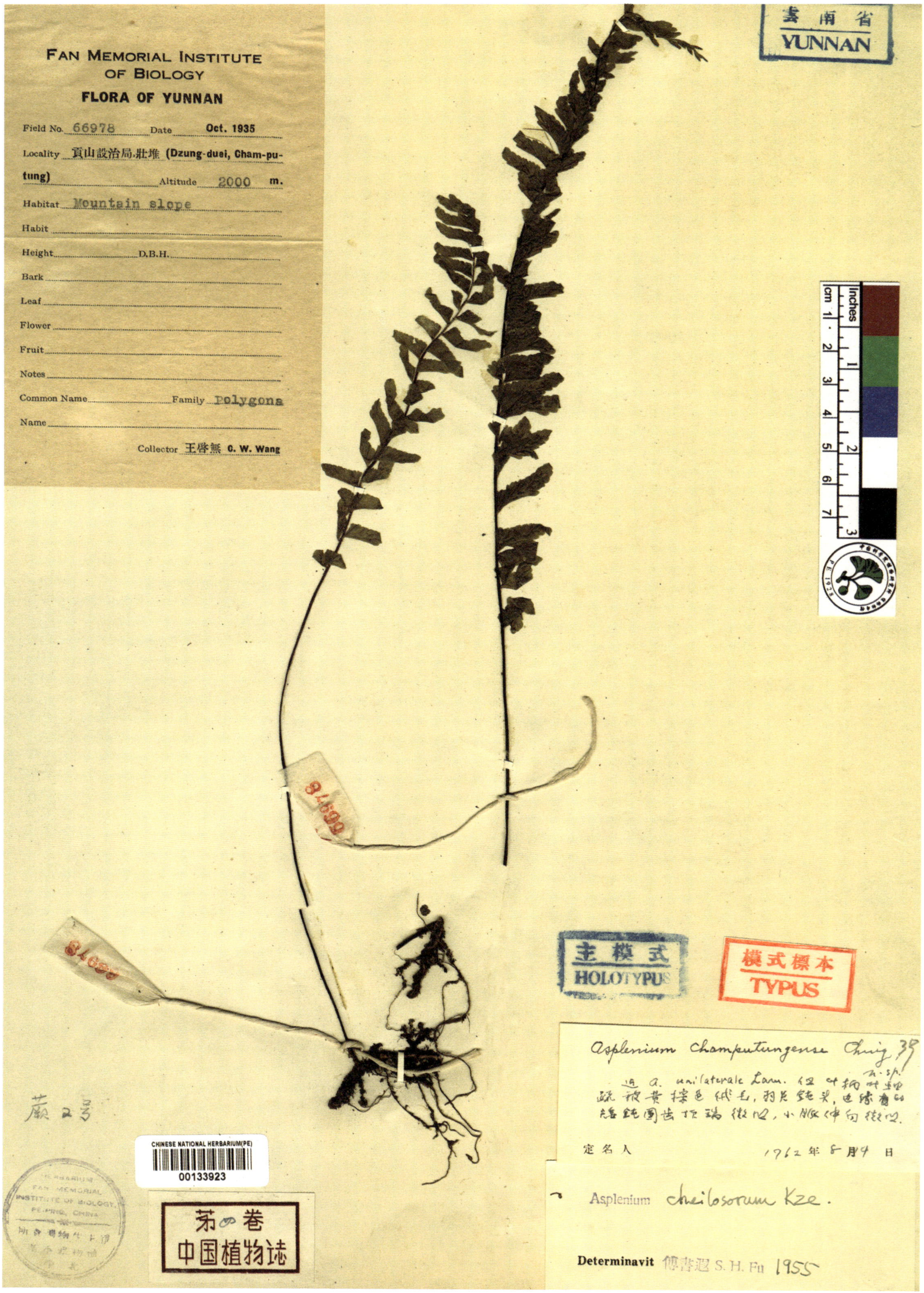

贡山铁角蕨 ***Asplenium changputungense*** Ching in Acta Phytotax. Sin. 10(3): 188. 1965. **Holotype:** China. Yunnan: Gongshan, alt. 2 000 m, 1935-10-??, C. W. Wang 66978.

城口铁角蕨 ***Asplenium chengkouense*** Ching ex X. X. Kong in Acta Bot. Yunnan. 5(4): 358, f. 2. 1983. **Holotype:** China. Chongqing: Chengkou, alt. 1 800 m, 1958-09-26, T. L. Dai 106098.

混乱铁角蕨 ***Asplenium confusum*** Tardieu & Ching in Not. Syst. 5(2): 148, pl. 7. 1936. **Isotype:** Vietnam. Precise locality not known, (1862-1866)-??-??, Thorel s. n.

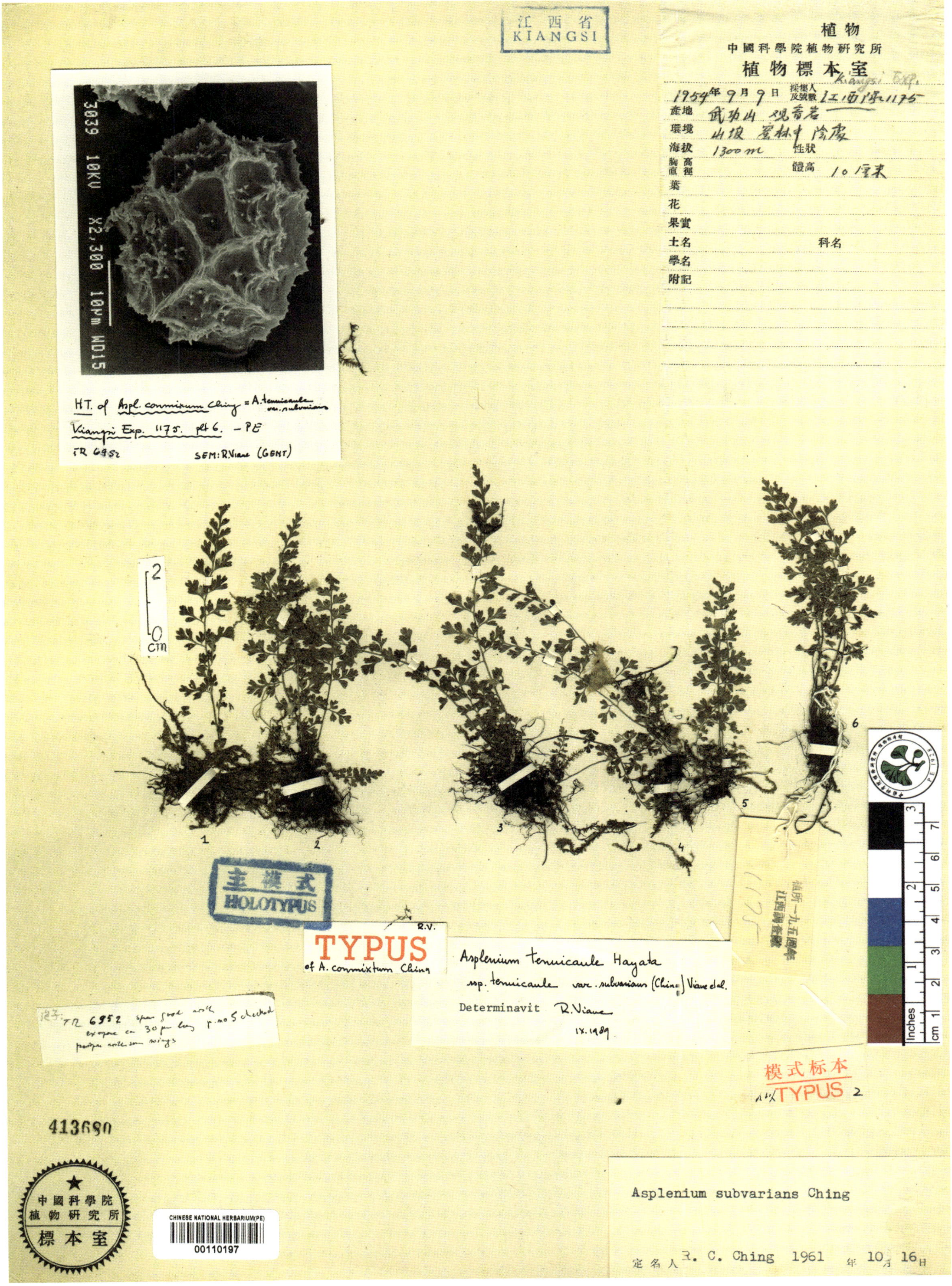

小铁角蕨 ***Asplenium conmixum*** Ching, Fl. Pl. Herb. Chinae Bor.-Orient. 1: 36, 69, f. 31. 1958. **Holotype:** China. Jiangxi: Anfu, Wugongshan, alt. 1 300 m, 1954-09-09, Jiangxi Exped. 1175.

相似铁角蕨 ***Asplenium consimile*** Ching ex S. H. Wu in Bull. Bot. Res., Harbin 9(2): 90. 1989. **Holotype:** China. Jiangxi: Lushan, alt. 800 m, 1934-08-??, R. C. Ching 10031.

壮乡铁角蕨 ***Asplenium cornutissimum*** X. C. Zhang & R. H. Jiang in Brittonia 63(1): 83. 2011. **Isotype:** China. Guangxi: Jingxi, alt. 750 m, 2009-08-26, R. H. Jiang & W. B. Xu 091623.

楔形铁角蕨 ***Asplenium cuneatiforme*** Christ in Bull. Herb. Boiss. 4(7): 613. 1904. **Isotype:** China. Taiwan: Kushaku, 1903-06-08, T. Faurie 661.

贵阳铁角蕨 ***Asplenium cuneifolium*** Viviani var. ***vegetius*** Christ in Bull. Acad. Intern. Geogr. Bot. Mans 1902: 240. 1902.
Isotype: China. Guizhou: Precise locality not known, 1900-07-12, R. P. Bodinier 2557.

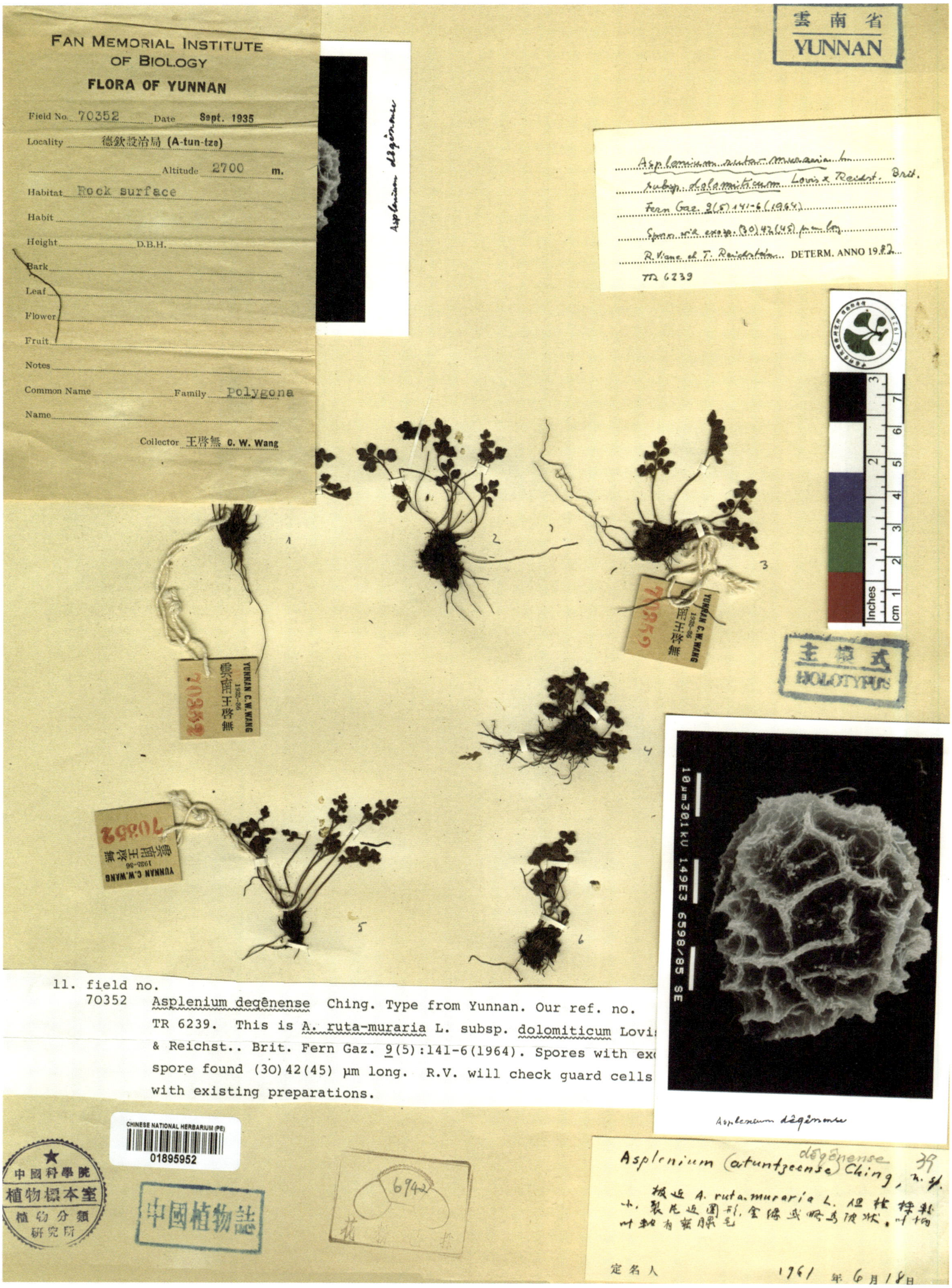

德钦铁角蕨 ***Asplenium deqenense*** Ching in Acta Phytotax. Sin. 23(1): 3, pl. 1: 2. 1985. **Holotype:** China. Yunnan: Dêqên, alt. 2 700 m, 1935-09-??, C. W. Wang 70352.

重齿铁角蕨 ***Asplenium duplicatoserratum*** Ching ex S. H. Wu in Bull. Bot. Res., Harbin 9(2): 86, photo. 4. 1989. **Holotype:** China. Guangxi: Pingnan, Yaoshan, alt. 700~1 000 m, 1928-06-11, S. S. Sin 469-A.

文培铁角蕨 ***Asplenium fangii*** Ching in Bull. Fan Mem. Inst. Biol., New Ser. 1: 276. 1949. **Holotype:** China. Sichuan: Rongjing, 1939-09-13, C. L. Sun 1281.

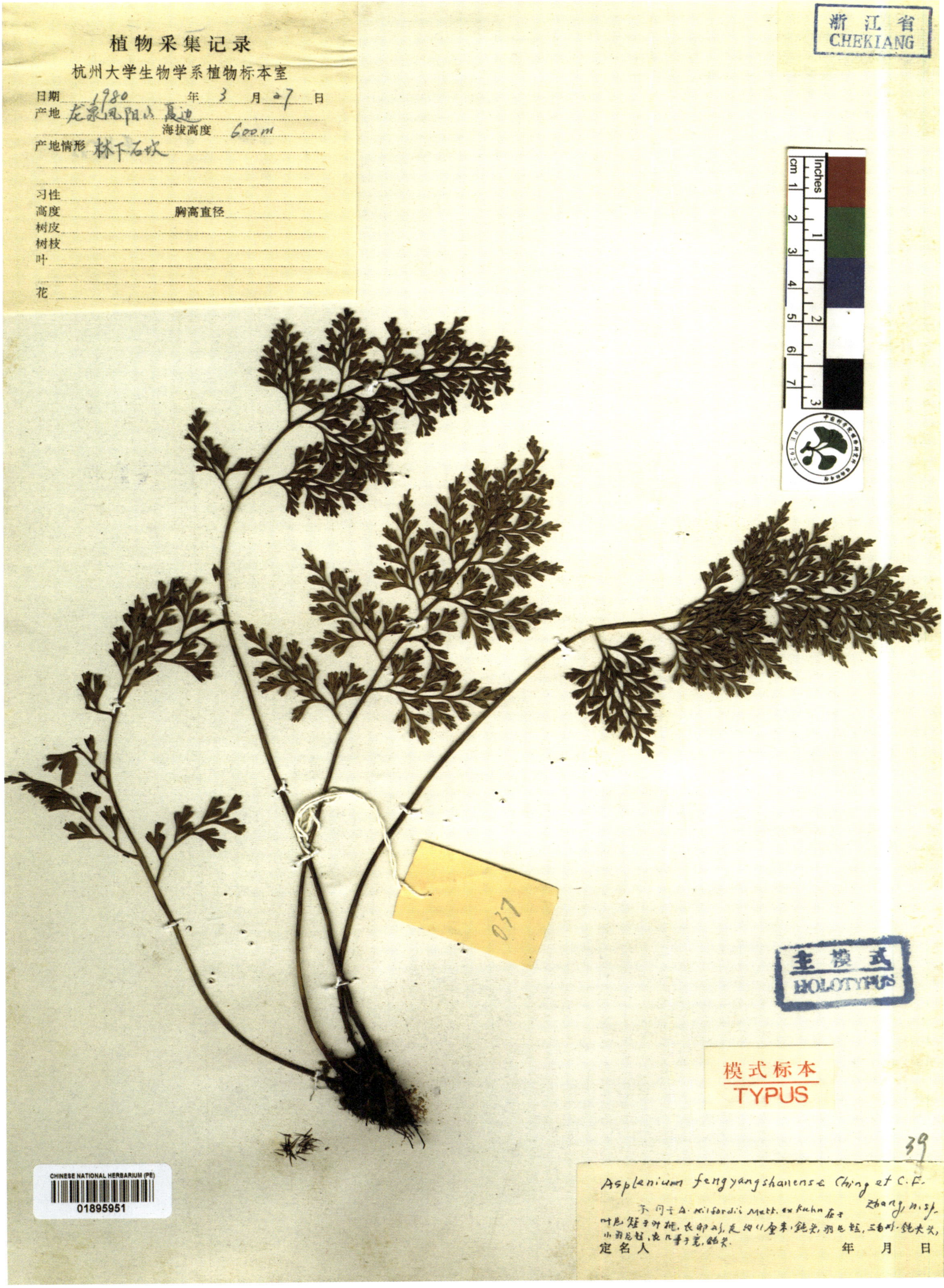

凤阳山铁角蕨 ***Asplenium fengyangshanense*** Ching & C. F. Zhang in Bull. Bot. Res., Harbin 3(3): 36, photo. 26. 1983.
Holotype: China. Zhejiang: Longquan, Fengyangshan, alt. 600 m, 1980-03-27, C. F. Zhang 037.

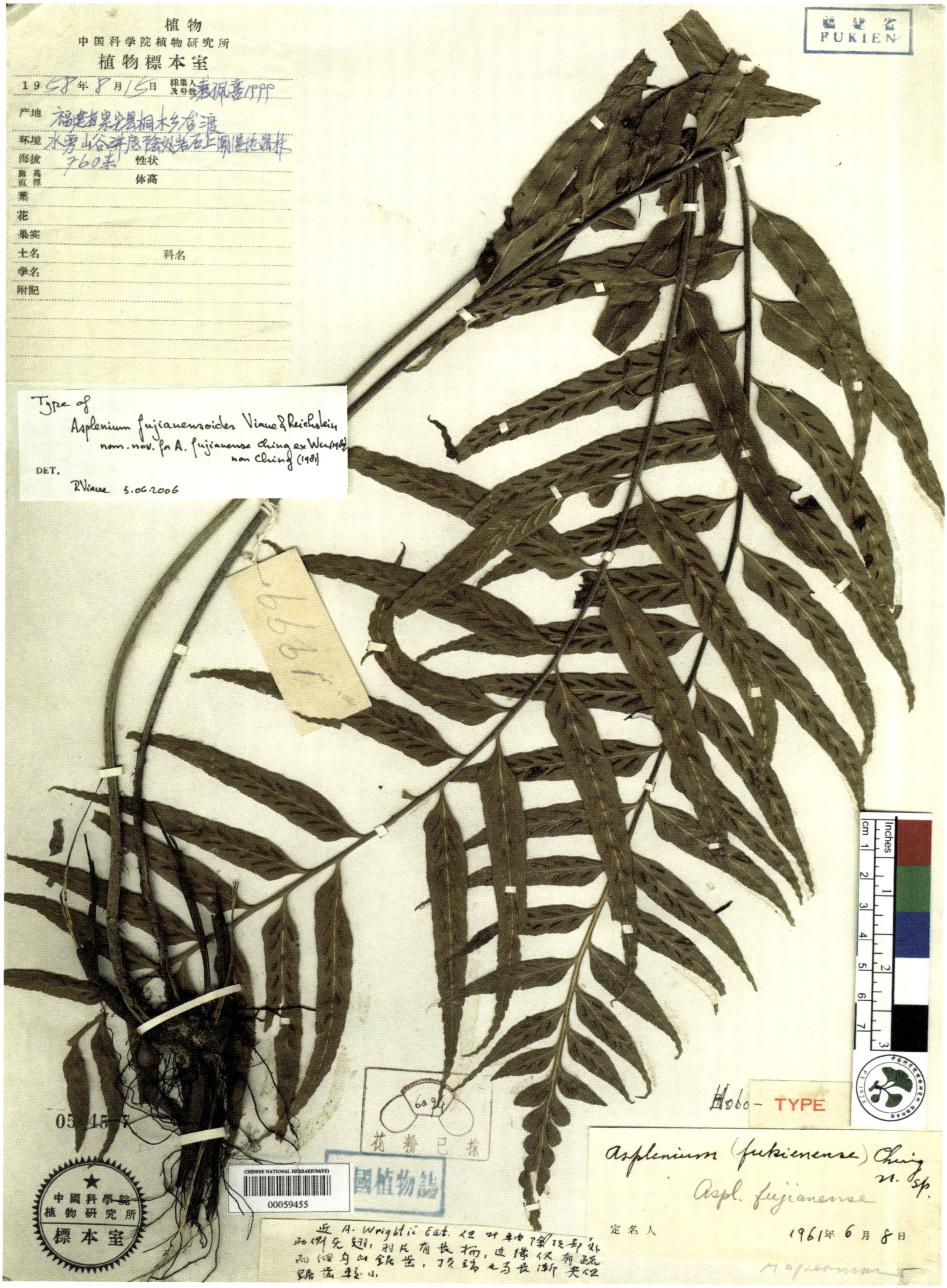

福建铁角蕨 ***Asplenium fujianense*** Ching ex S. H. Wu in Bull. Bot. Res., Harbin 9(2): 88, photo. 7. 1989. **Holotype:** China. Fujian: Chongan, Wuyishan, alt. 760 m, 1958-08-15, P. S. Chiu 1999.

绒毛铁角蕨 ***Asplenium furfuraceum*** Ching in Acta Phytotax. Sin. 10(3): 190. 1965. **Holotype:** China. Yunnan: Yangbi, 1940-11-04, R. C. Ching 25478.

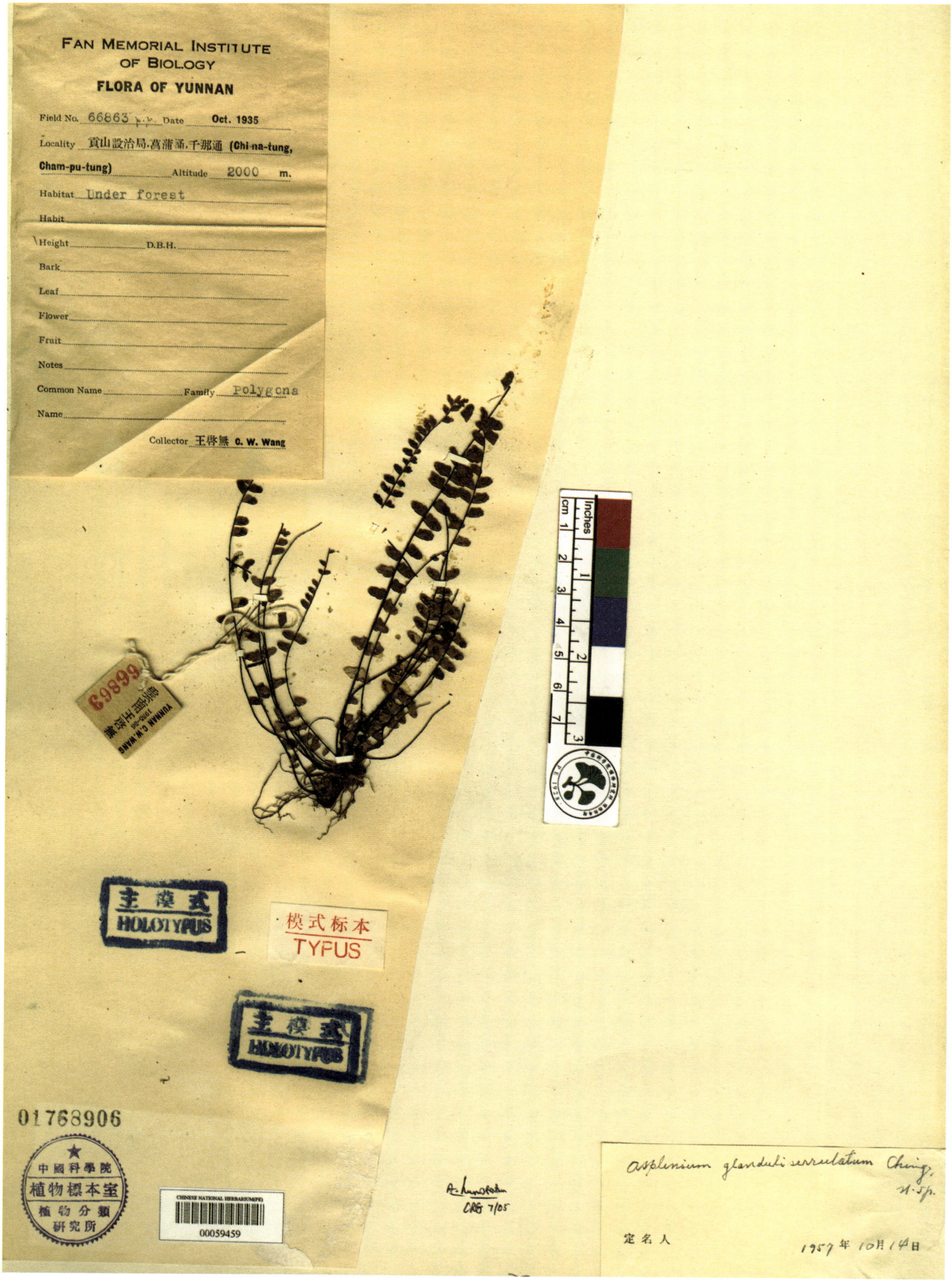

腺齿铁角蕨 ***Asplenium glanduli-serrulatum*** Ching ex S. H. Wu in Bull. Bot. Res., Harbin 9(2): 83, photo. 2. 1989. **Holotype:** China. Yunnan: Gongshan, alt. 2 000 m, 1935-10-??, C. W. Wang 66863.

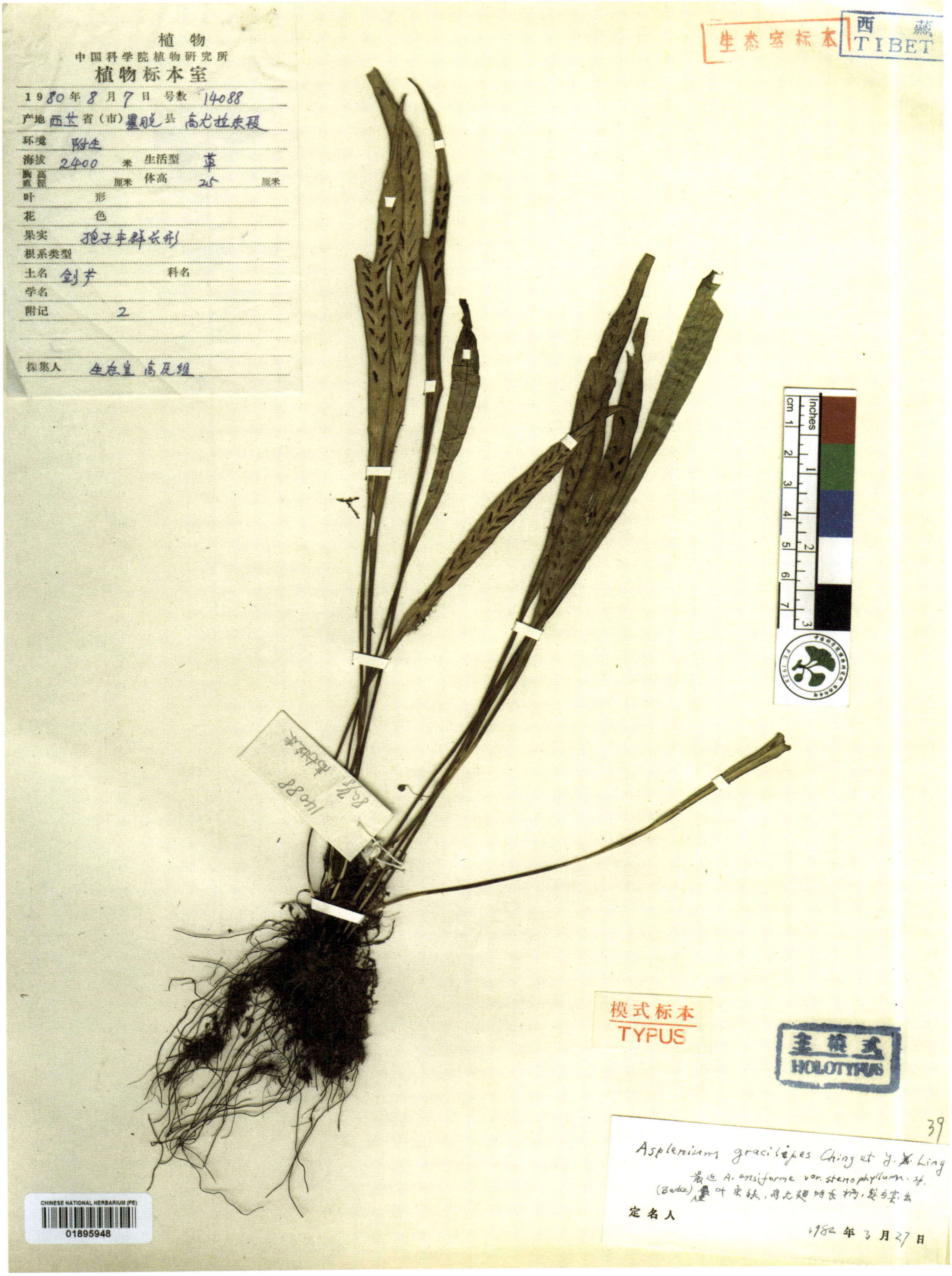

细柄铁角蕨 ***Asplenium gracilipes*** Ching & Y. X. Ling in Acta Phytotax. Sin. 22(3): 202, pl. 2: 4. 1985. **Holotype:** China. Xizang: Mêdog, alt. 2 400 m, 1980-08-07, W. L. Chen & al. 14088.

庐山铁角蕨 ***Asplenium gulingense*** Ching & S. H. Wu in Bull. Bot. Res., Harbin 9(2): 84. 1989. **Holotype:** China. Jiangxi: Lushan, alt. 200 m, 1936-08-25, C. E. Devol s. n..

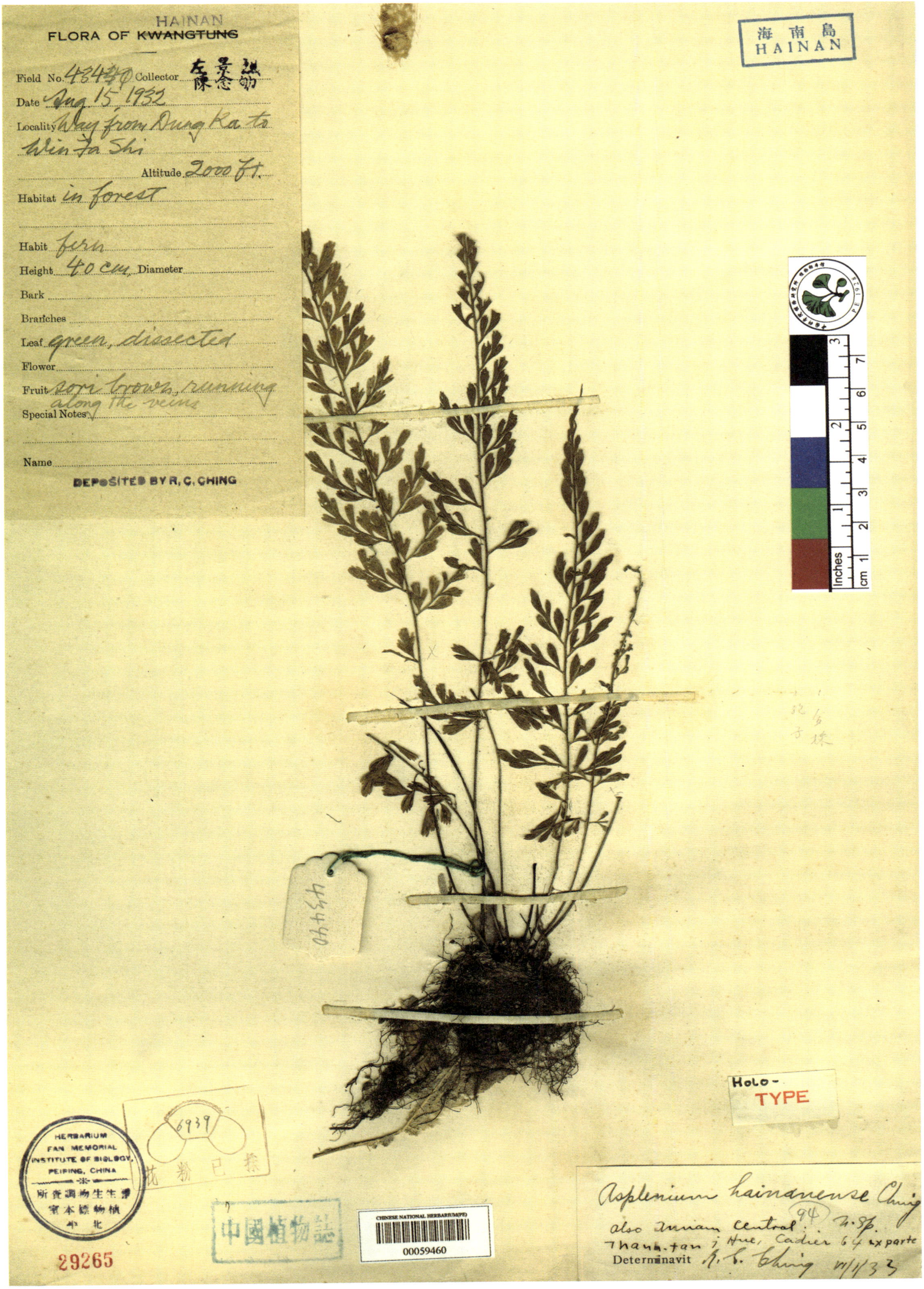

海南铁角蕨 ***Asplenium hainanense*** Ching in Lecomte, Not. Syst. 5:7, t. 1, f. 3. 1936. **Holotype:** China. Hainan: from Dung Ka to Win Fa Shi, alt. 670 m, 1932-08-15, L. C. Tso & N. K. Chun 43440.

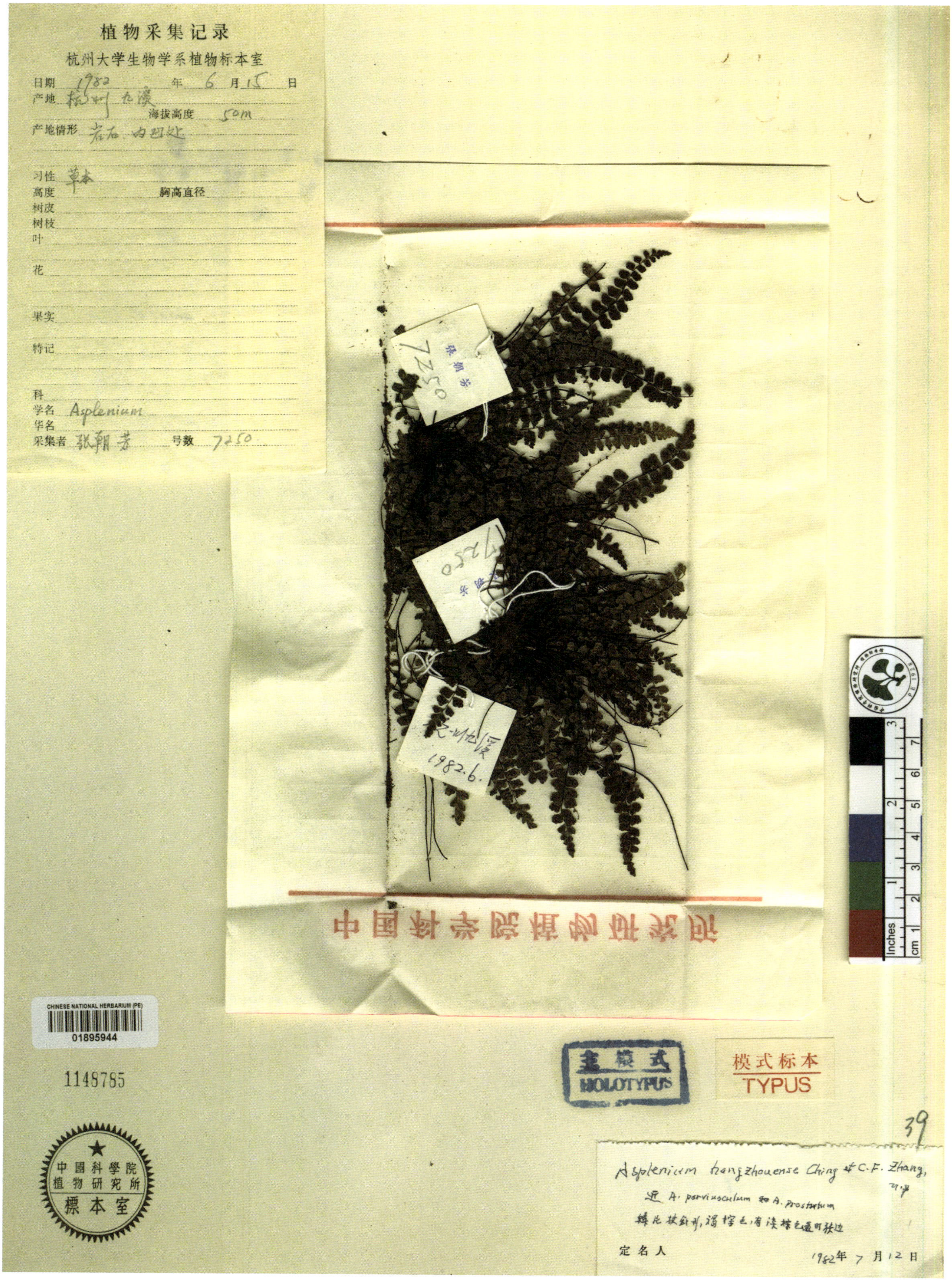

杭州铁角蕨 ***Asplenium hangzhouense*** Ching & C. F. Zhang in Bull. Bot. Res., Harbin 3(3): 38. 1983. **Holotype:** China. Zhejiang: Hangzhou, alt. 50 m, 1982-06-15, C. F. Zhang 7250.

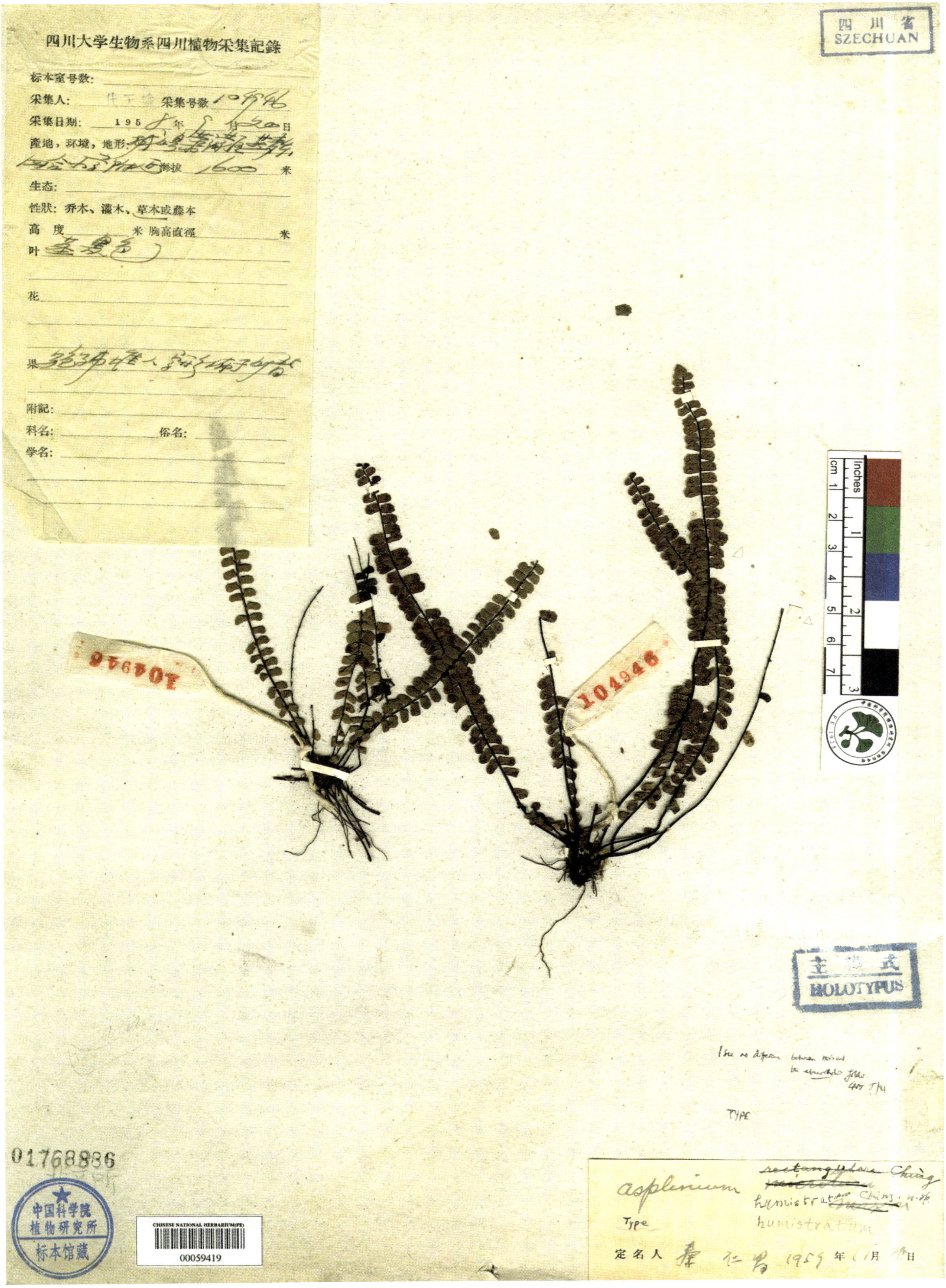

肾羽铁角蕨 ***Asplenium humistratum*** Ching ex H. S. Kung in Acta Bot. Yunnan. 4(4): 339, f. 1: 3-6. 1982. **Holotype:** China. Chongqing: Chengkou, alt. 1 600 m, 1958-09-20, T. L. Dai 104946.

京云铁角蕨 ***Asplenium*** × ***jingyunense*** Z. R. Wang & K. Q. Wang in Acta Bot. Sin. 45(1): 8. 2003. **Holotype:** China. Yunnan: Kunming, alt. 2 160 m, 1994-07-22, Z. R. Wang & W. M. Chu 94057.

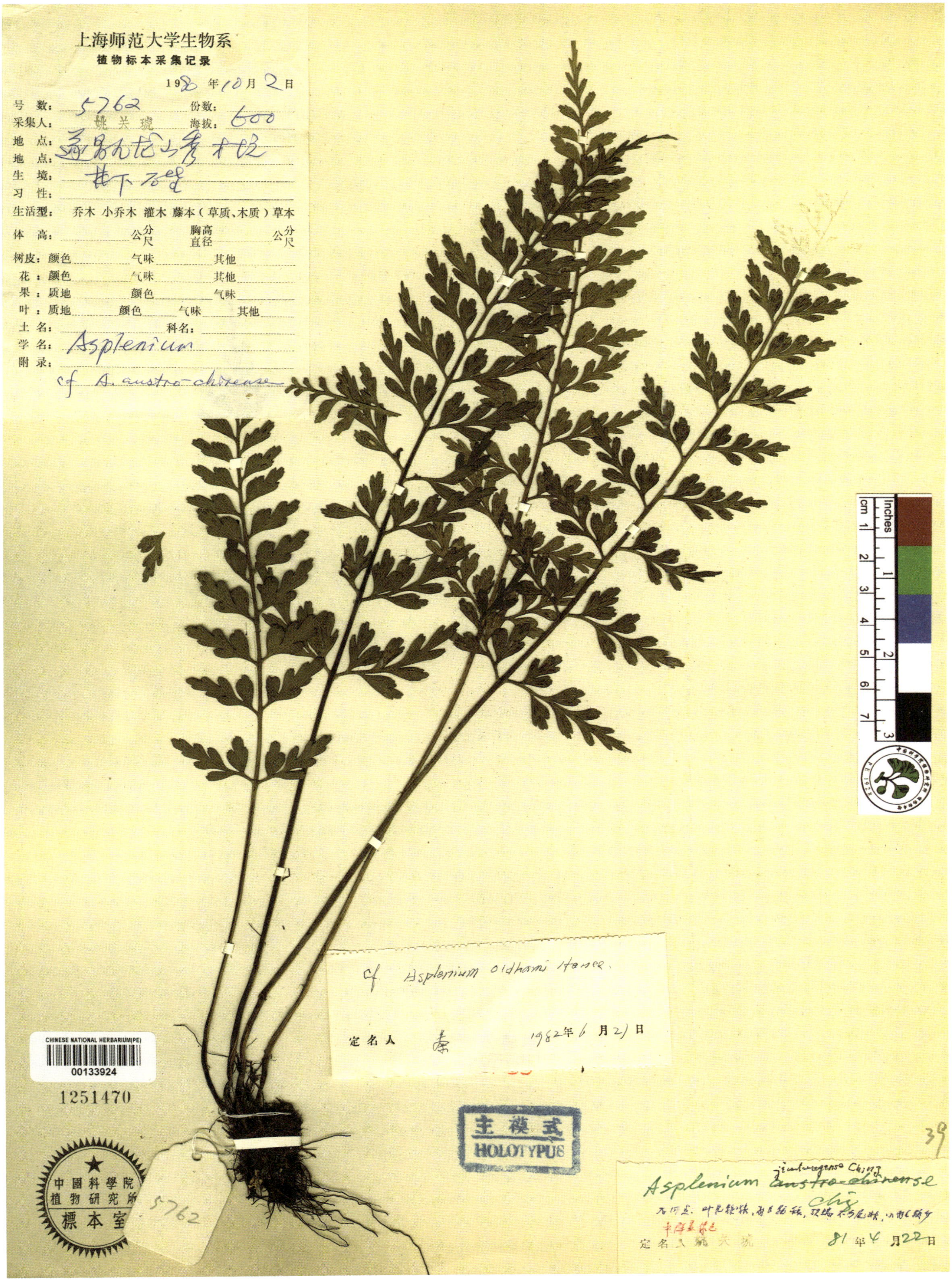

九龙铁角蕨 ***Asplenium jiulungense*** Ching in Bull. Bot. Res., Harbin 2(2): 73. 1982. **Holotype:** China. Zhejiang: Suichang, alt. 600 m, 1980-10-02, G. H. Yao 5762.

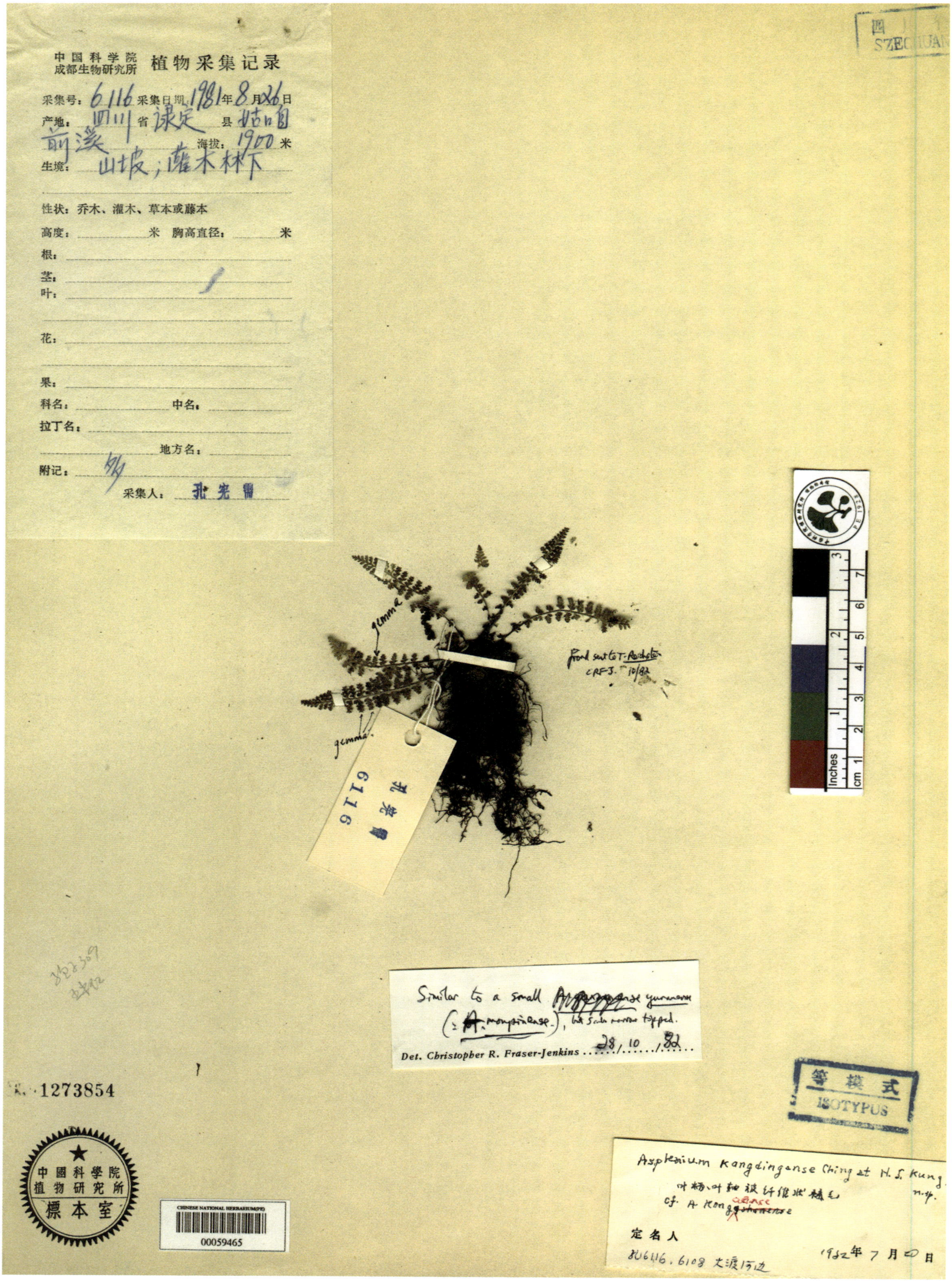

康定铁角蕨 ***Asplenium kangdingense*** Ching & H. S. Kung in Acta Bot. Yunnan. 17(4): 421, f. 1: 6-9. 1995. **Isotype:** China. Sichuan: Kangding, alt. 1 900 m, 1981-08-26, H. S. Kung 6116.

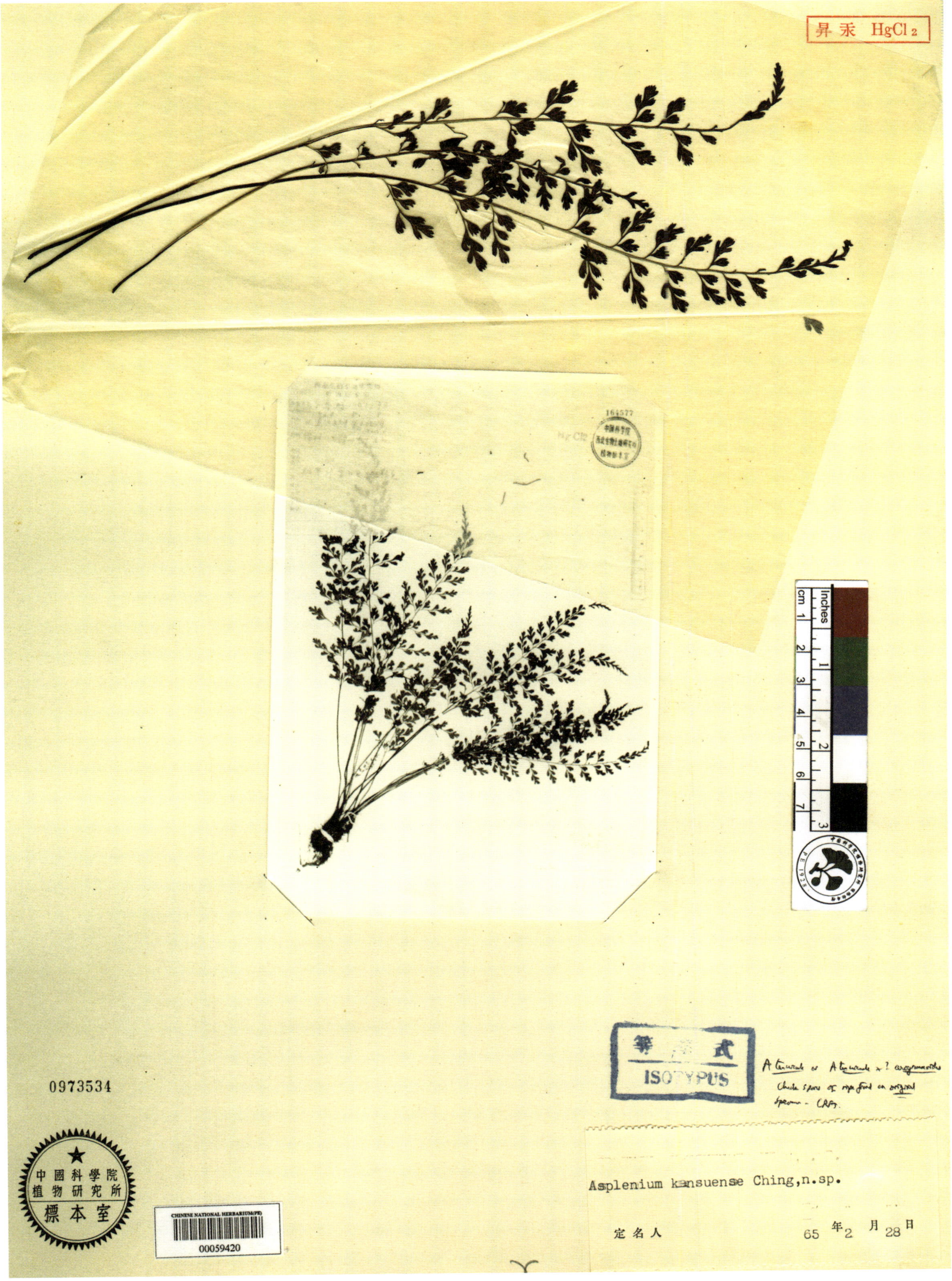

甘肃铁角蕨 ***Asplenium kansuense*** Ching, Fl. Tsinling. 2: 124, 220. 1974. **Isotype:** China. Gansu: Diebu, alt. 2 250 m, 1964-08-08, Y. P. Hsu 1191.

阔齿铁角蕨 ***Asplenium latedens*** Ching in Acta Phytotax. Sin. 10(3): 187. 1965. **Holotype:** China. Yunnan: Wenshan, alt. 1 900 m, H. T. Tsai 51583.

乌柄铁角蕨 ***Asplenium laui*** Ching in Acta Phytotax. Sin. 9(4): 360. 1964. **Holotype:** China. Hainan: Baisha, 1936-03-19, S. K. Lau 25774.

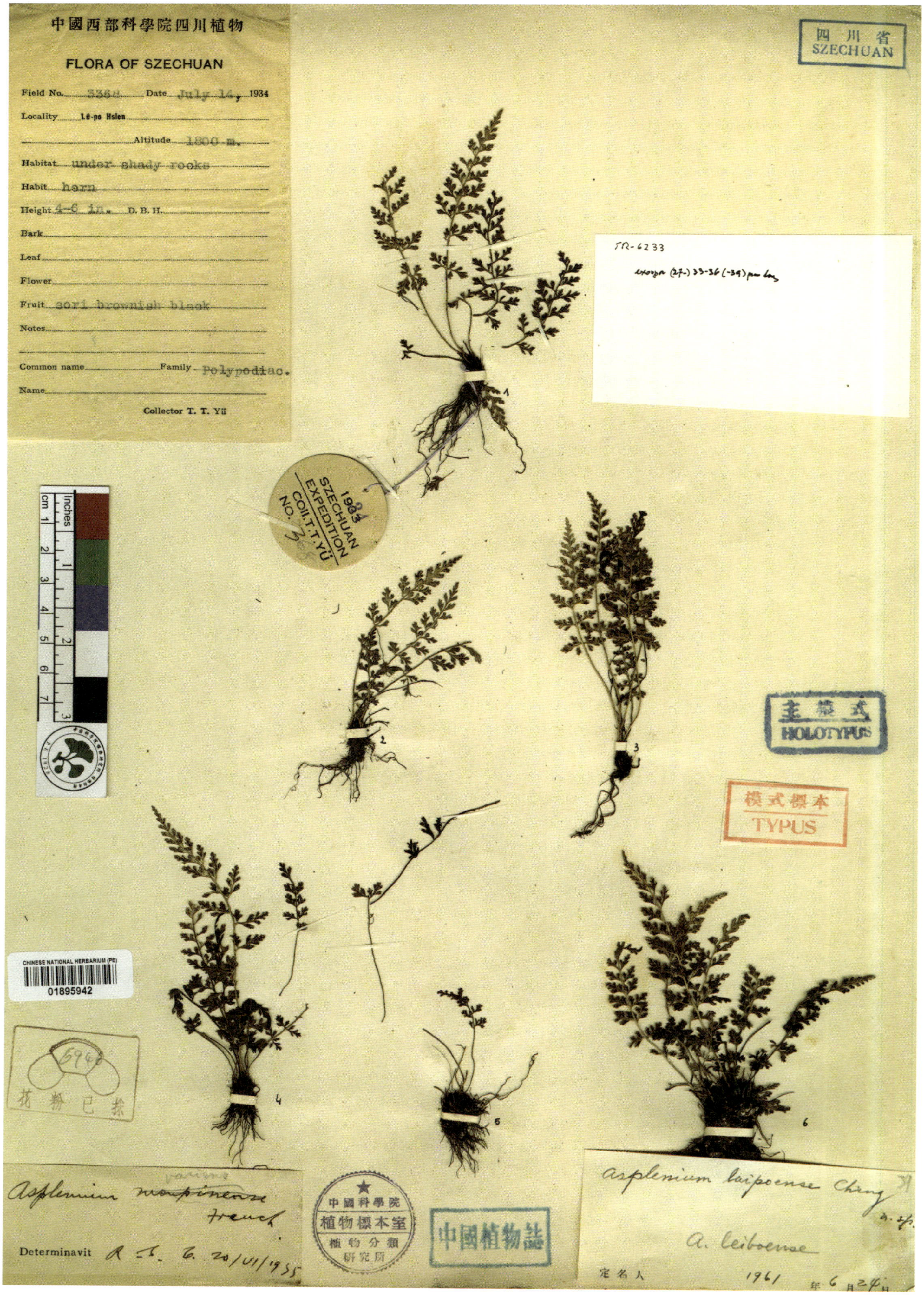

雷波铁角蕨 ***Asplenium leiboense*** Ching in Acta Phytotax. Sin. 23(1): 7, pl. 1: 4. 1985. **Holotype:** China. Sichuan: Leibo, alt. 1 800 m, 1934-07-14, T. T. Yu 3368.

罗浮铁角蕨 ***Asplenium lofouense*** Christ in Bull. Geogr. Bot. Mans 1910: 142. 1910. **Isotype:** China. Guangdong: Boluo, 1908-10-08, Donlle 3961.

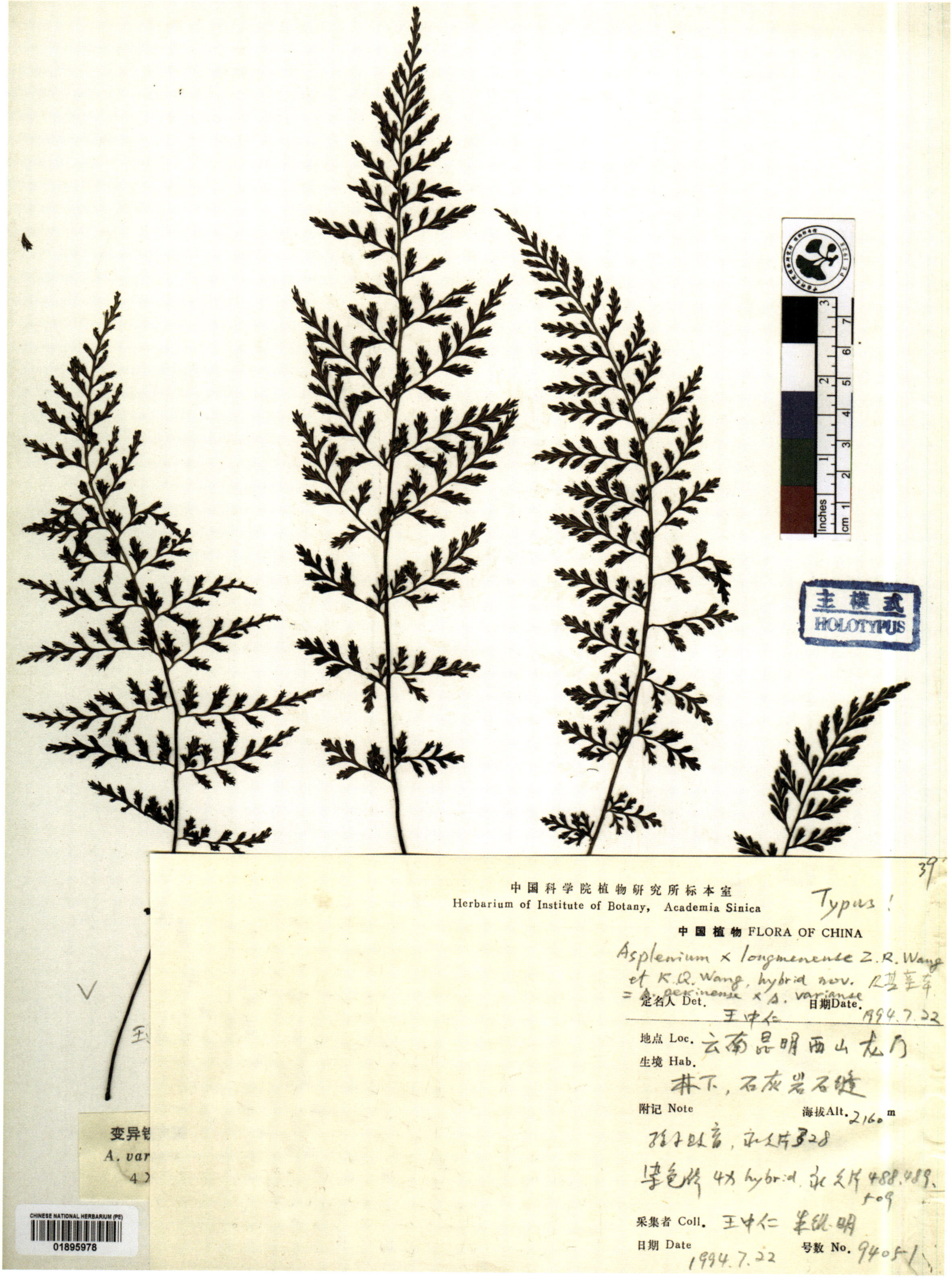

龙门铁角蕨 ***Asplenium*** × ***longmenense*** Z. R. Wang & K. Q. Wang in Acta Bot. Sin. 45(1): 8. 2003. **Holotype:** China. Yunnan: Kunming, alt. 2 160 m, 1994-07-22, Z. R. Wang & W. M. Chu 94051.

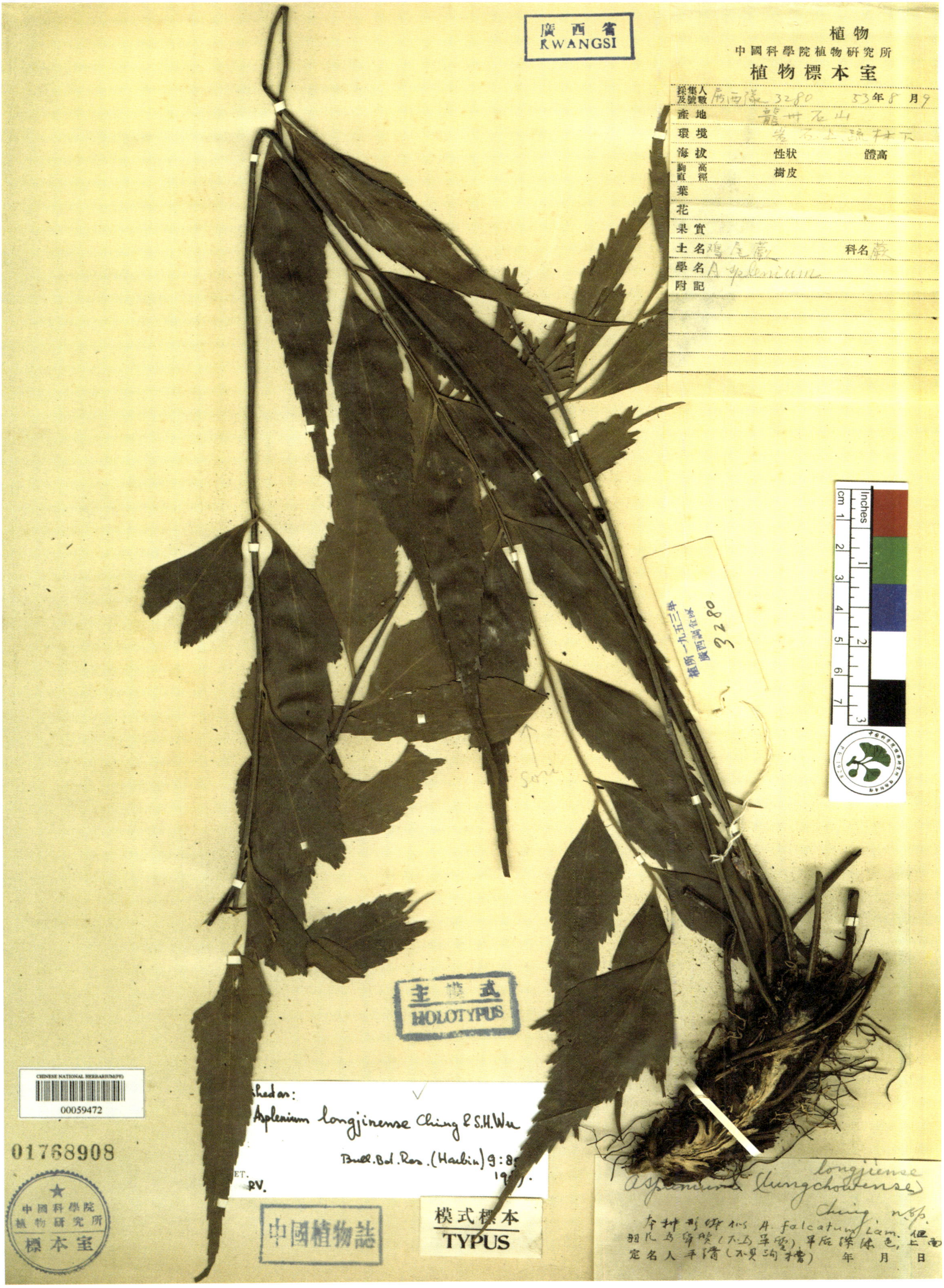

龙津铁角蕨 ***Asplenium longjinense*** Ching & S. H. Wu in Bull. Bot. Res., Harbin 9(2): 89, photo. 8. 1989. **Holotype:** China. Guangxi: Longjin, 1953-08-09, Guangxi Exped. 3280.

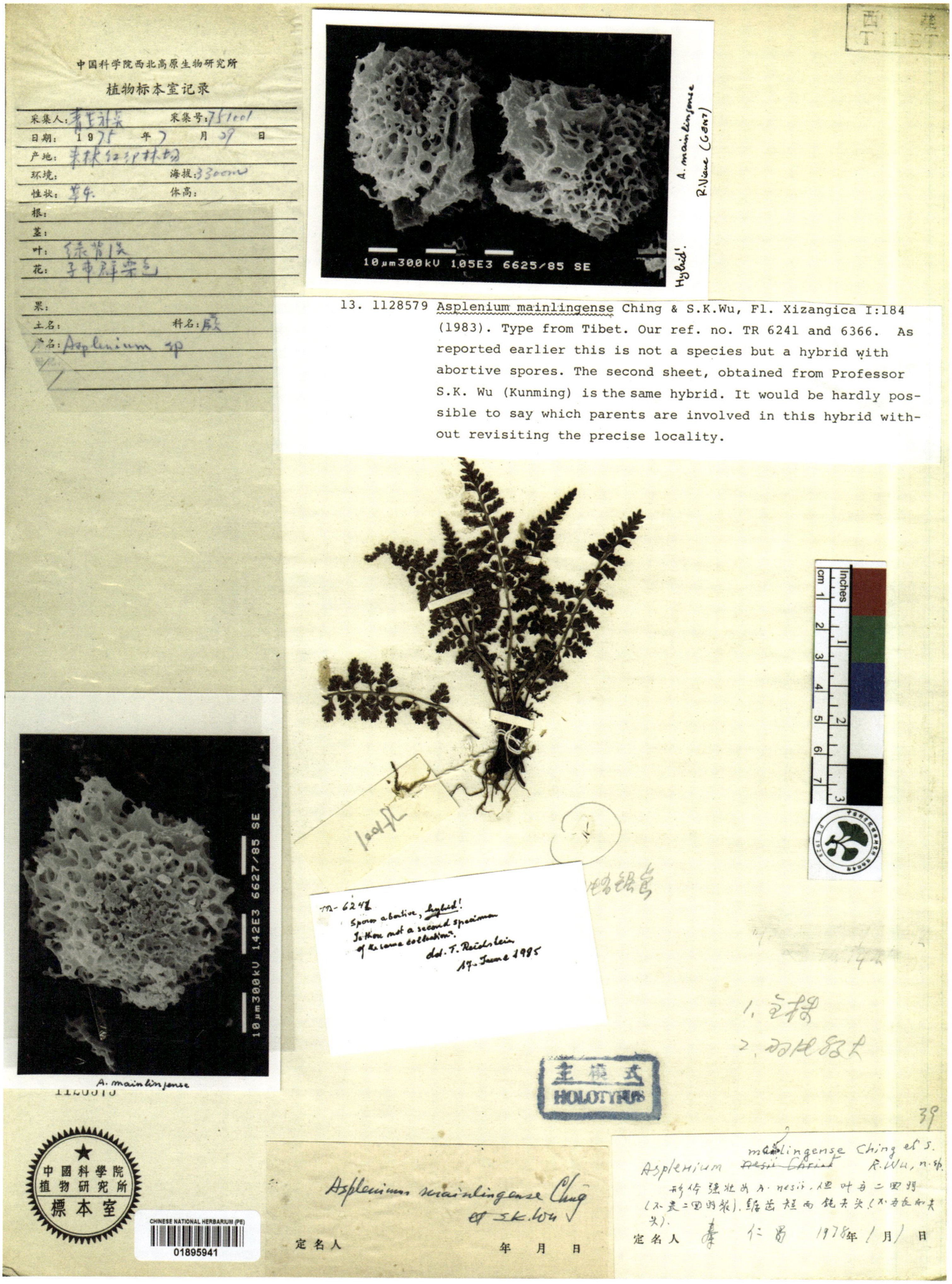

米林铁角蕨 ***Asplenium mainlingense*** Ching & S. K. Wu, Fl. Xizang. 1: 184, f. 43: 6-7. 1983. **Holotype:** China. Xizang: Mainling, alt. 3 300 m, 1975-07-29, Qinghai-Xizang Exped. 751001.

南川铁角蕨 ***Asplenium nanchuanense*** Ching & Z. Y. Liu in Bull. Bot. Res., Harbin 3(4): 6, photo. 5. 1983. **Holotype:** China. Chongqing: Nanchuan, Jinfoshan, alt. 1 300 m, 1982-08-13, Z. Y. Liu 3509.

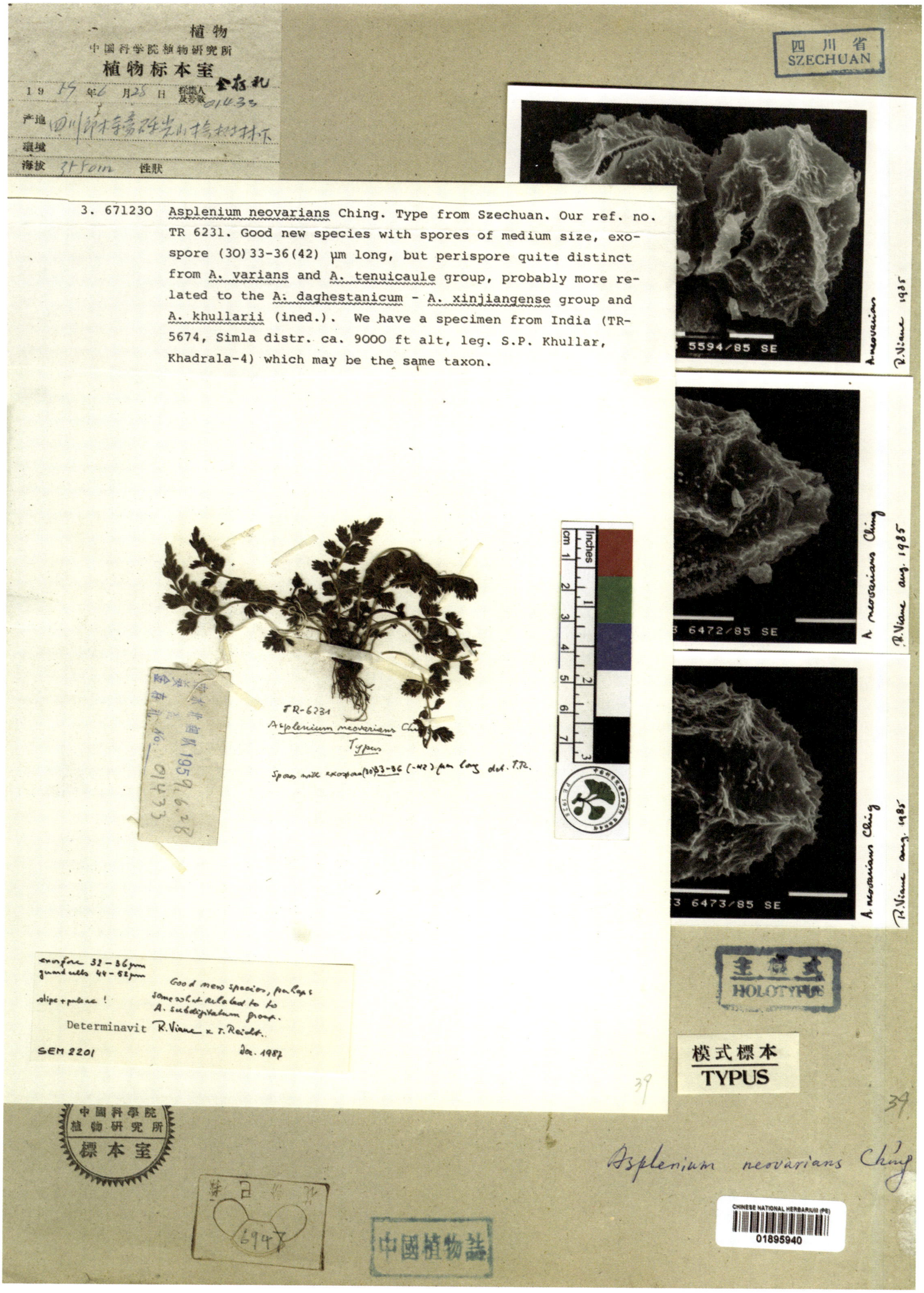

郎木铁角蕨 ***Asplenium neovarians*** Ching in Acta Phytotax. Sin. 23(1): 7, pl. 2: 1. 1985. **Holotype:** China. Sichuan: Precise locality not known, Langmusi, alt. 3 550 m, 1959-06-28, T. L. Chin 01433.

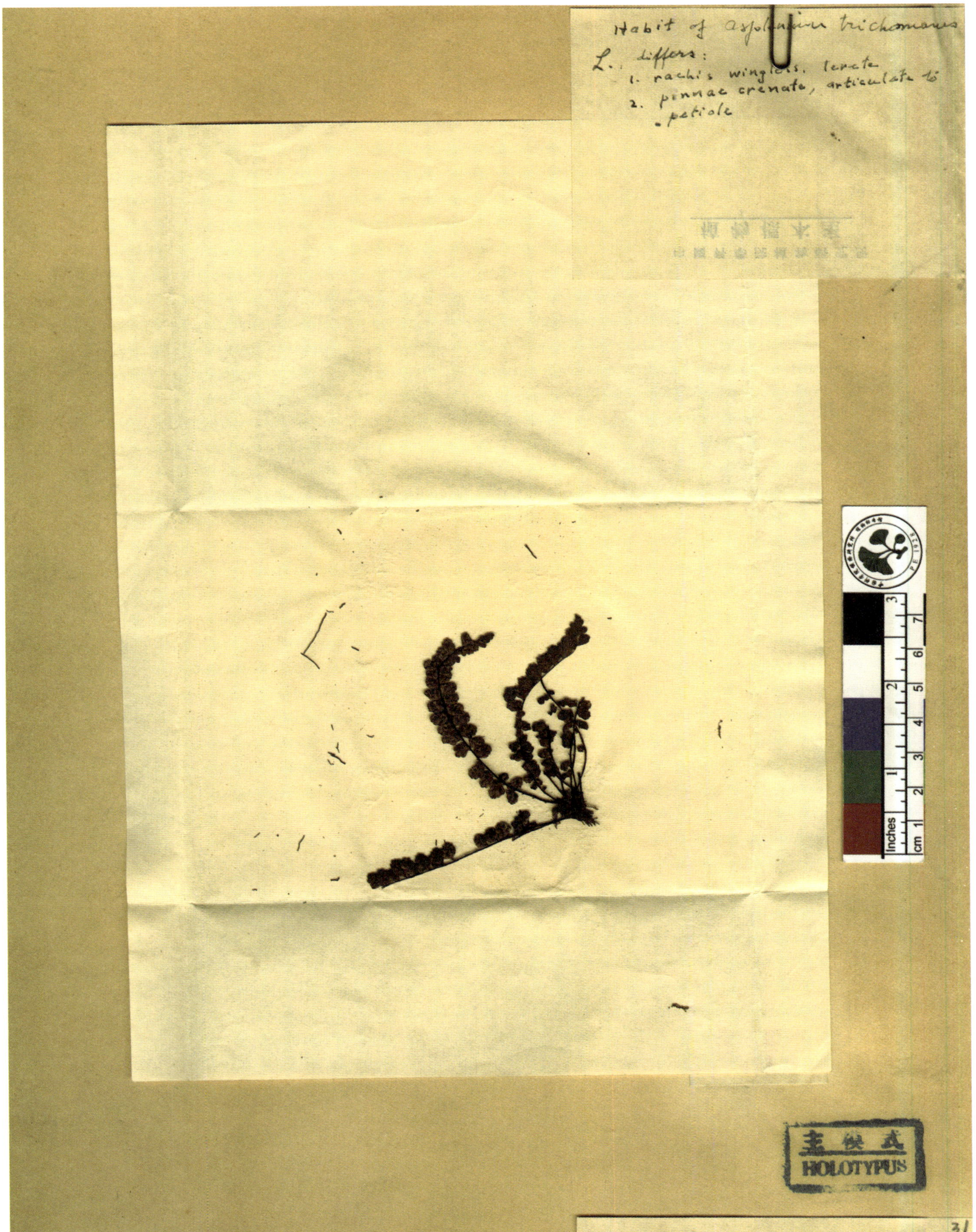

小叶铁角蕨 ***Asplenium parviusculum*** Ching in Bull. Bot. Res., Harbin 3(3): 37. 1983. **Holotype:** China. Zhejiang: Hangzhou, C. C. Wu s. n.

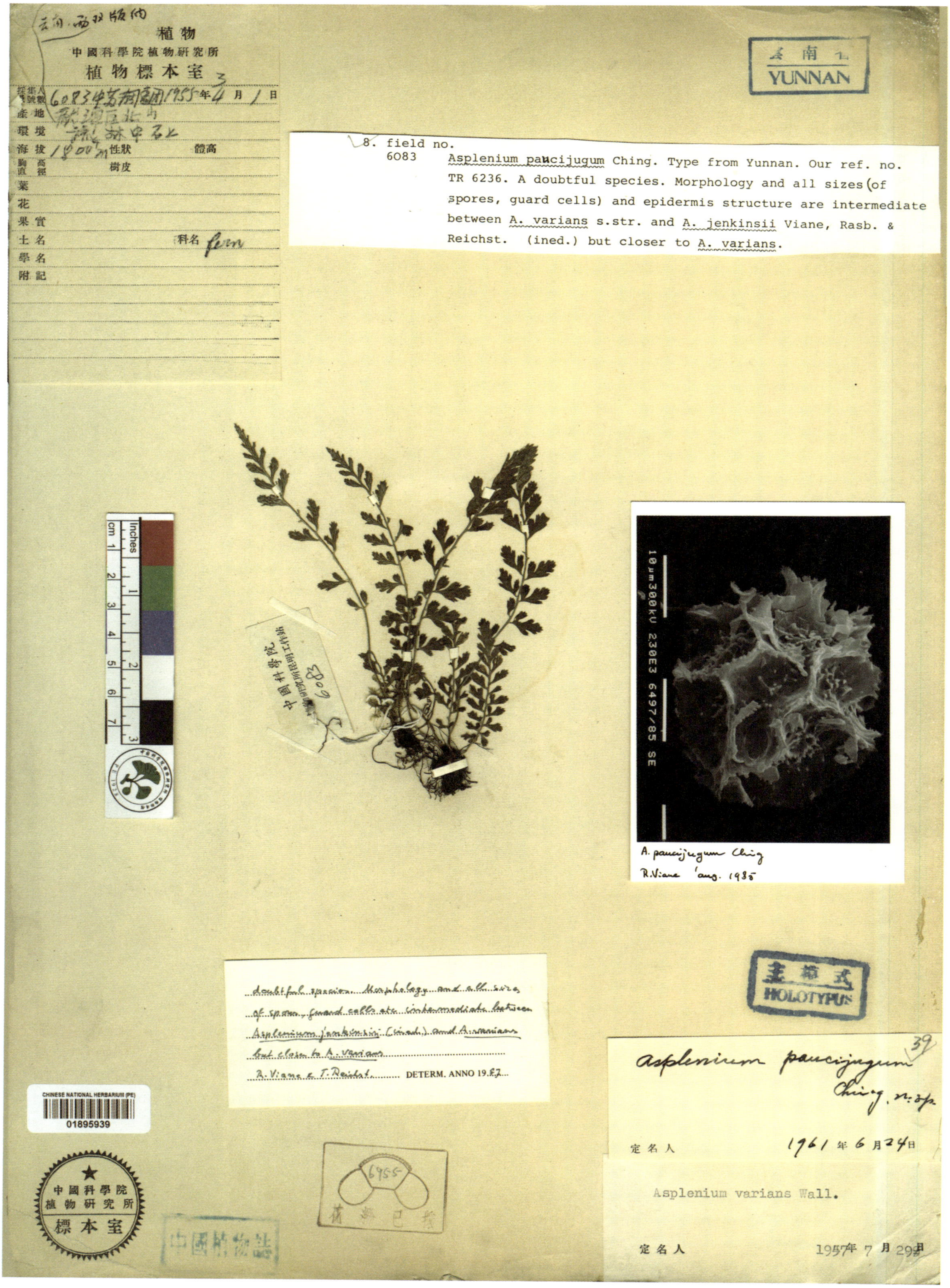

少羽铁角蕨 ***Asplenium paucijugum*** Ching in Acta Phytotax. Sin. 23(1): 9, pl. 3: 1. 1985. **Holotype:** China. Yunnan: Xishuangbanna, alt. 1 800 m, 1955-04-01, Sino-Russia Yunnan Exped. 6083.

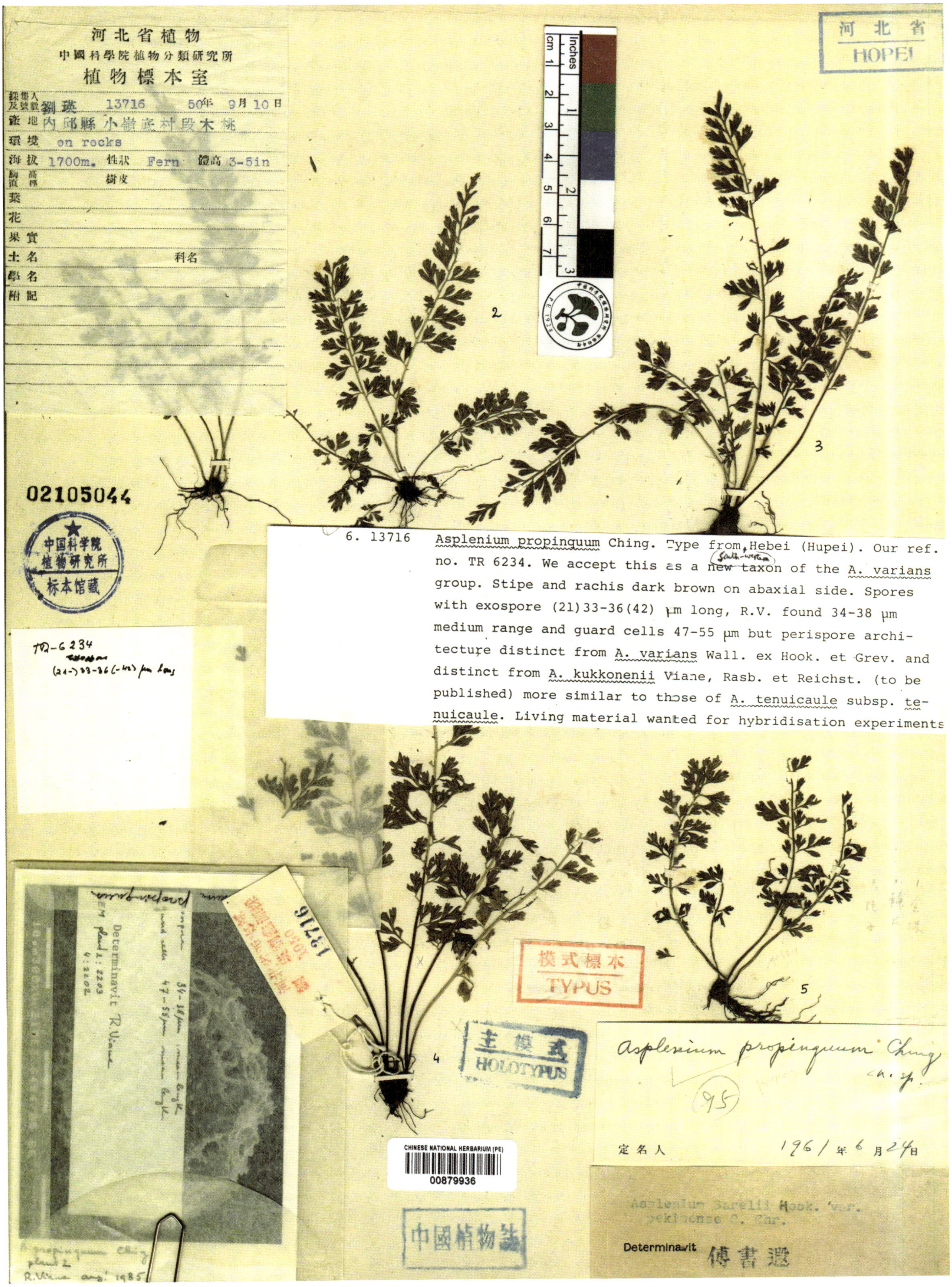

内邱铁角蕨 ***Asplenium propinquum*** Ching in Acta Phytotax. Sin. 23(1): 8, pl. 2: 4. 1985. **Holotype:** China. Hebei: Neiqiu, alt. 1 700 m, 1950-09-10, Y. Liu 13716.

假大羽铁角蕨 ***Asplenium pseudolaserpitiifolium*** Ching in Lecomte, Not. Syst. 5: 150, t. 8. 1936. **Isotype:** Vietnam. Tonkin, Pia Ouac, alt. 1 200 m, 1922-07-??, Petelot 660.

斜裂铁角蕨 ***Asplenium pseudopraemorsum*** Ching in Acta Phytotax. Sin. 9(4): 361. 1964. **Holotype:** China. Hainan: Lingshui, 1934-01-13, C. Wang 36520.

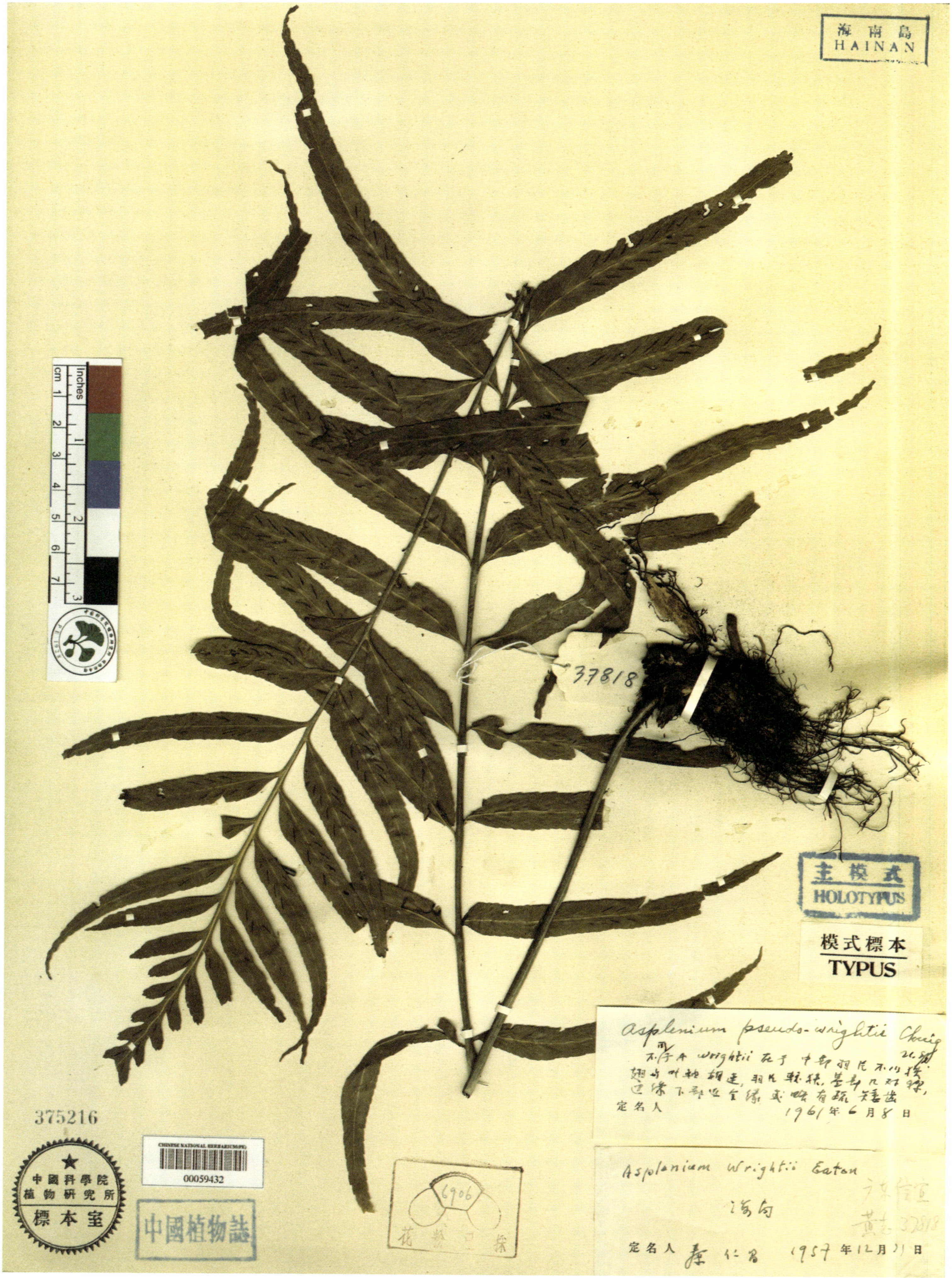

矮齿铁角蕨 ***Asplenium pseudowrightii*** Ching in Acta Phytotax. Sin. 9(4): 360. 1964. **Holotype:** China. Guangdong: Xinyi, 1934-11-15, C. Wang 37818.

毛茎铁角蕨 ***Asplenium pubirhizoma*** Ching & Z. Y. Liu in Bull. Bot. Res., Harbin 3(4): 7, photo. 6. 1983. **Holotype:** China. Chongqing: Nanchuan, Jinfoshan, alt. 500 m, 1980-08-22, Z. Y. Liu 0769.

俅江铁角蕨 ***Asplenium qiujiangense*** Ching ex S. H. Wu in Bull. Bot. Res., Harbin 9(2): 90. 1989. **Holotype:** China. Yunnan: Qiujiang, alt. 1 200 m, 1938-09-26, T. T. Yu 20449.

镇康铁角蕨 ***Asplenium quercicola*** Ching in Acta Phytotax. Sin. 10(3): 188. 1965. **Holotype:** China. Yunnan: Zhenkang, alt. 2 650 m, 1936-03-??, C. W. Wang 72513.

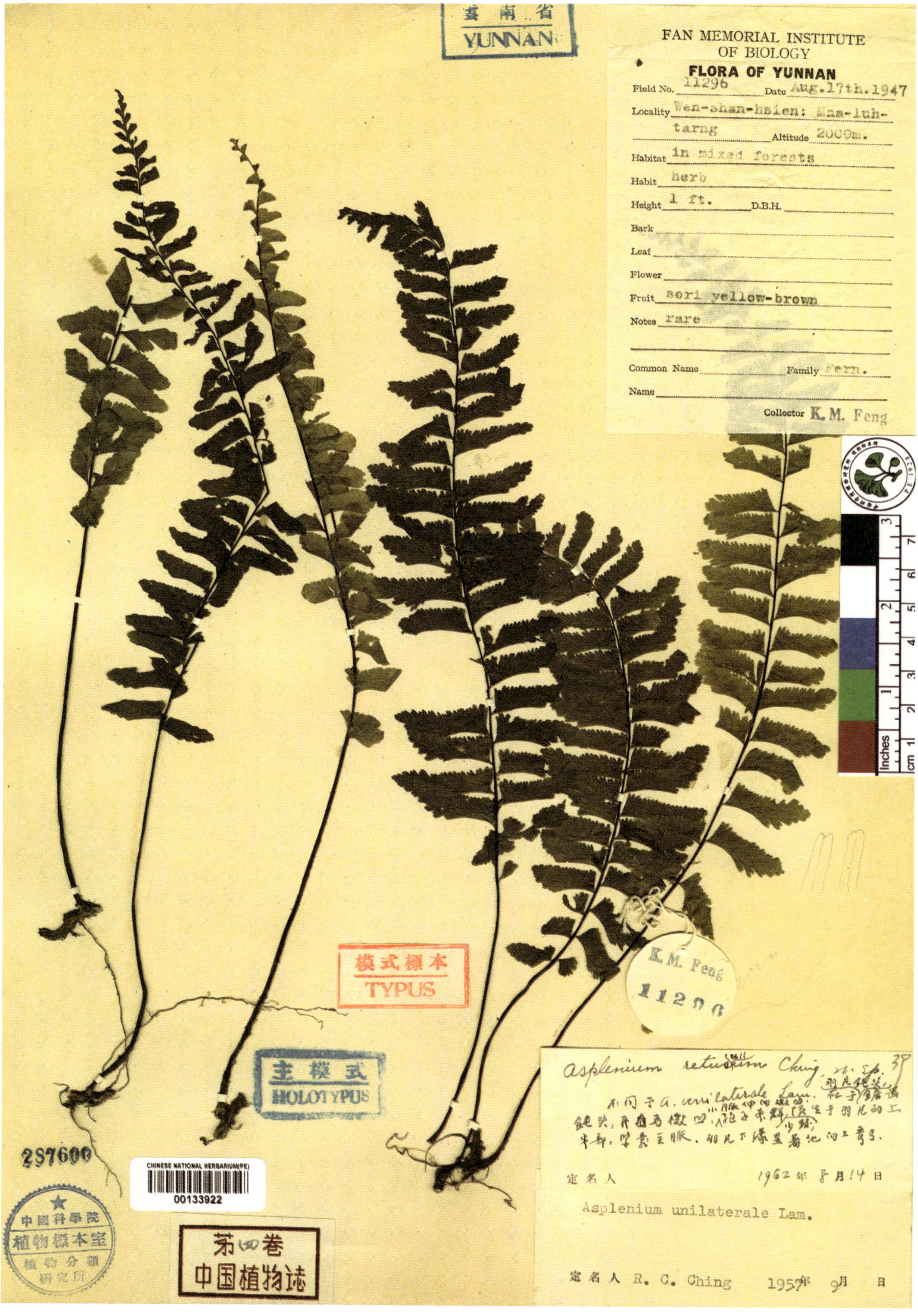

微凹铁角蕨 ***Asplenium retusulum*** Ching in Acta Phytotax. Sin. 10(3): 185. 1965. **Holotype:** China. Yunnan: Wenshan, alt. 2 000 m, 1947-08-17, K. M. Feng 11296.

圆齿铁角蕨 ***Asplenium subcrenatum*** Ching ex S. H. Wu in Bull. Bot. Res., Harbin 9(2): 36, photo. 5. 1989. **Holotype:** China. Yunnan: Marlipo, alt. 1 600~1 800 m, 1947-11-03, K. M. Feng 12803.

掌裂铁角蕨 ***Asplenium subdigitatum*** Ching in Acta Phytotax. Sin. 23(1): 8, pl. 2: 3. 1985. **Holotype:** China. Yunnan: Dêqên, alt. 2 700 m, 1935-09-??, C. W. Wang 70356.

拟大羽铁角蕨 ***Asplenium sublaserpitiifolium*** Ching in Lecomte, Not. Syst. 5: 146, t. 6, f. 3-4. 1936. **Holotype:** China. Guangxi: Nanning, alt. 870 m, 1928-11-04, R. C. Ching 8395.

圆叶铁角蕨 ***Asplenium suborbiculare*** Ching in Acta Phytotax. Sin. 23(1): 3, pl. 1: 3. 1985. **Holotype:** China. Hebei: Xiaowutaishan, alt. 1 500 m, 1934-07-31, C. W. Wang 61992.

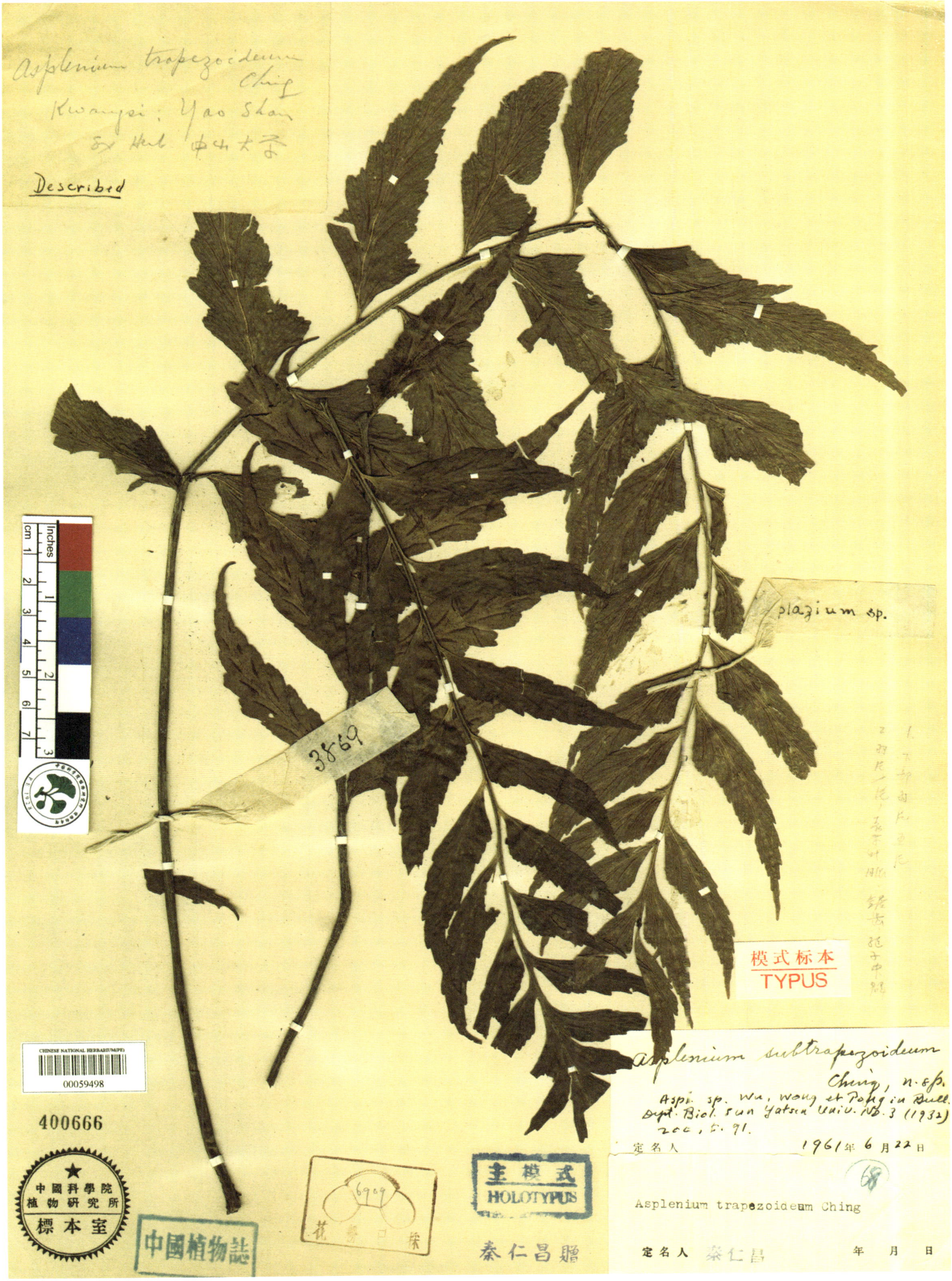

大瑶山铁角蕨 ***Asplenium subtrapezoideum*** Ching ex S. H. Wu in Bull. Bot. Res., Harbin 9(2): 84. 1989. **Holotype:** China. Guangxi: Pinnan, Yaoshan, S. S. Sin 3869.

天全铁角蕨 ***Asplenium szechuanense*** Ching in Acta Phytotax. Sin. 10(3): 188. 1965. **Holotype:** China. Sichuan: Tianquan, 1936-??-??, K. L. Chu 2487.

台湾铁角蕨 ***Asplenium taiwanense*** Ching ex S. H. Wu in Bull. Bot. Res., Harbin 9(2): 85, photo. 3. 1989. **Holotype:** China. Taiwan: Taihokusyü, Nakamura-taizo 692.

桂西铁角蕨 ***Asplenium tenuifolium*** Don var. ***minor*** Ching ex S. H. Wu in Bull. Bot. Res., Harbin 9(2): 92, photo. 10. 1989.
Holotype: China. Guangxi: Lingle, alt. 1 600 m, 1928-08-25, R. C. Ching 7139.

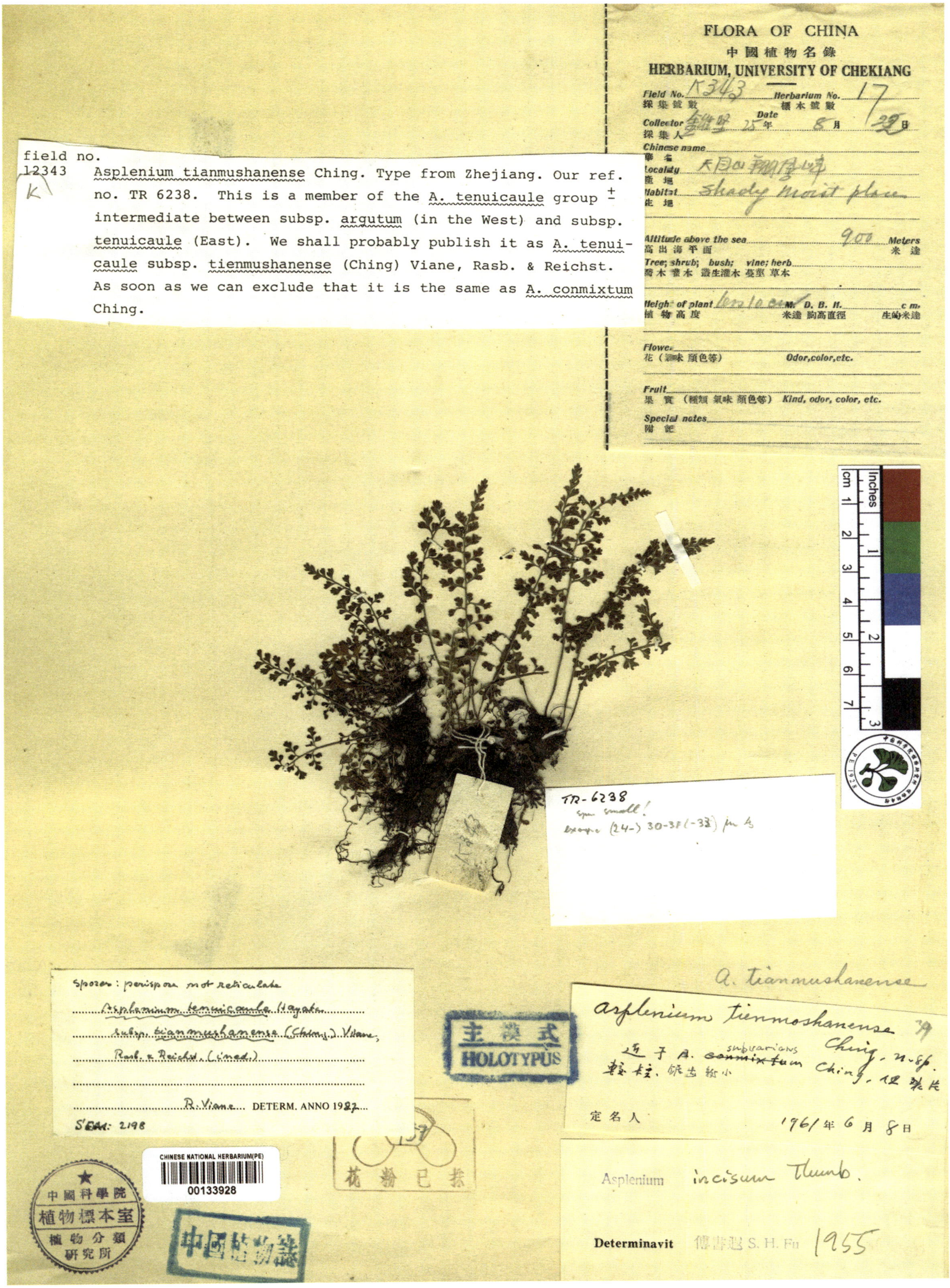

天目山铁角蕨 ***Asplenium tianmushanense*** Ching in Acta Phytotax. Sin. 23(1): 9. 1985. **Holotype**: China. Zhejiang: Tianmushan, alt. 900 m, 1936-08-22, V. J. King K343 .

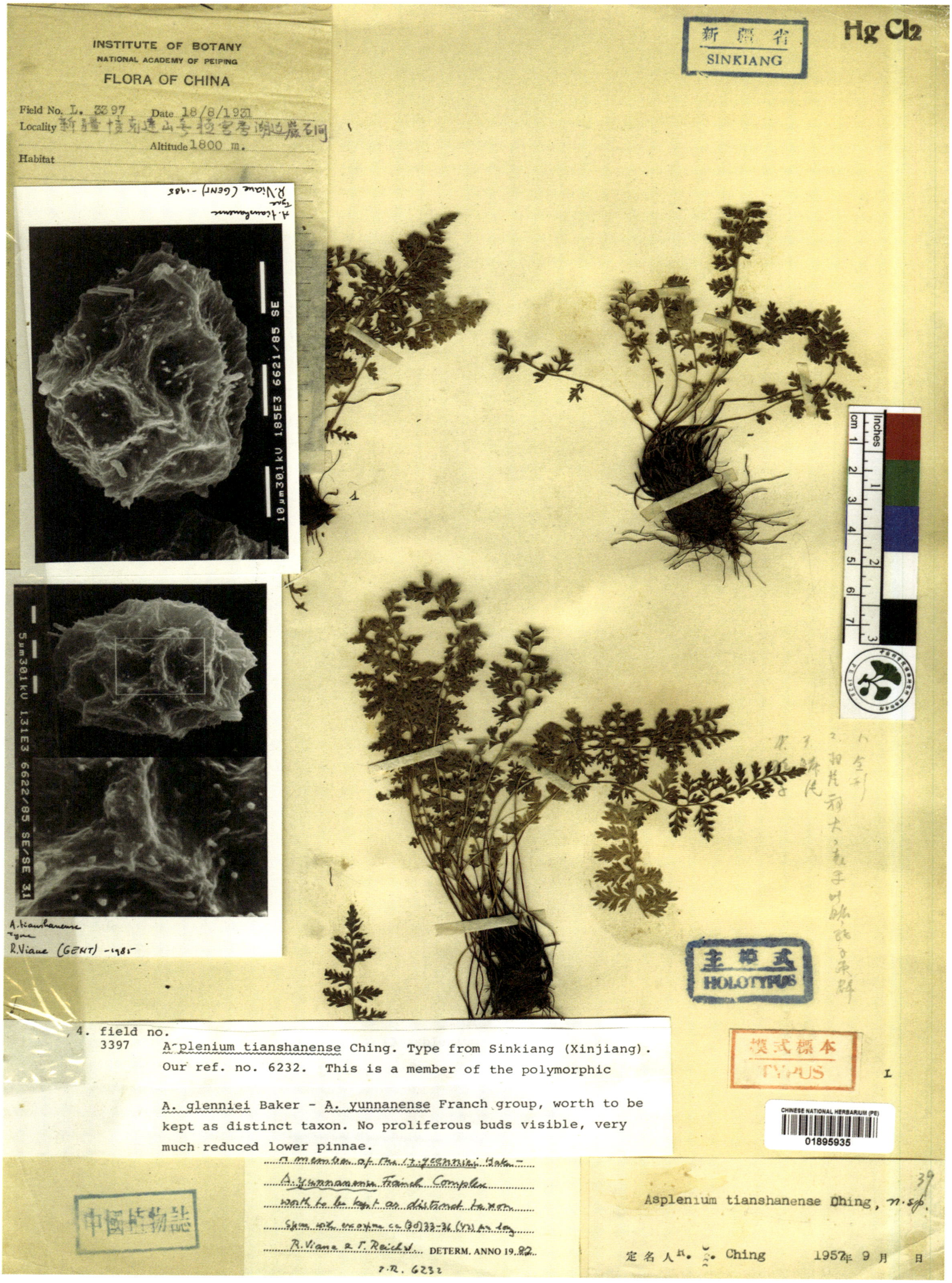

天山铁角蕨 ***Asplenium tianshanense*** Ching in Acta Phytotax. Sin. 23(1): 4. 1985. **Holotype:** China. Xinjiang: Tianshan, alt. 1 800 m, 1931-08-18, T. N. Liou L.3397.

西藏铁角蕨 ***Asplenium tibeticum*** Ching, Fl. Xizang. 1: 181, f. 43: 8-9. 1983. **Holotype:**China. Xizang: Bomi, alt. 2 500 m, 1965-07-15, T. S. Ying & D. Y. Hong 650613.

武当山铁角蕨 ***Asplenium wudangense*** Z. R. Wang & X. Hou in Acta Bot. Sin. 45(1): 4. 2003. **Holotype:** China. Hubei: Wudangshan, alt. 800 m, 1987-07-20, Z. R. Wang & J. Q. Jin C873.

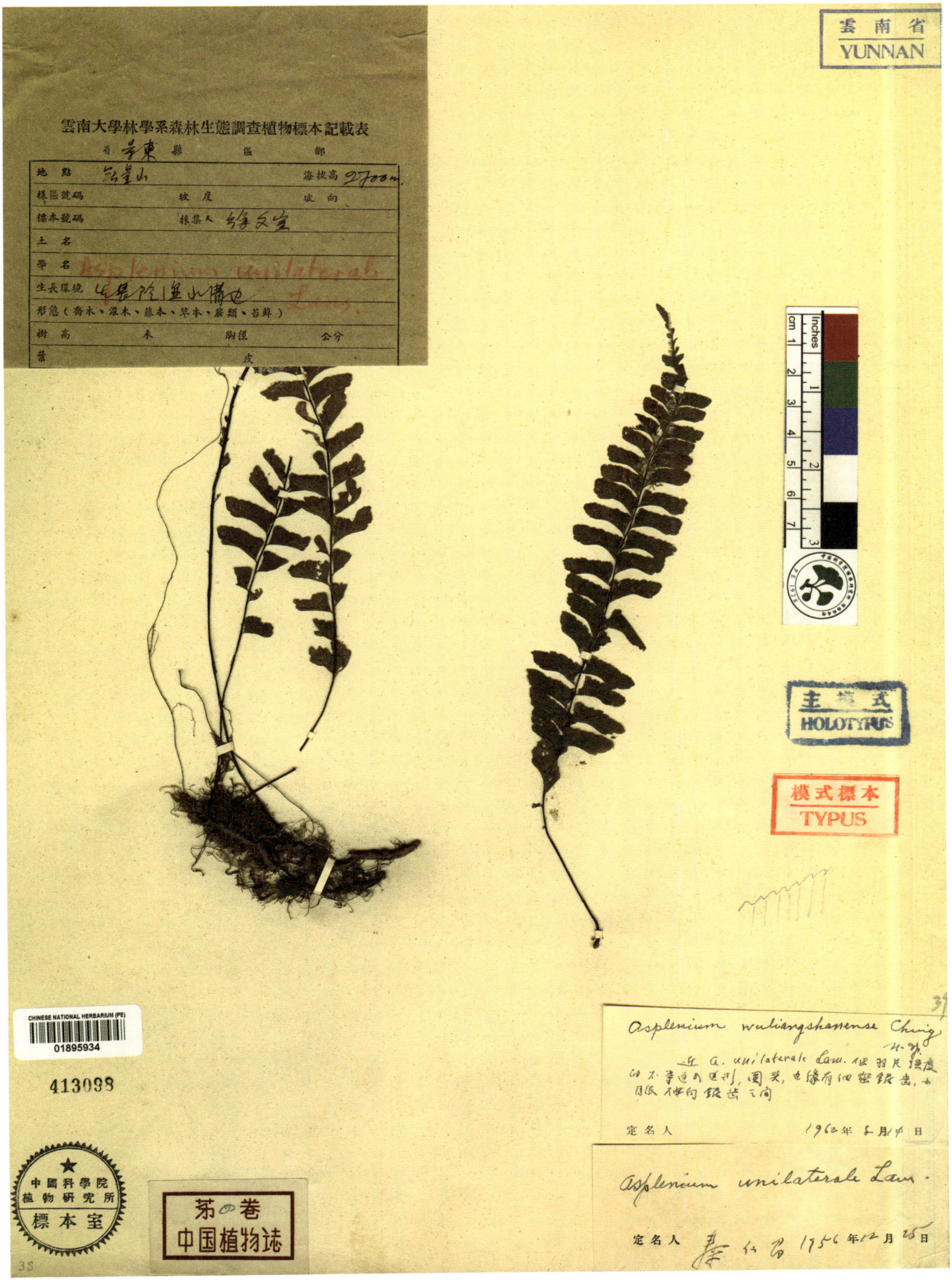

无量山铁角蕨 ***Asplenium wuliangshanense*** Ching in Acta Phytotax. Sin. 10(3): 186. 1965. **Holotype:** China. Yunnan: Jingdong, alt. 2 700 m, 1954-05-??, W. X. Hsu s. n.

武夷山铁角蕨 ***Asplenium wuyishanicum*** Ching in Wuyi Sci. Journ. 1: 3. 1981. **Holotype:** China. Fujian: Chongan, alt. 1 600 m, 1979-08-23, Wuyi Exped. 00913.

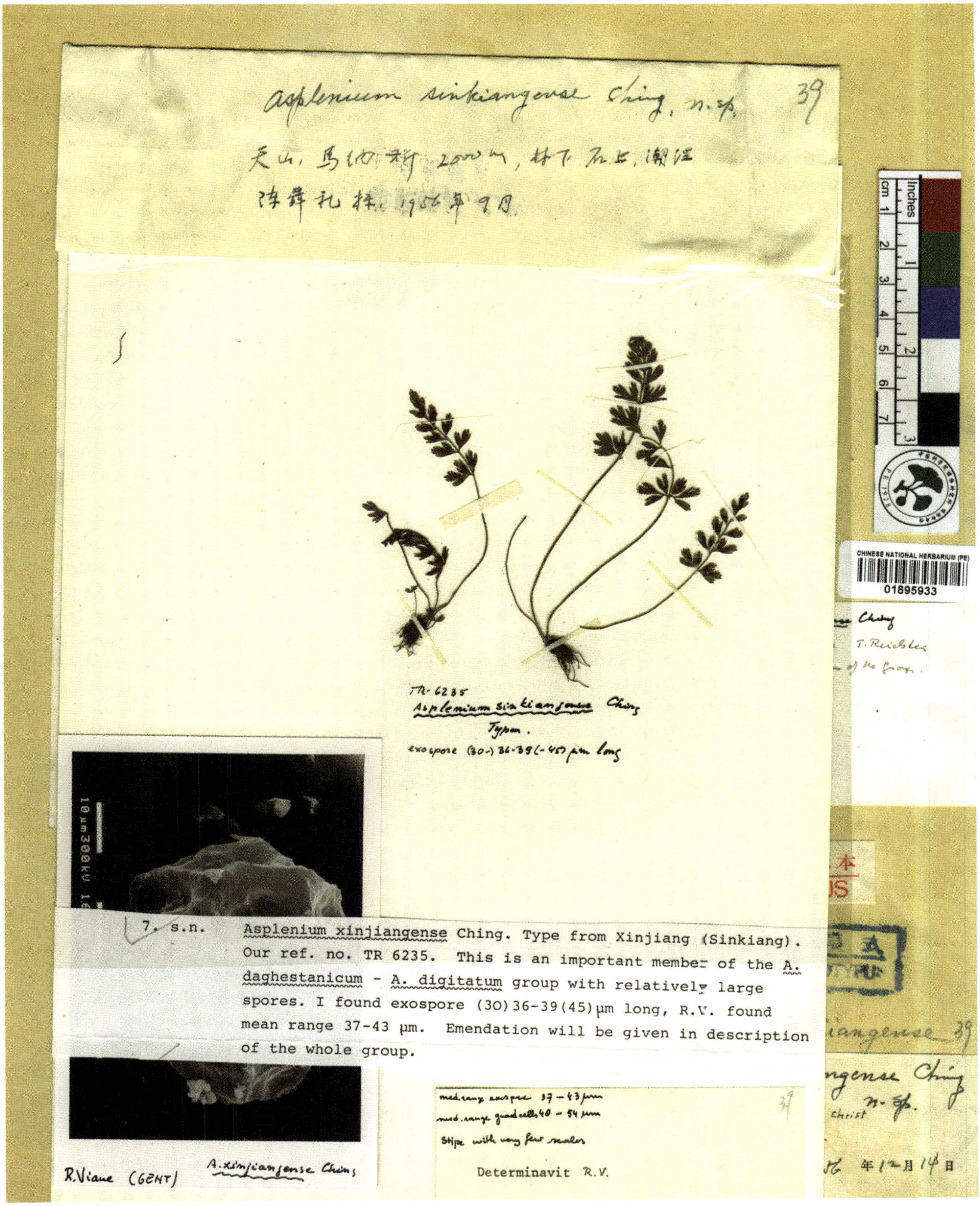

新疆铁角蕨 ***Asplenium xinjiangense*** Ching in Acta Phytotax. Sin. 23(1): 8, pl. 2: 2. 1985. **Holotype:** China. Xinjiang: Tianshan, alt. 2 000 m, 1956-09-??, S. L. Chen s. n.

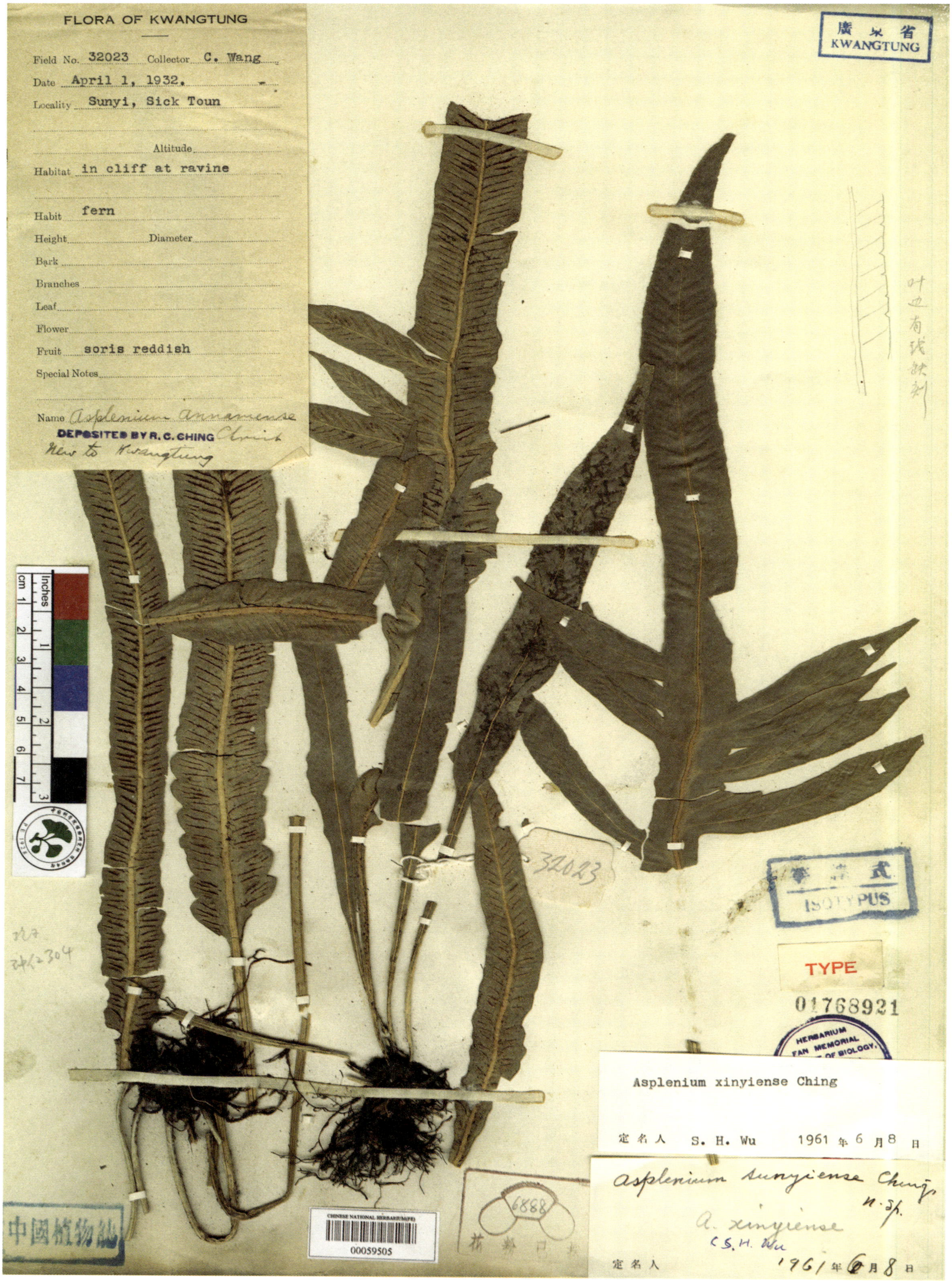

信宜铁角蕨 ***Asplenium xinyiense*** Ching & S. H. Wu ex S. H. Wu in Bull. Bot. Res., Harbin 9(2): 82, photo. 1. 1989. **Holotype:** China. Guangdong: Xinyi, 1932-04-01, C. Wang 32023.

黑色铁角蕨 ***Asplenium yuanum*** Ching in Bull. Fan Mem. Inst. Biol., Bot. Ser. 10: 174. 1940. **Holotype:** China. Sichuan: Muli, 1937-?-??, T. T. Yu 8461.

阔基苍山蕨 ***Ceterachopsis latibasis*** Ching & K. H. Shing ex K. H. Shing & S. H. Wu in Acta Phytotax. Sin. 22(5): 411, pl. 1: 3. 1984. **Holotype:** China. Yunnan: Taron-Taru, alt. 1 800 m, 1938-08-27, T. T. Yu 19977.

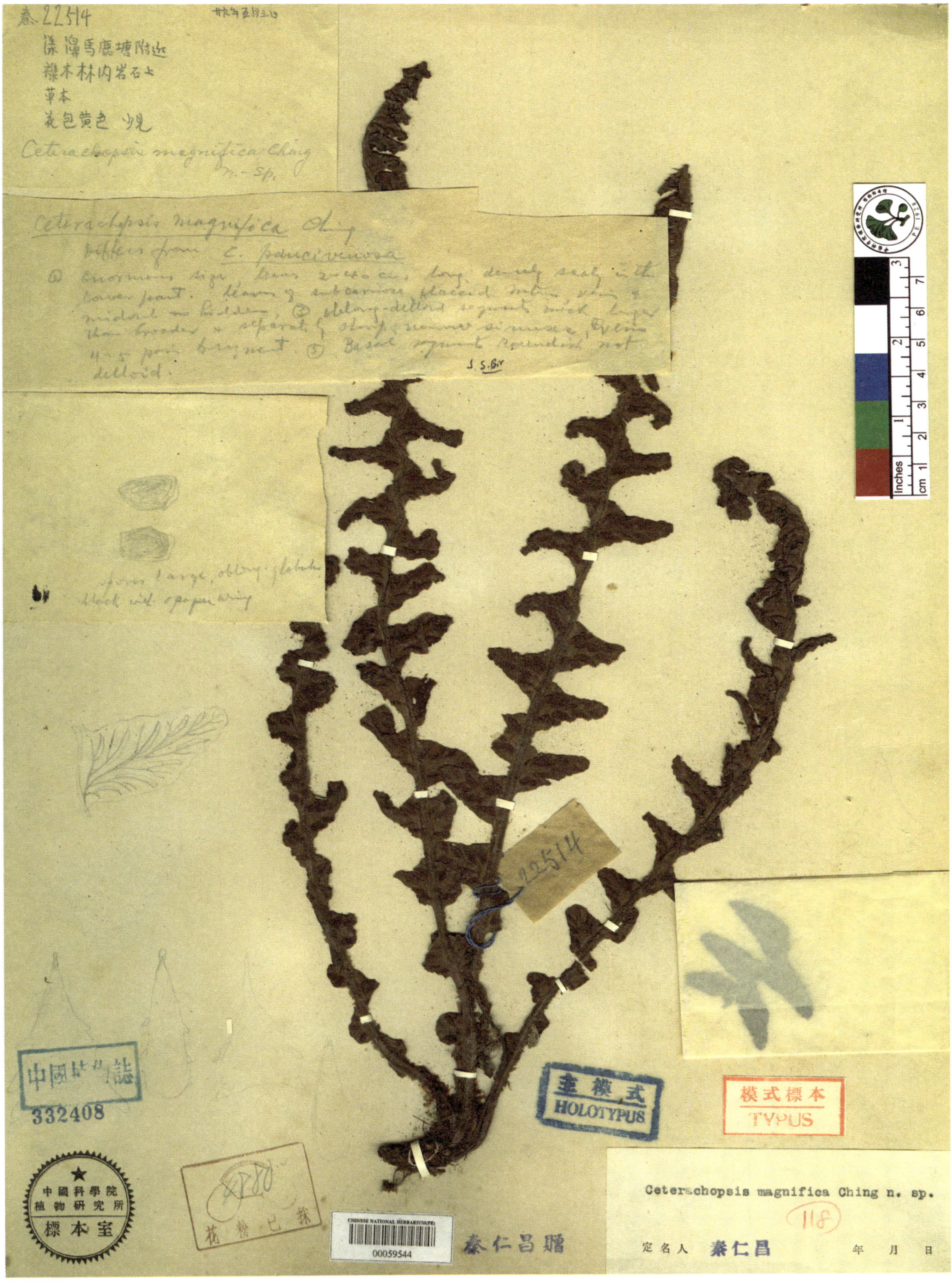

大叶苍山蕨 ***Ceterachopsis magnifica*** Ching in Bull. Fan Mem. Inst. Biol., Bot. Ser. 11(2): 56. 1941.**Holotype:** China. Yunnan: Yangbi, 1940-05-03, R. C. Ching 22514.

俅江苍山蕨 ***Ceterachopsis qiujiangensis*** Ching & K. H. Fu ex Ching & S. H. Wu in Acta Phytotax. Sin. 22(5): 411, pl. 1: 4. 1984. **Holotype:** China. Yunnan: Gongshan, Qiujiang, alt. 2 500 m, 1935-10-??, C. W. Wang 67425.

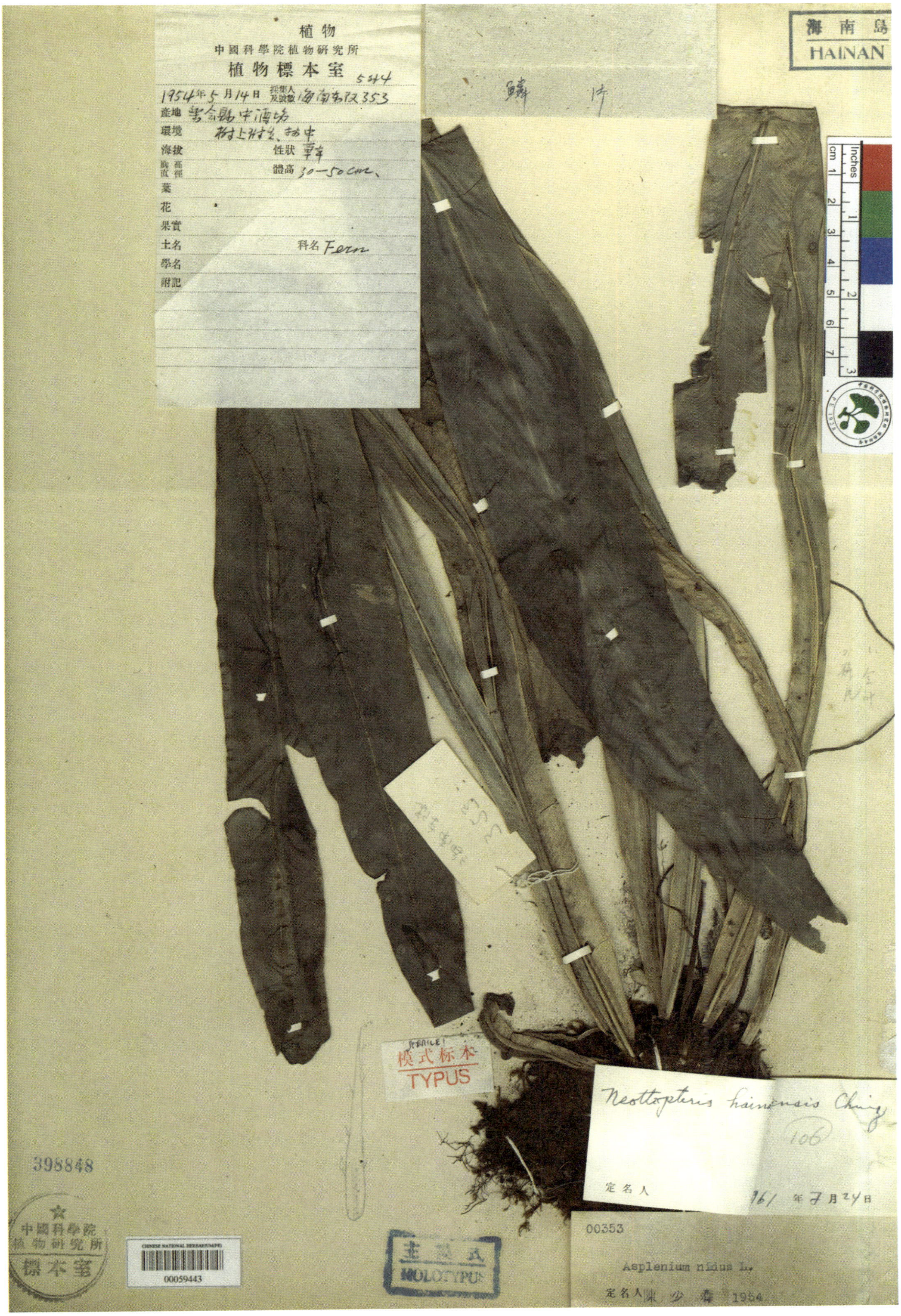

海南巢蕨 ***Neottopteris hainanensis*** Ching in Acta Phytotax. Sin. 9(4): 357. 1964. **Holotype:** China. Hainan: Qionghai, 1954-05-14, Hainan Exped 353.

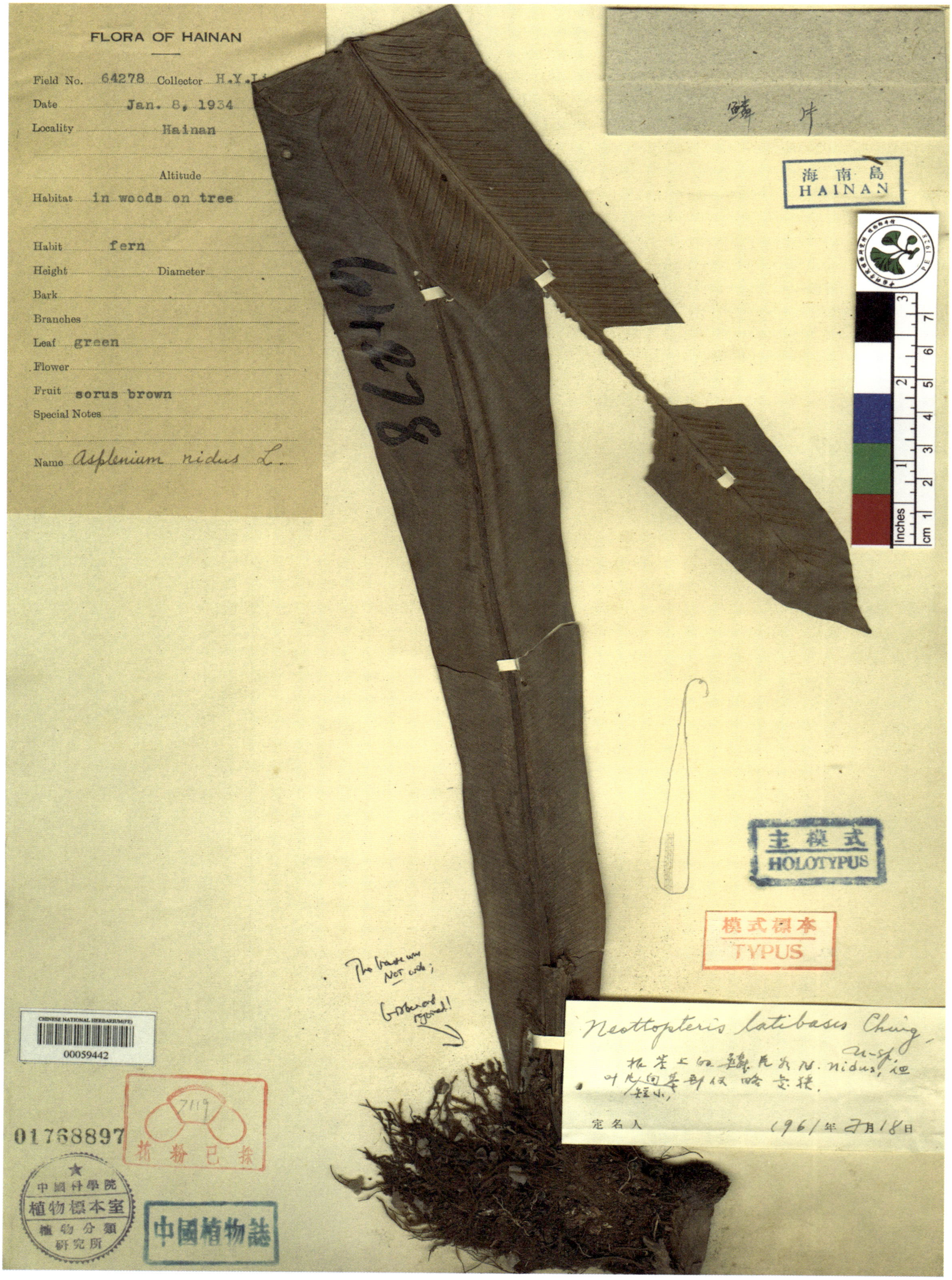

阔基巢蕨 ***Neottopteris latibasis*** Ching in Acta Phytotax. Sin. 9(4): 357. 1964. **Holotype:** China. Hainan: Ledong, 1934-01-08, H. Y. Liang 64278.

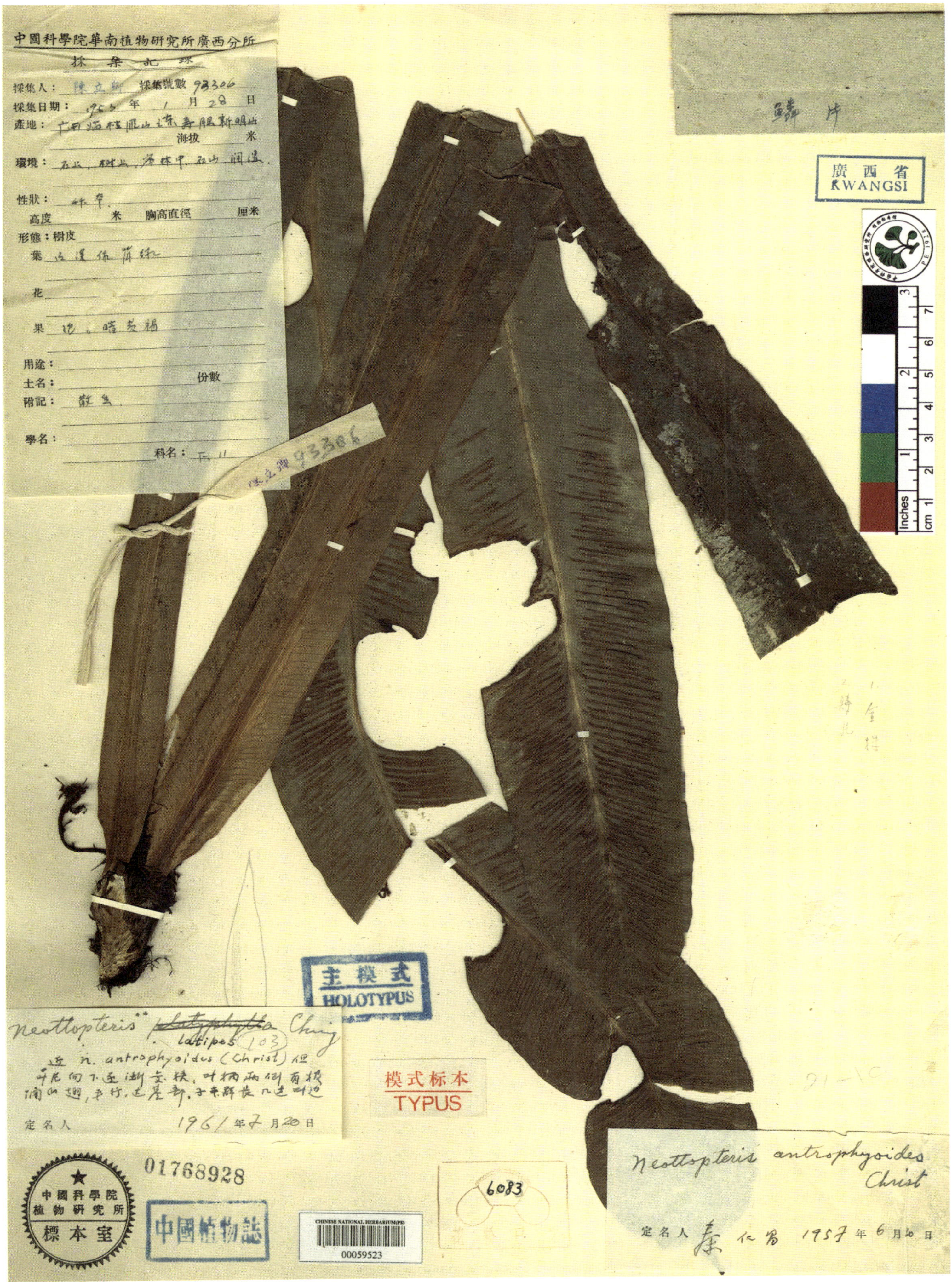

阔翅巢蕨 ***Neottopteris latipes*** Ching ex S. H. Wu in Guihaia 9(4): 290, f. 2. 1989. **Holotype:** China. Guangxi: Lingui, 1953-01-28, L. H. Chun 93306.

长柄巢蕨 ***Neottopteris longistipes*** Ching ex S. H. Wu in Guihaia 9(4): 289, f. 1. 1989. **Holotype:** China. Yunnan: Hekou, alt. 300 m, 1955-??- ??, W. M. Chu 1675.

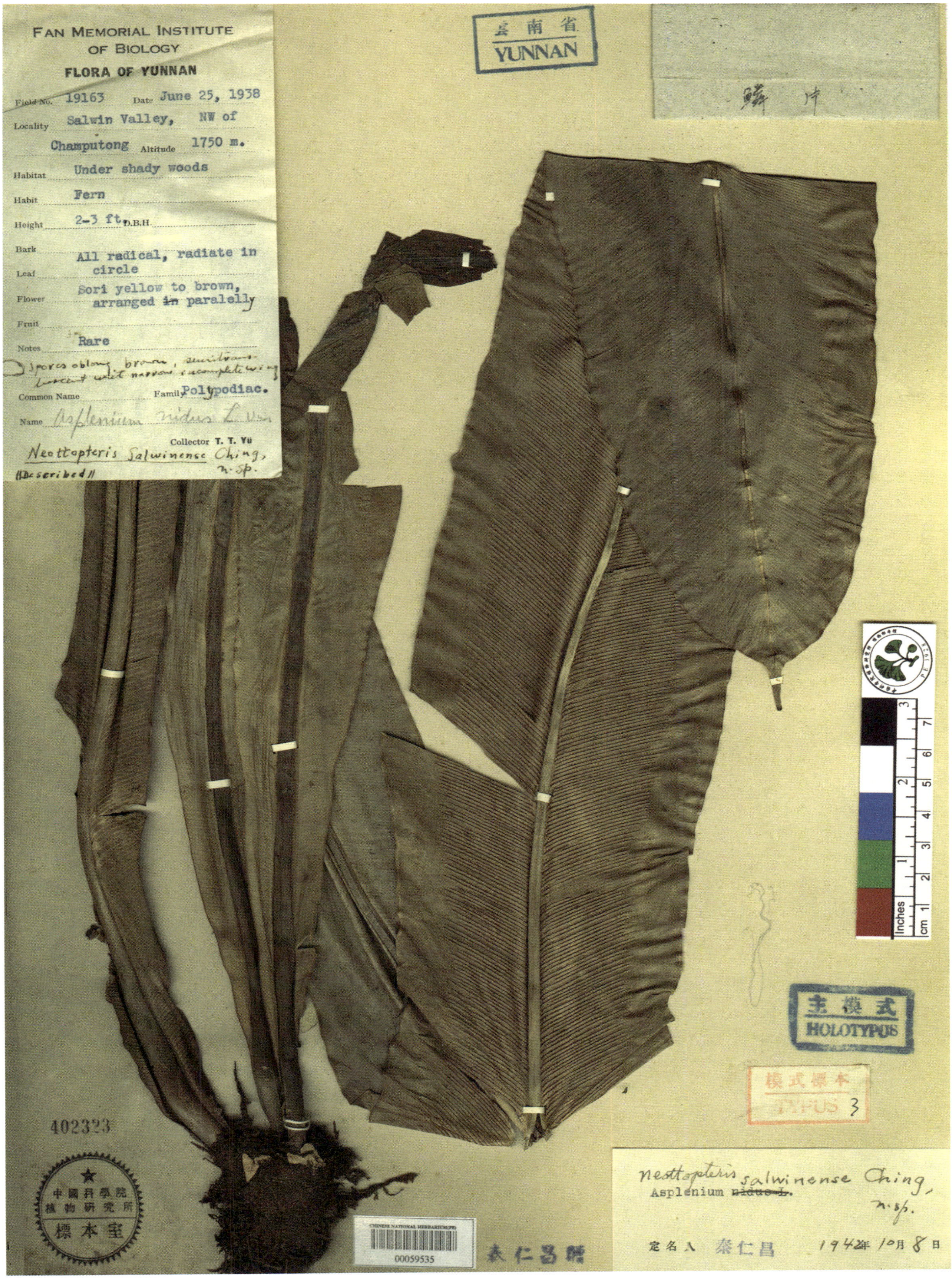

尖头巢蕨 ***Neottopteris salwinensis*** Ching in Bull. Fan Mem. Inst. Biol., New Ser. 1(3): 304. 1949.**Holotype:** China. Yunnan: Salwin Valley, 1938-06-25, T. T. Yu 19163.

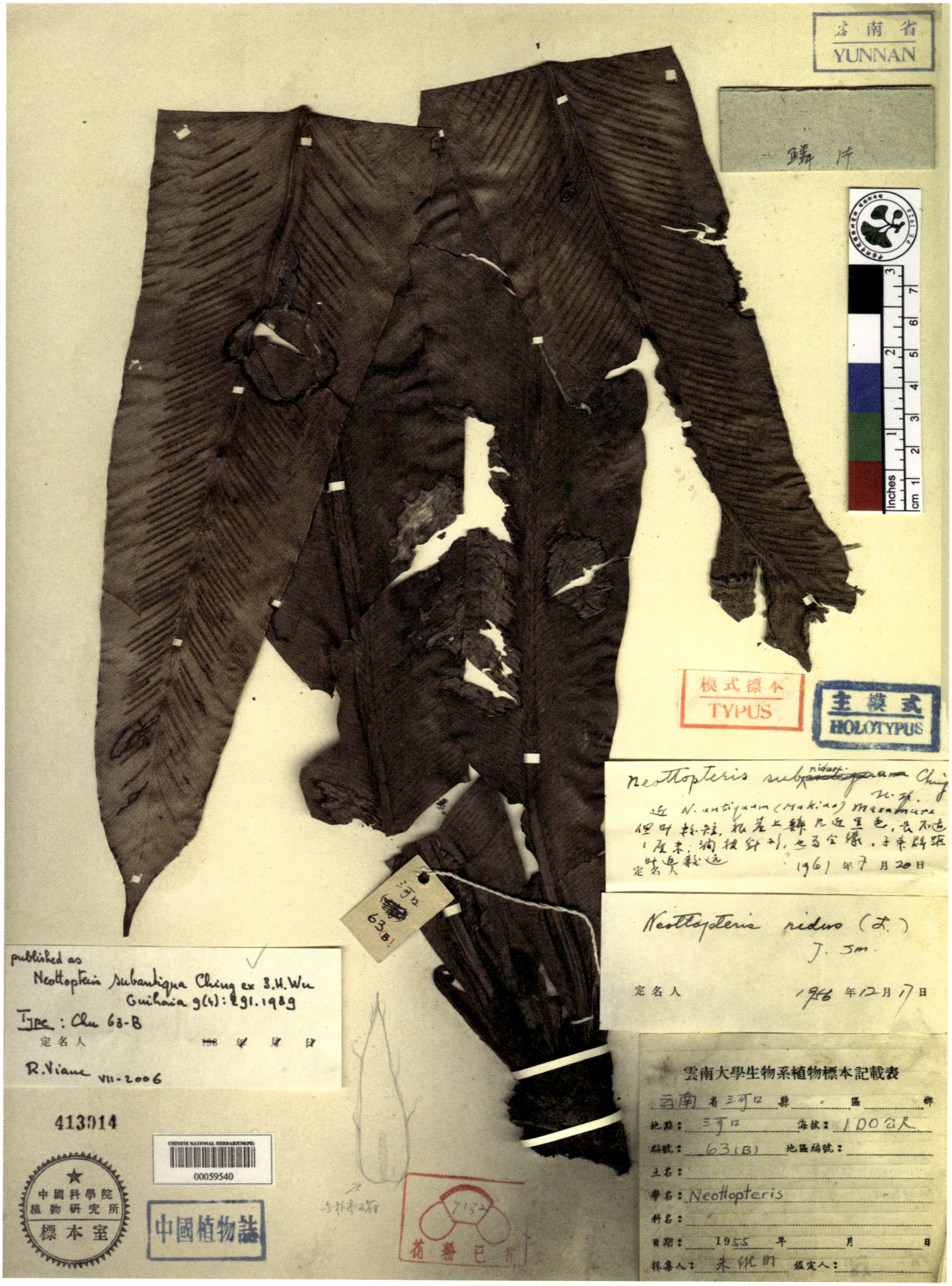

黑鳞巢蕨 ***Neottopteris subantiqua*** Ching ex S. H. Wu in Guihaia 9(4): 291. 1989. **Holotype:** China. Yunnan: Hekou, alt. 100 m, 1955-??- ??, W. M. Chu 63-B.

Woodsiaceae

岩蕨科

yanjueke

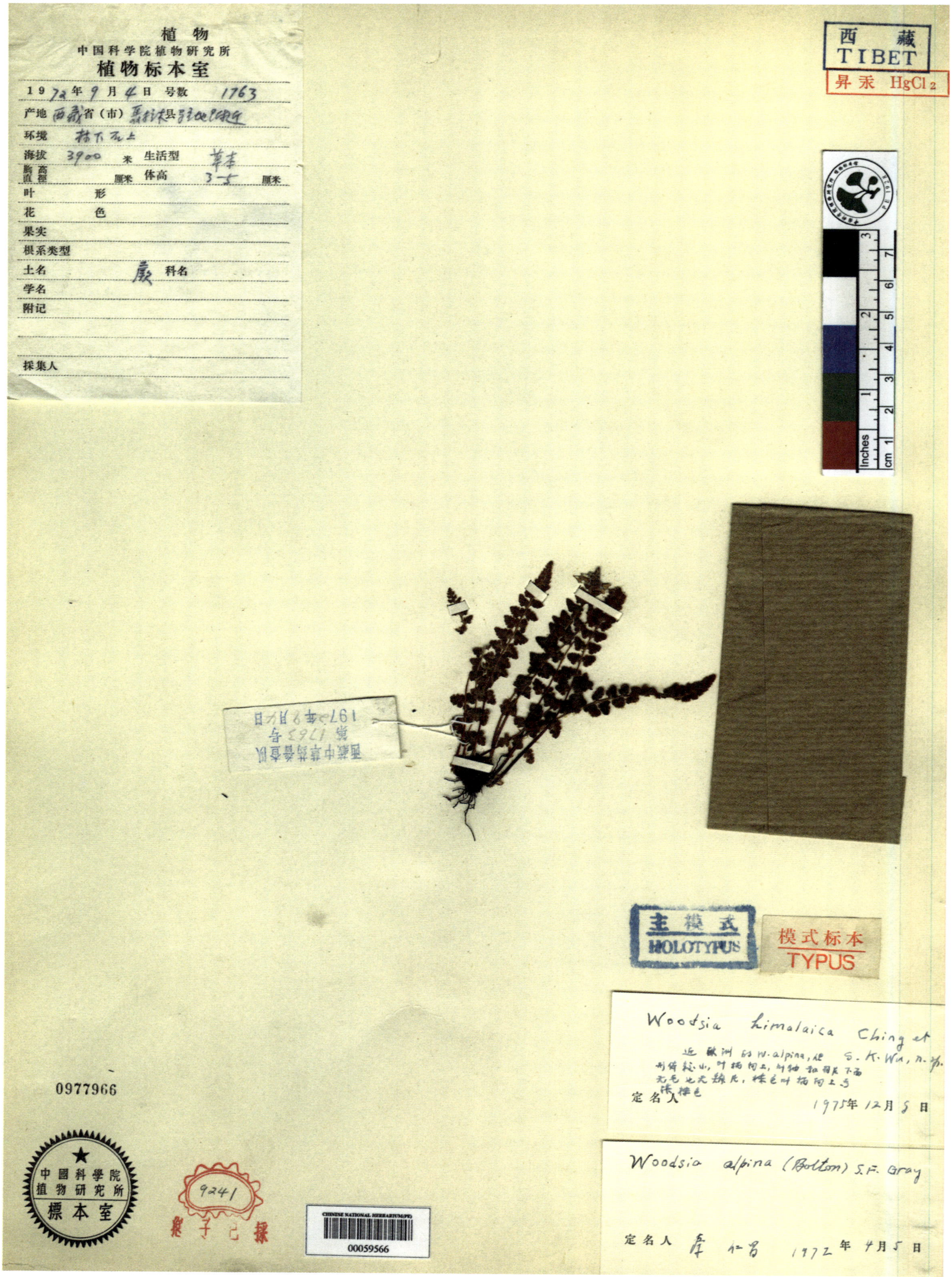

喜马拉雅岩蕨 ***Woodsia himalaica*** Ching & S. K. Wu, Fl. Xizang. 1: 189, pl. 5: 9-10. 1983.**Holotype:** China. Xizang: Nyalam, alt. 3 900 m, 1972-09-04, Xizang Medicinal Herb. Exped. 1763.

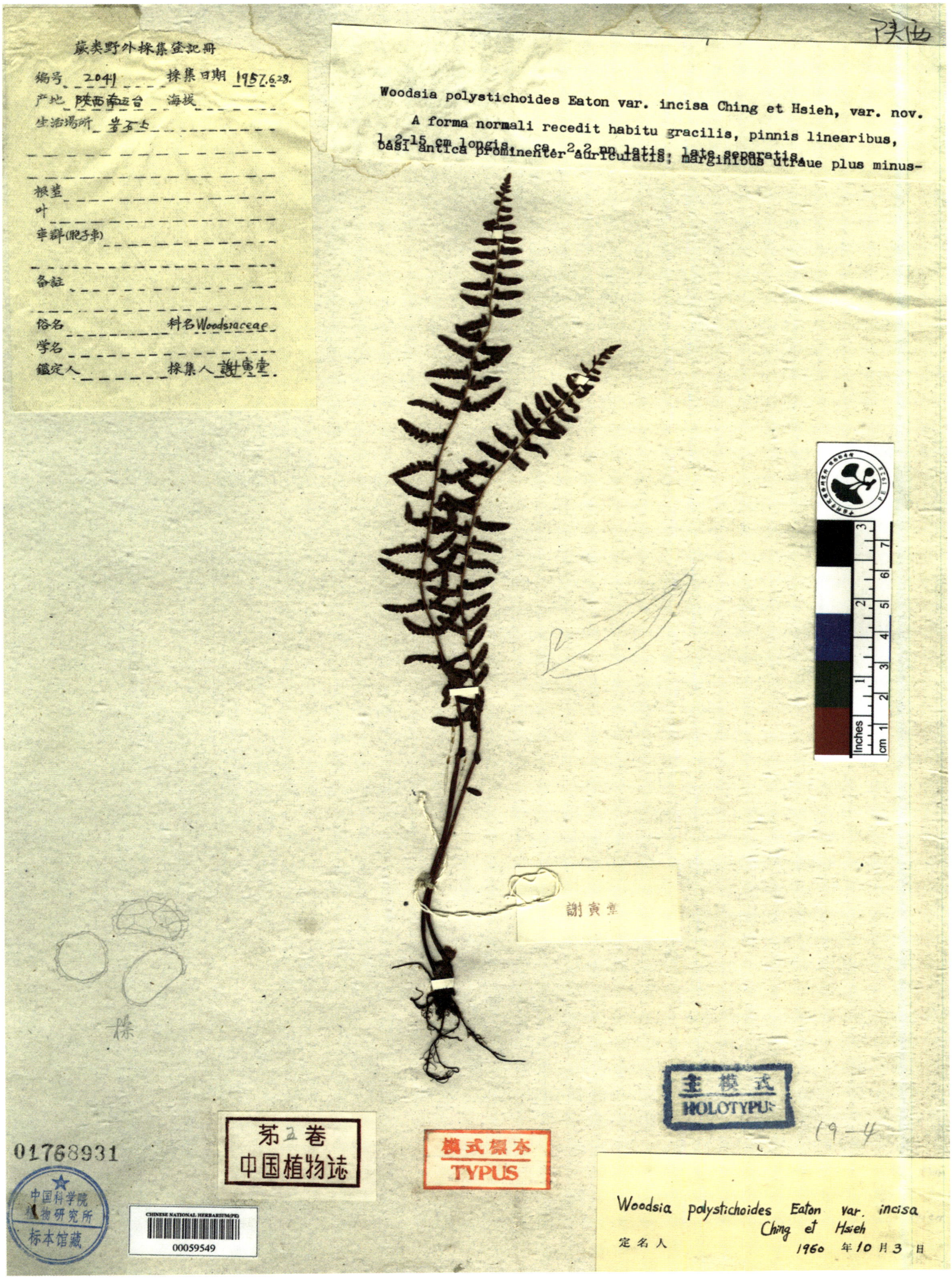

羽裂耳羽岩蕨 ***Woodsia polystichoides*** Eaton var. ***incisa*** Ching & Y. T. Hsieh, Fl. Tsinling. 2: 146, 222. 1974. **Holotype:** China. Shaanxi: Zhenan, Nanwutaishan, 1957-06-28, Y. T. Hsieh 2041.

深波状耳羽岩蕨 ***Woodsia polystichoides*** Eaton var. ***sinuata*** Hook., Gard. Ferns t. 32, f. 3. 1862. **Isotype:** China. Shandong: Ta-lien-kwng, 1861-??-??, Birnie s. n.

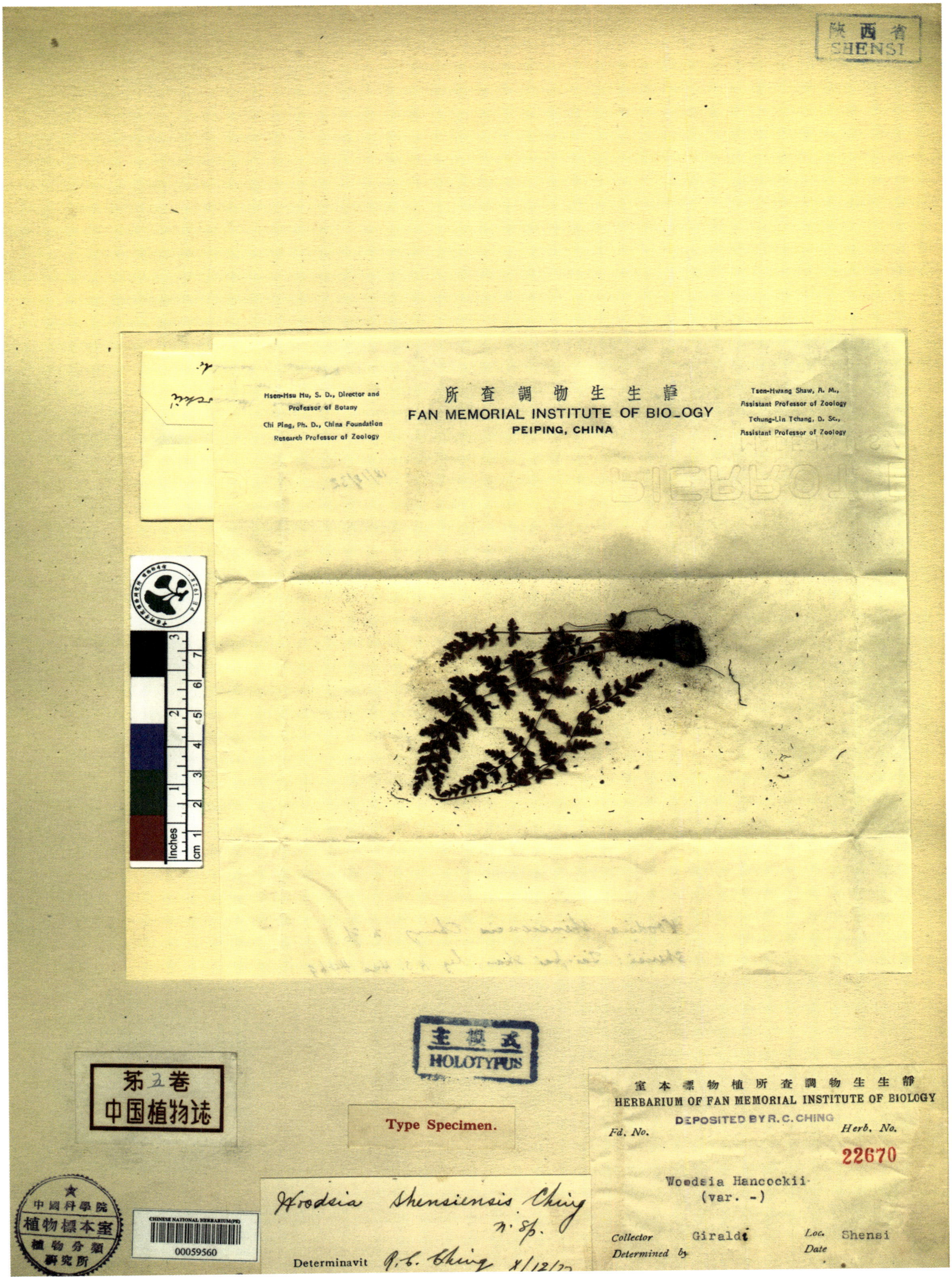

陕西岩蕨 ***Woodsia shensiensis*** Ching in Sinensia 3(5): 141. 1932. **Holotype:** China. Shaanxi: Taibaishan, 1932-08-18, K. S. Hao 4469.

山西岩蕨 ***Woodsia sinica*** Ching in Sinensia 3(5): 145. 1932. **Holotype:** China. Shanxi: Ningwu, 1929-08-19, T. Tang 1392.

泰山岩蕨 ***Woodsia taishanensis*** F. Z. Li & C. K. Ni in Acta Phytotax. Sin. 20(3): 343, f. 1. 1982. **Holotype:** China. Shandong: Taishan, alt. 700~1 500 m, 1980-07-07, F. Z. Li 0576.

Blechnaceae

乌毛蕨科

wumaojueke

海南光叶藤蕨 ***Stenochlaena hainanensis*** Ching & P. S. Chiu ex Ching & C. H. Wang in Acta Phytotax. Sin. 9(4): 364. 1964. **Holotype:** China. Hainan: Wenchang, 1932-04-13, F. A. McClure 20023.

缙云山狗脊蕨 ***Woodwardia affinis*** Ching & P. S. Chiu in Acta Phytotax. Sin. 12(2): 246. 1974. **Holotype:** China. Chongqing: Beibei, 1957-10-10, C. Z. Liu & al. 10017.

长羽狗脊蕨 ***Woodwardia cochin-chinensis*** Ching in Bull. Fan Mem. Inst. Biol., Bot. 2(1): 7. 1931. **Lectotype** (designated by Yun Lin & al. in Bull. Bot. Res., Harbin 34: 293. 2014.): Laos. Saigon, 1920-11-06, M. Poilane 2275.

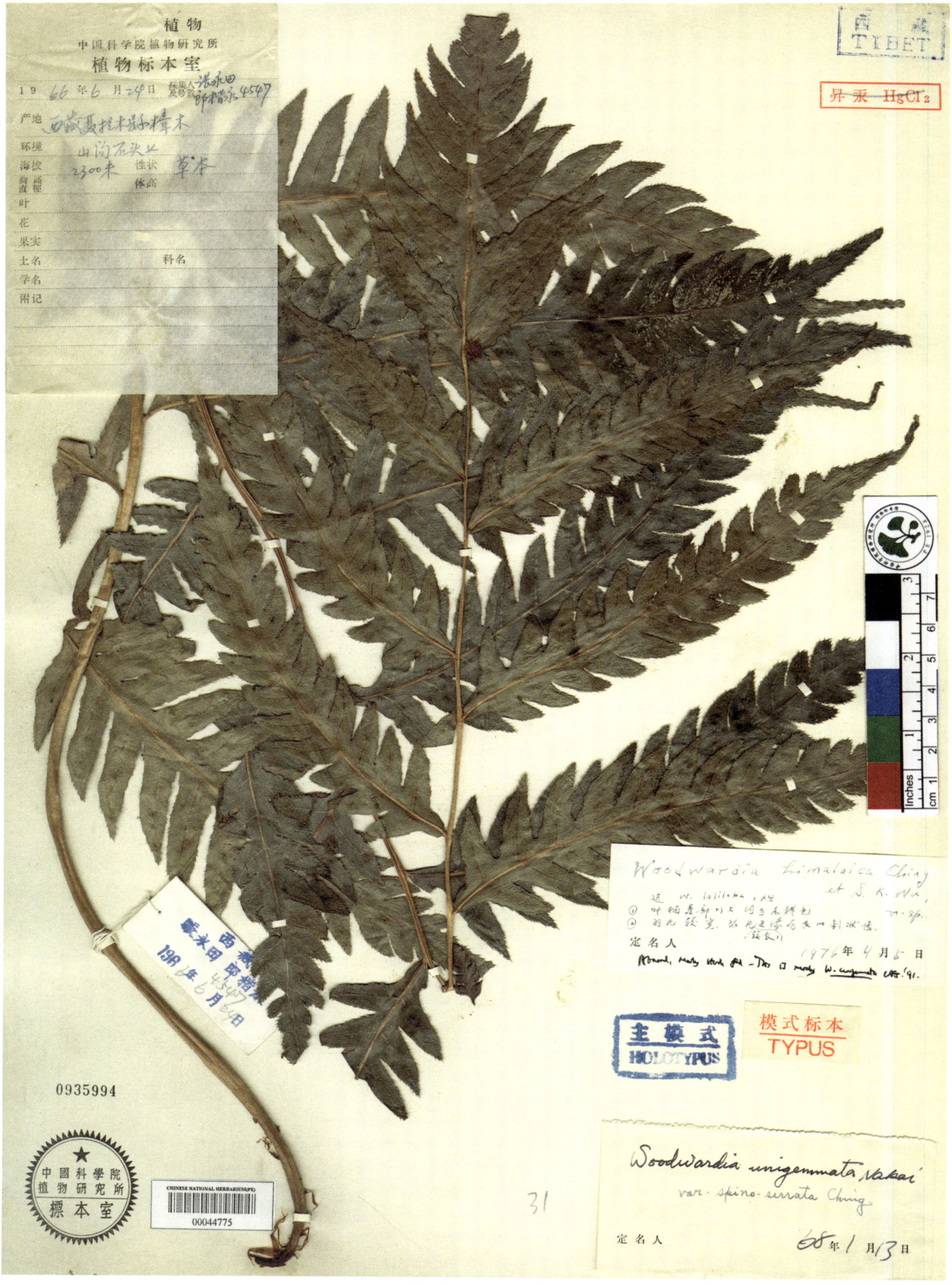

喜马拉雅狗脊蕨 ***Woodwardia himalaica*** Ching & S. K. Wu, Fl. Xizang. 1: 197, f. 45. 1983. **Holotype:** China. Xizang: Nyalam, alt. 2 300 m, 1966-06-24, Y. T. Zhang & K. Y. Lang 4547.

密羽狗脊蕨 ***Woodwardia japonica*** (Linn. f.) Sm. var. ***contigua*** Ching & P. S. Chiu in Acta Phytotax. Sin. 12(2): 246. 1974. **Holotype:** China. Guangdong: Precise locality not known, Y. Tsiang 21246.

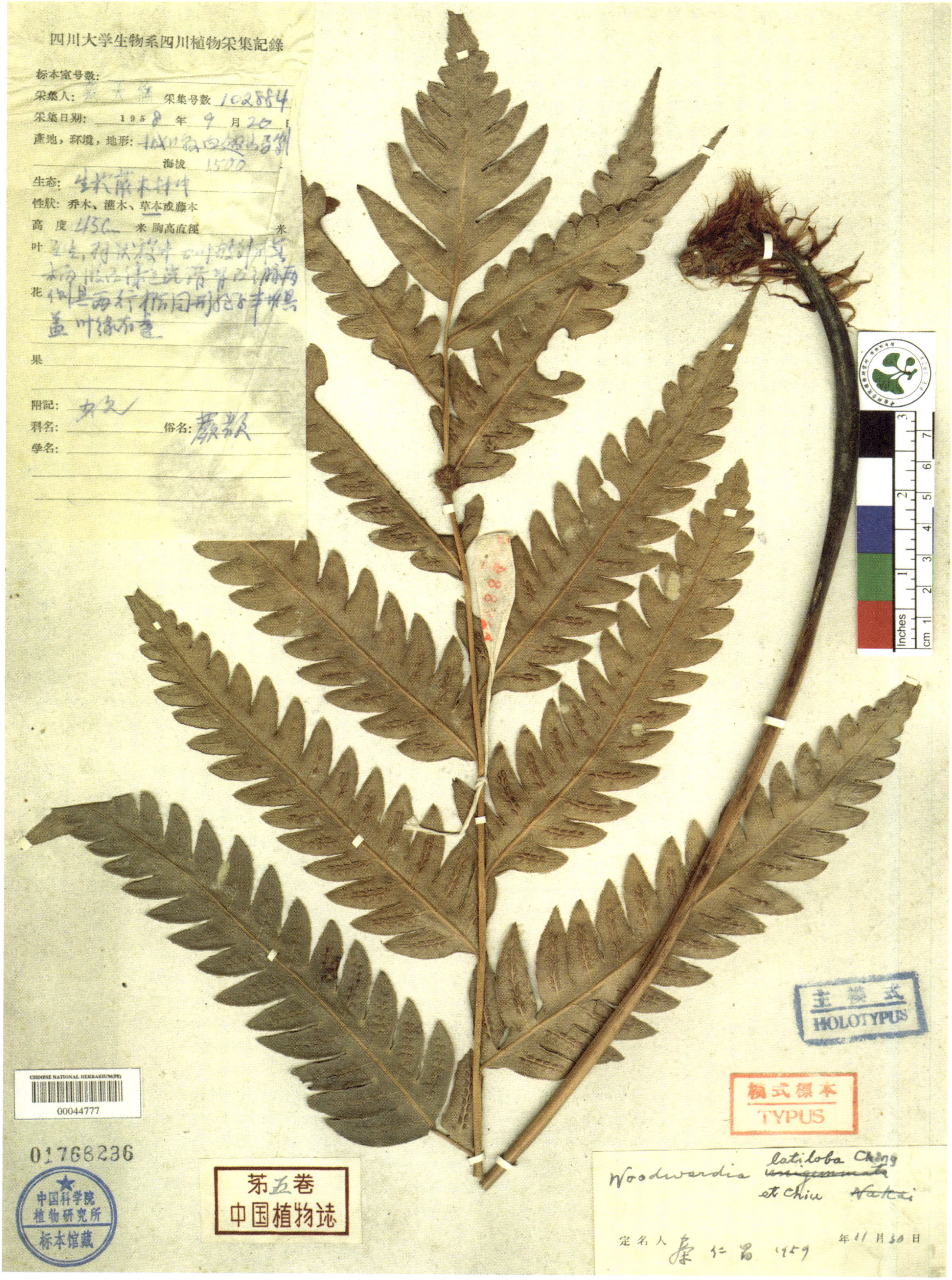

宽片狗脊蕨 ***Woodwardia latiloba*** Ching & P. S. Chiu in Acta Phytotax. Sin. 12(2): 242. 1974. **Holotype:** China. Chongqing: Chengkou, alt. 1 500 m, 1958-09-20, T. L. Dai 102884.

滇南狗脊蕨 ***Woodwardia magnifica*** Ching & P. S. Chiu in Acta Phytotax. Sin. 12(2): 247. 1974. **Holotype:** China. Yunnan: Simao, alt. 1 100 m, 1956-03-??, R. C. Ching s. n.

大叶狗脊蕨 ***Woodwardia maxima*** Ching ex P. S. Chiu in Acta Phytotax. Sin. 12(2): 241. 1974. **Holotype:** China. Guizhou: Anlong, alt. 1 200 m, 1960-06-11, Z. S. Zhang & Y. T. Chang 4299.

峨眉狗脊蕨 ***Woodwardia omeiensis*** Ching ex P. S. Chiu in Acta Phytotax. Sin. 12(2): 245. 1974. **Holotype:** China. Sichuan: Emei, Emeishan, alt. 800 m, 1956-03-??, R. C. Ching 20.

台湾狗脊蕨 ***Woodwardia orientalis*** Sw. var. ***formosana*** Ros. in Hedwigia 56: 334. 1914. **Isotype:** China. Taiwan: Bankinsing, 1914-02-??, U. Faurie 231.

云南狗脊蕨 ***Woodwardia yunnanensis*** Ching & P. S. Chiu in Acta Phytotax. Sin. 12(2): 242. 1974. **Holotype:** China. Yunnan: Wenshan, alt. 1 700 m, H. T. Tsai 51672.

Peranemaceae

球盖蕨科

qiugaijueke

细裂鱼鳞蕨 ***Acrophorus dissectus*** Ching ex S. H. Wu in Acta Phytotax. Sin. 21(4): 382. 1983. **Holotype:** China. Yunnan: Precise locality not known, S. K. Wu 4226.

峨边鱼鳞蕨 ***Acrophorus exstipellatus*** Ching & S. H. Wu in Acta Phytotax. Sin. 21(4): 383. 1983. **Holotype:** China. Sichuan: Ebian, alt. 2 250 m, 1959-08-21, C. T. Kuan 6592.

大果鱼鳞蕨 ***Acrophorus macrocarpus*** Ching & S. H. Wu in Acta Phytotax. Sin. 21(4): 381, pl. 2: 1. 1983. **Holotype:** China. Yunnan: Dêqên, alt. 2 900~3 300 m, 1940-07-16, K. M. Feng 5512.

小叶红腺蕨 ***Diacalpe adscendens*** Ching ex S. H. Wu in Acta Phytotax. Sin. 21(4): 378. 1983.**Holotype:** China. Yunnan: Jingdong, alt. 3 000 m, 1954-04-??, W. H. Hsu 260.

旱生红腺蕨 ***Diacalpe aspidioides*** Bl. var. ***minor*** Ching ex S. H. Wu in Acta Phytotax. Sin. 21(4): 375, pl. 1: 1. 1983.**Holotype:** China. Yunnan: Yanshan, alt. 1 200 m, 1939-10-10, C. W. Wang 84289.

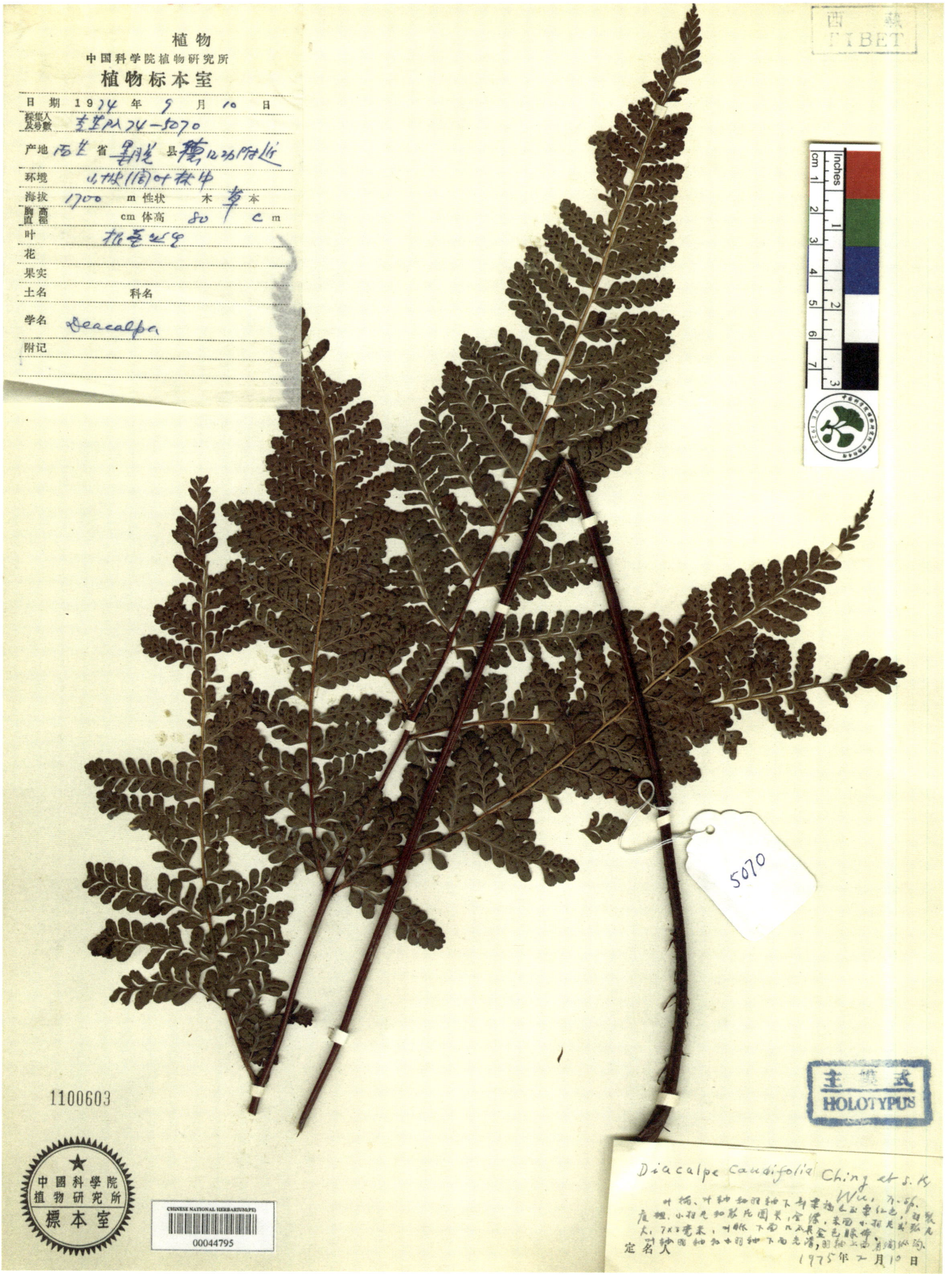

尾叶红腺蕨 ***Diacalpe caudifolia*** Ching & S. K. Wu, Fl. Xizang. 1: 194, f. 47: 1-3. 1983. **Holotype:** China. Xizang: Mêdog, alt. 1 700 m, 1974-09-10, Qinghai-Xizang Exped. 5070.

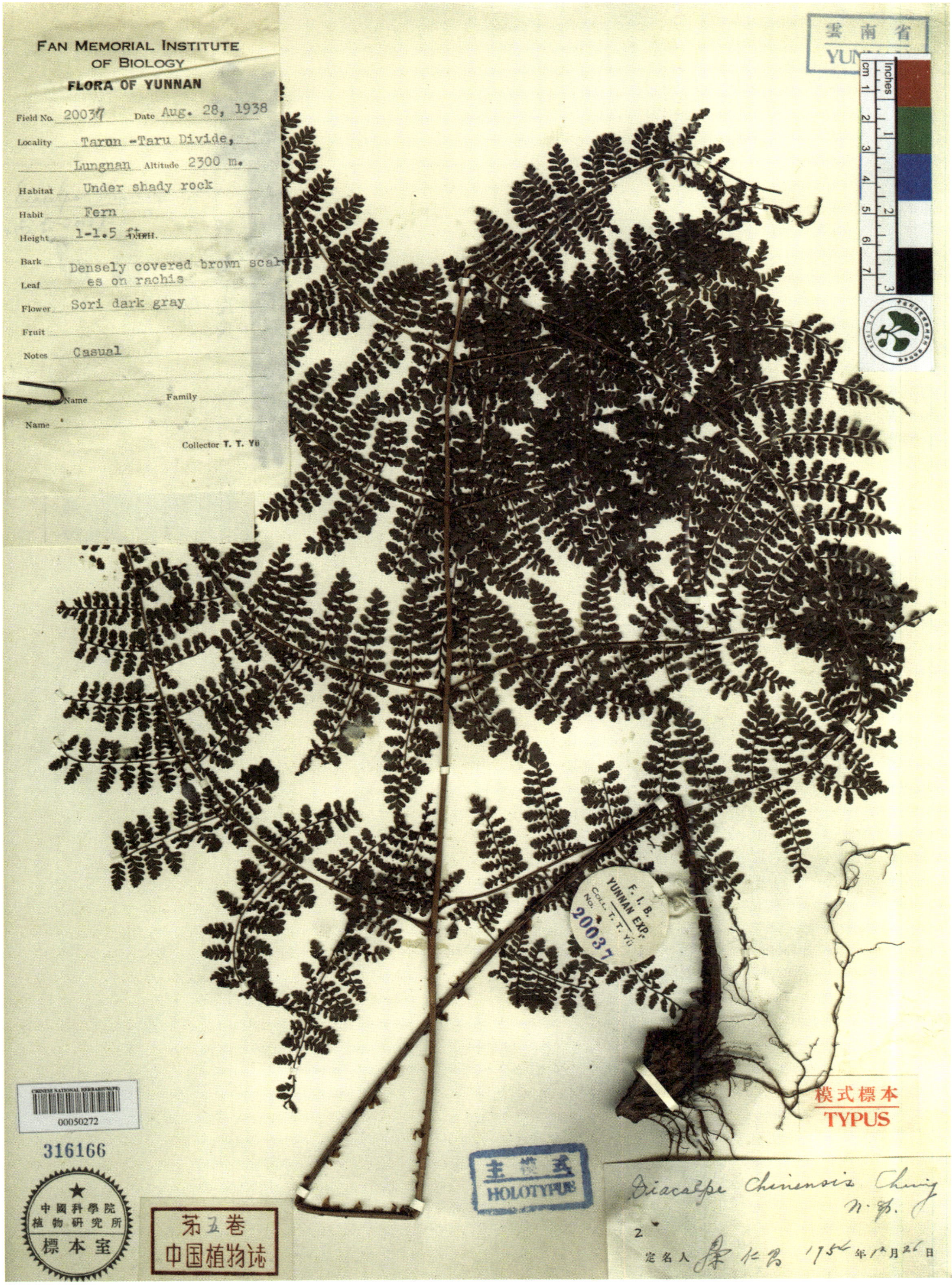

大囊红腺蕨 ***Diacalpe chinensis*** Ching & S. K. Wu in Acta Phytotax. Sin. 21(4): 376, pl. 1: 4. 1983. **Holotype:** China. Yunnan: Longnan, alt. 2 300 m, 1938-08-28, T. T. Yu 20037.

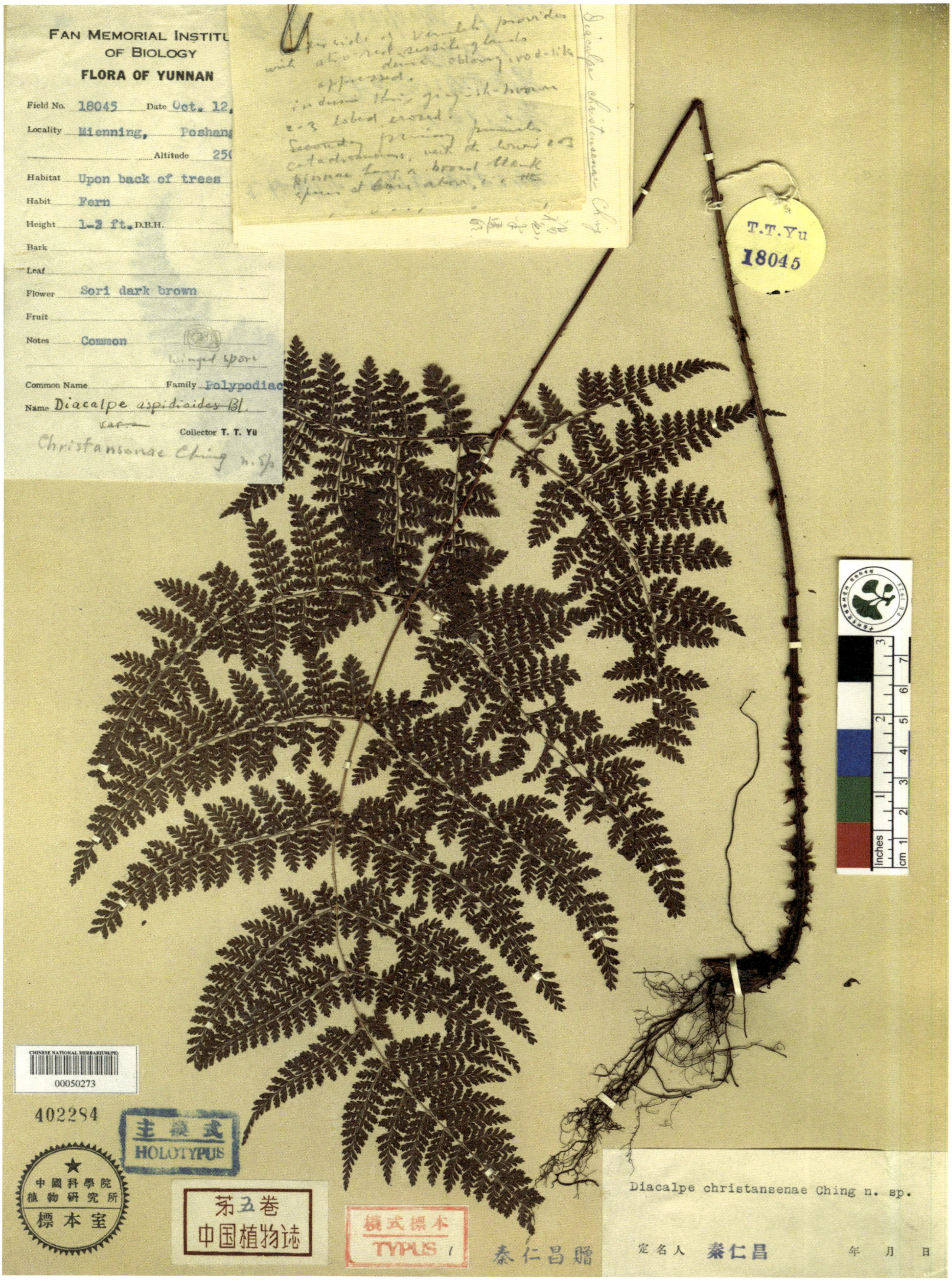

离轴红腺蕨 ***Diacalpe christensenae*** Ching in Bull. Fan Mem. Inst. Biol. Bot., New Ser. 1(3): 291. 1949.**Holotype:** China. Yunnan: Mienning (=Lincang), alt. 2 500 m, 1938-10-12, T. T. Yu 18045.

墨脱红线蕨 ***Diacalpe medogensis*** Ching & S. K. Wu, Fl. Xizang. 1: 196, f. 46: 4-6. 1983. **Holotype:** China. Xizang: Mêdog, alt. 1 800 m, 1974-08-06, Qinghai-Xizang Exped. 4150.

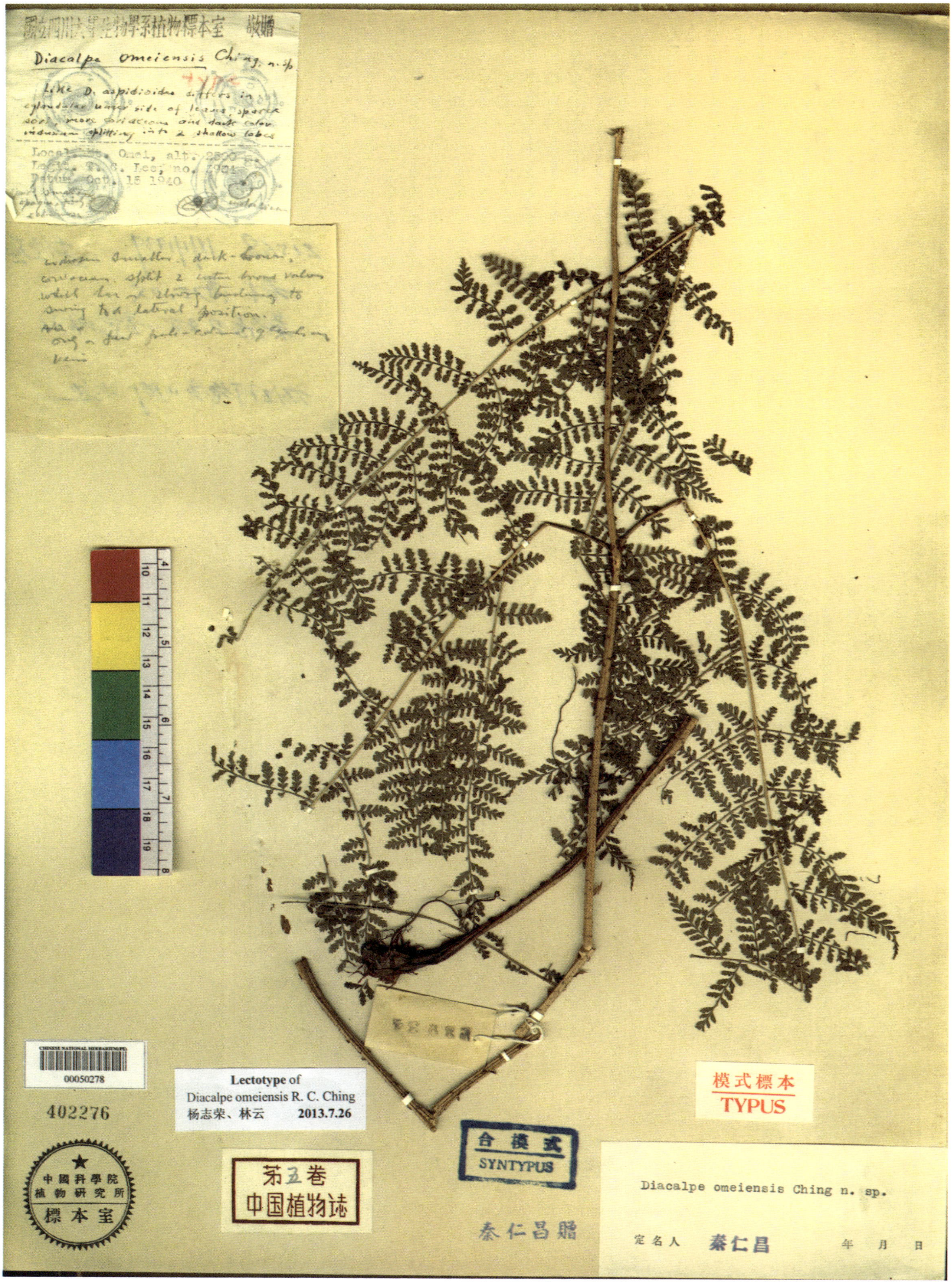

峨眉红腺蕨 ***Diacalpe omeiensis*** Ching in Bull. Fan Mem. Inst. Biol., New Ser. 1(3): 293. 1949. **Lectotype** (designated by Yun Lin & al. in Bull. Bot. Res., Harbin 34: 294. 2014.): China. Sichuan: Emei, Emeishan, alt. 2 500 m, 1940-10-15, T. C. Lee 3934.

Dryopteridaceae

鳞毛蕨科

linmaojueke

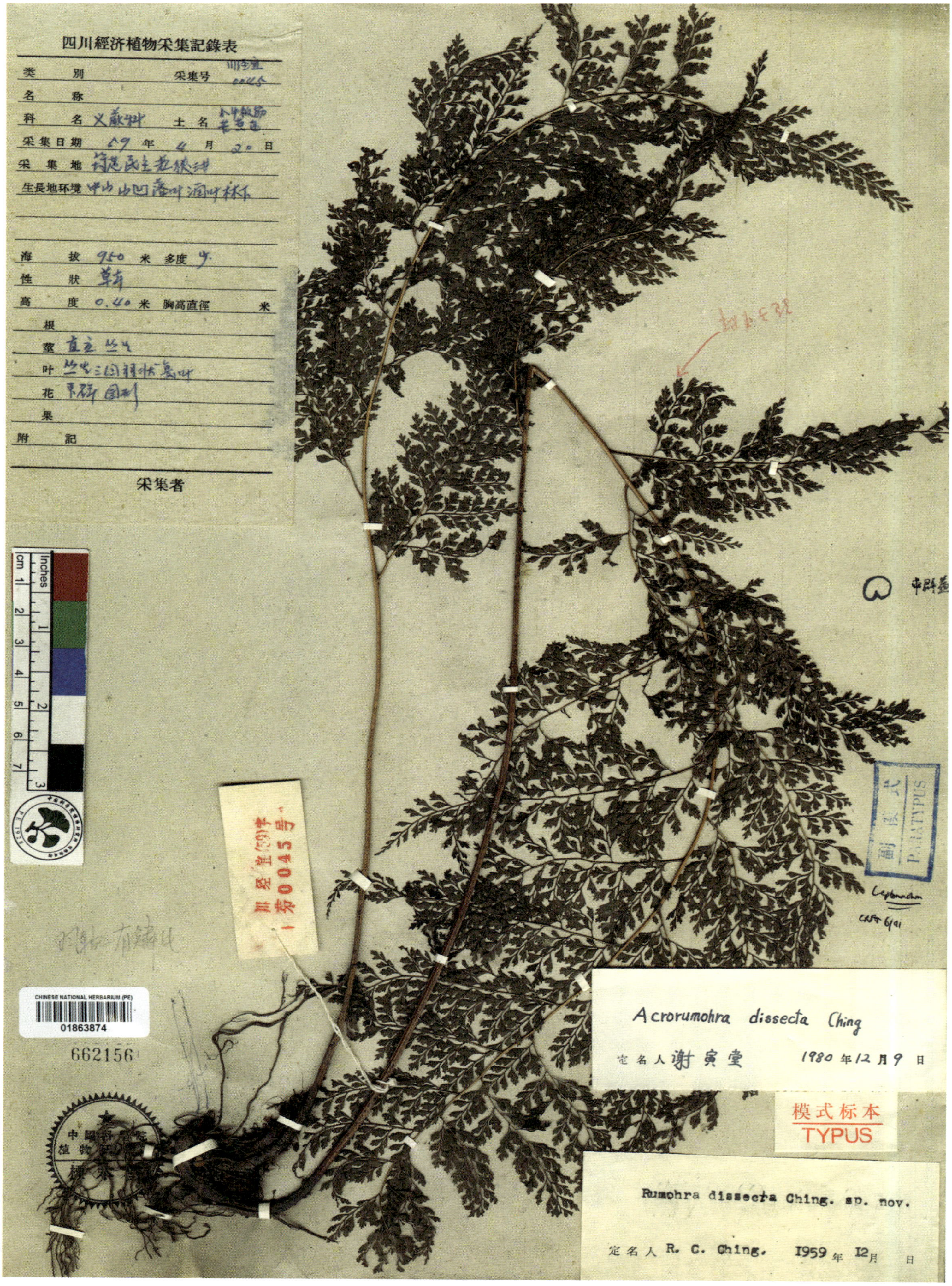

川滇假复叶耳蕨 ***Acrorumohra dissecta*** Ching ex Y. T. Hsieh in Bull. Bot. Res., Harbin 9(3): 47, f. 1. 1989. **Holotype:** China. Sichuan: Yunlian, alt. 950 m, 1959-04-20, Sichuan Ecom. Pl. Exped. 0045.

滇南复叶耳蕨 ***Arachniodes austro-yunnanensis*** Ching in Bull. Bot. Res., Harbin 6(3): 3, pl. 1: 3. 1986. **Holotype:** China. Yunnan: Xishuangbanna, 1957-??-??, Sino-Russia Yunnan Exped. 5071.

多距复叶耳蕨 ***Arachniodes calcarata*** Ching in Bull. Bot. Res., Harbin 6(3): 30. 1986. **Holotype:** China. Chongqing: Nanchuan, alt. 650 m, 1964-10-08, K. C. Kuan & al. 2372.

尾叶复叶耳蕨 ***Arachniodes caudifolia*** Ching & Y. T. Hsieh in Bull. Bot. Res., Harbin 4(2): 104. 1984. **Holotype:** China. Guizhou: Chengfeng (=Zhenfeng), 1930-10-21, Y. Tsiang 4208.

华中复叶耳蕨 ***Arachniodes centrochinensis*** Ching Fl. Tsinling 2: 174, 229. 1974. **Holotype:** China. Hubei: Badong, 1934-07-28, H. C. Chow 1006.

凸角复叶耳蕨 ***Arachniodes cornopteris*** Ching in Bull. Bot. Res., Harbin 6(3): 4. 1986.**Holotype:** China. Chongqing: Baxian (=Banan), alt. 840 m, ????-08-06, T. H. Tu 5129.

贯众叶复叶耳蕨 ***Arachniodes cyrtomifolia*** Ching in Bull. Bot. Res., Harbin 6(3): 31. 1986. **Holotype:** China. Sichuan: Emei, Emeishan, 1942-03-16, W. P. Fang 18149.

大苗山复叶耳蕨 ***Arachniodes damiaoshanensis*** Y. T. Hsieh in Bull. Bot. Res., Harbin 6(3): 6, photo. 3. 1986. **Holotype:** China. Guangxi: Rongshui, 1958-08-31, S. C. Chun 15455.

大姚复叶耳蕨 ***Arachniodes dayaoensis*** Y. T. Hsieh in Acta Bot. Yunnan. 5(1): 57. 1983.**Holotype:** China. Yunnan: Dayao, alt. 2 650 m, 1963-09-??, Jinshajiang Exped. 6709.

五回复叶耳蕨 ***Arachniodes decomposita*** Ching in Bull. Bot. Res., Harbin 6(3): 49. 1986.**Holotype:** China. Guizhou: Precise locality not known, S. Y. Hou 51223.

高耸复叶耳蕨 ***Arachniodes elevatas*** Ching in Bull. Bot. Res., Harbin 6(3): 40. 1986. **Holotype:** China. Sichuan: Emei, Emeishan, alt. 1 020 m, 1982-07-10, Z. R. Wang & Q. Xia C 233.

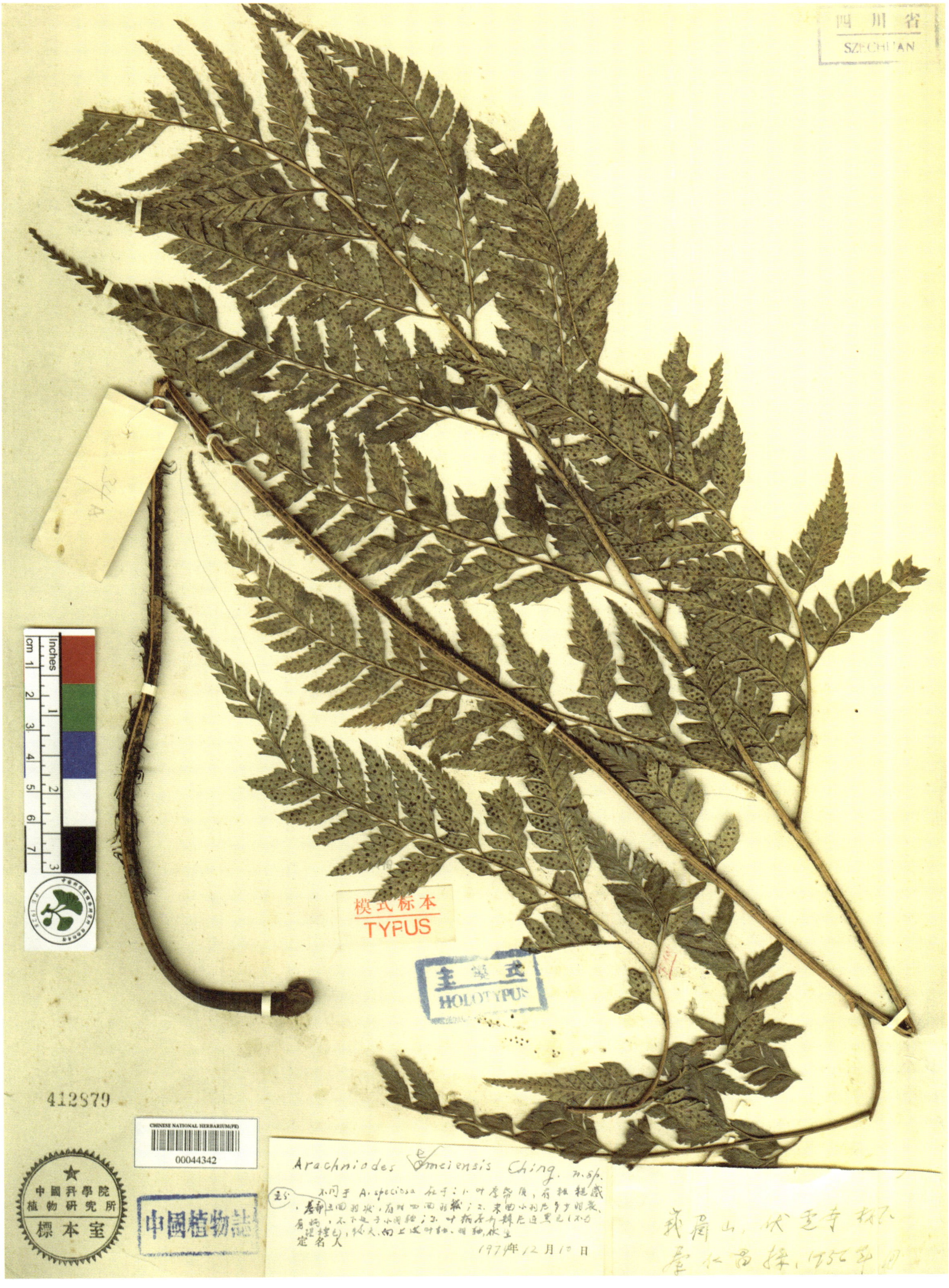

峨眉复叶耳蕨 ***Arachniodes emeiensis*** Ching in Bull. Bot. Res., Harbin 6(3): 5, pl. 1: 4 1986.**Holotype:** China. Sichuan: Emei, Emeishan, 1956-06-??, R. C. Ching 34A.

红盖复叶耳蕨 ***Arachniodes erythrosora*** Ching in Bull. Bot. Res., Harbin 6(3): 42. 1986. **Holotype:** China. Guangdong: Lianxian, alt. 850 m, 1958-10-31, P. C. Tam 60112.

镰羽复叶耳蕨 ***Arachniodes falcata*** Ching in Bull. Bot. Res., Harbin 6(3): 7, pl. 2: 1. 1986.**Holotype:** China. Chongqing: Beibei, X. Y. Hou 517.

国楣复叶耳蕨 ***Arachniodes fengii*** Ching in Bull. Bot. Res., Harbin 6(3): 8, pl. 2: 2. 1986.**Holotype:** China. Yunnan: Xishuangbanna, alt. 650 m, 1955-04-22, K. M. Feng 20558.

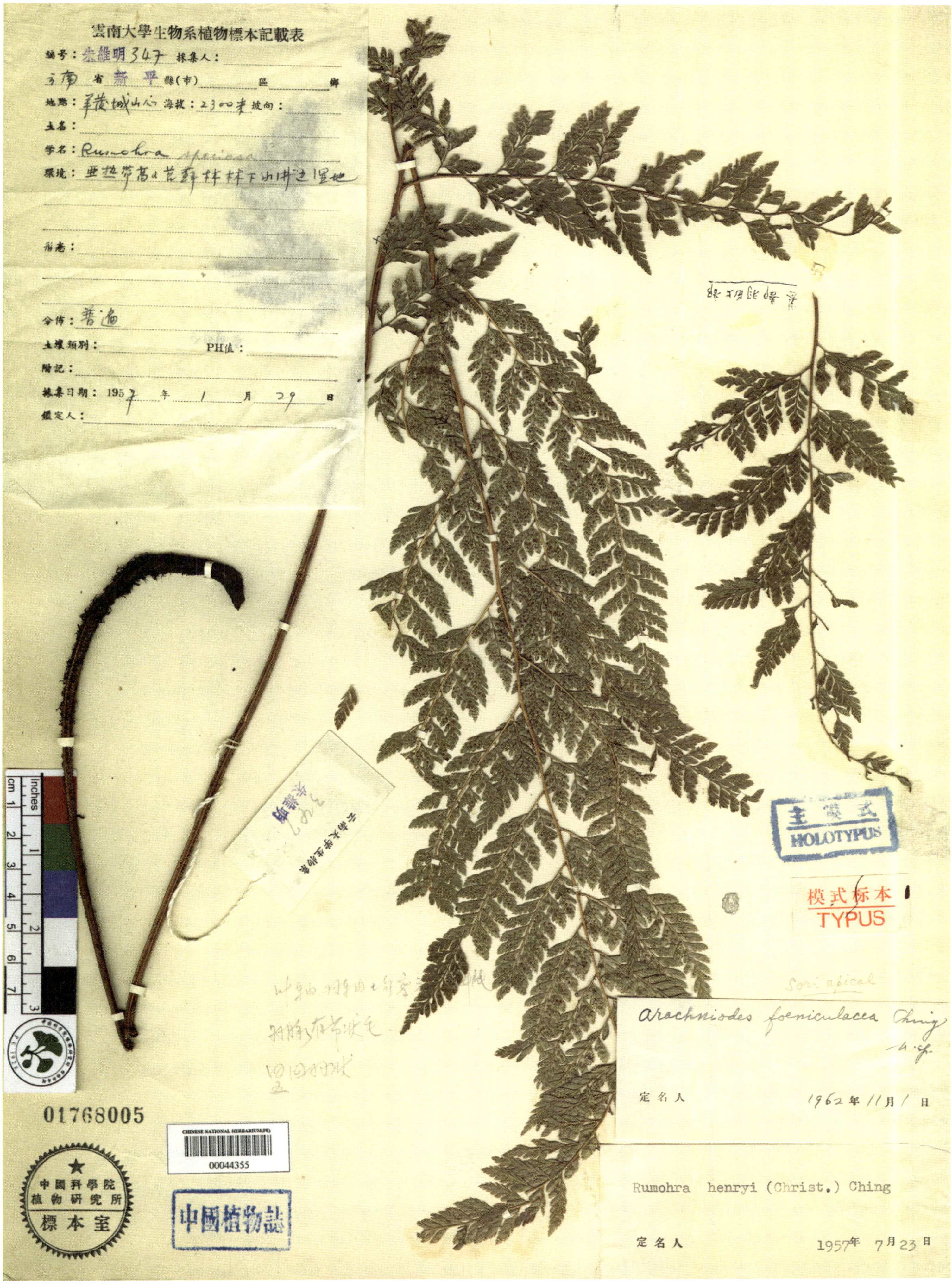

茴叶复叶耳蕨 ***Arachniodes foeniculacea*** Ching in Bull. Bot. Res., Harbin 6(3): 45. 1986. **Holotype:** China. Yunnan: Xinping, alt. 2 300 m, 1957-01-29, W. M. Chu 347.

福建复叶耳蕨 ***Arachniodes fujiangensis*** Ching in Bull. Bot. Res., Harbin 6(3): 29, pl. 6: 2. 1986.**Holotype:** China. Fujian: Nanping, 1958-09-05, Fudan Univ. Exped. s. n.

佛特山复叶耳蕨 ***Arachniodes futeshanensis*** Y. T. Hsieh in Bull. Bot. Res., Harbin 6(4): 5. 1986. **Holotype:** China. Yunnan: Guangtong, alt. 1 600 m, 1955-03-??, W. M. Chu 21.

高大复叶耳蕨 ***Arachniodes gigantea*** Ching in Bull. Bot. Res., Harbin 6(3): 66. 1986.**Holotype:** China. Yunnan: Luchun, alt. 1 450 m, 1976-06-09, W. M. Chu & al. 6588.

贡山复叶耳蕨 ***Arachniodes gongshanensis*** Ching & Y. T. Hsieh in Bull. Bot. Res. Harbin 6(3): 68, pl. 8: 4. 1986.
Holotype: China. Yunnan: Gongshan, alt. 1 900 ～ 2 000 m, 1940-09-04, K. M. Feng 7341.

渐尖复叶耳蕨 ***Arachniodes gradata*** Ching in Bull. Bot. Res., Harbin 6(3): 39. 1986.**Holotype:** China. Zhejiang: Qingyuan, alt. 800 m, 1981-10-05, C. F. Zhang 6864.

广南复叶耳蕨 ***Arachniodes guangnanensis*** Y. T. Hsieh in Bull. Bot. Res., Harbin 4(4): 106, photo. 3. 1984. **Holotype:** China. Yunnan: Guangnan, alt. 1 060m, 1977-12-31, Z. R. Wang 438.

广通复叶耳蕨 ***Arachniodes guangtongensis*** Ching in Bull. Bot. Res., Harbin 6(3): 58, pl. 8: 1. 1986. **Holotype:** China. Yunnan: Guangtong (=Lufeng), alt. 1 600 m, 1955-03-??, W. M. Chu 21.

广西复叶耳蕨 ***Arachniodes guangxiensis*** Ching in Bull. Bot. Res., Harbin 6(3): 27. 1986. **Holotype:** China. Guangxi: Huajiang, 1953-06-03, Guangxi Exped. 1139.

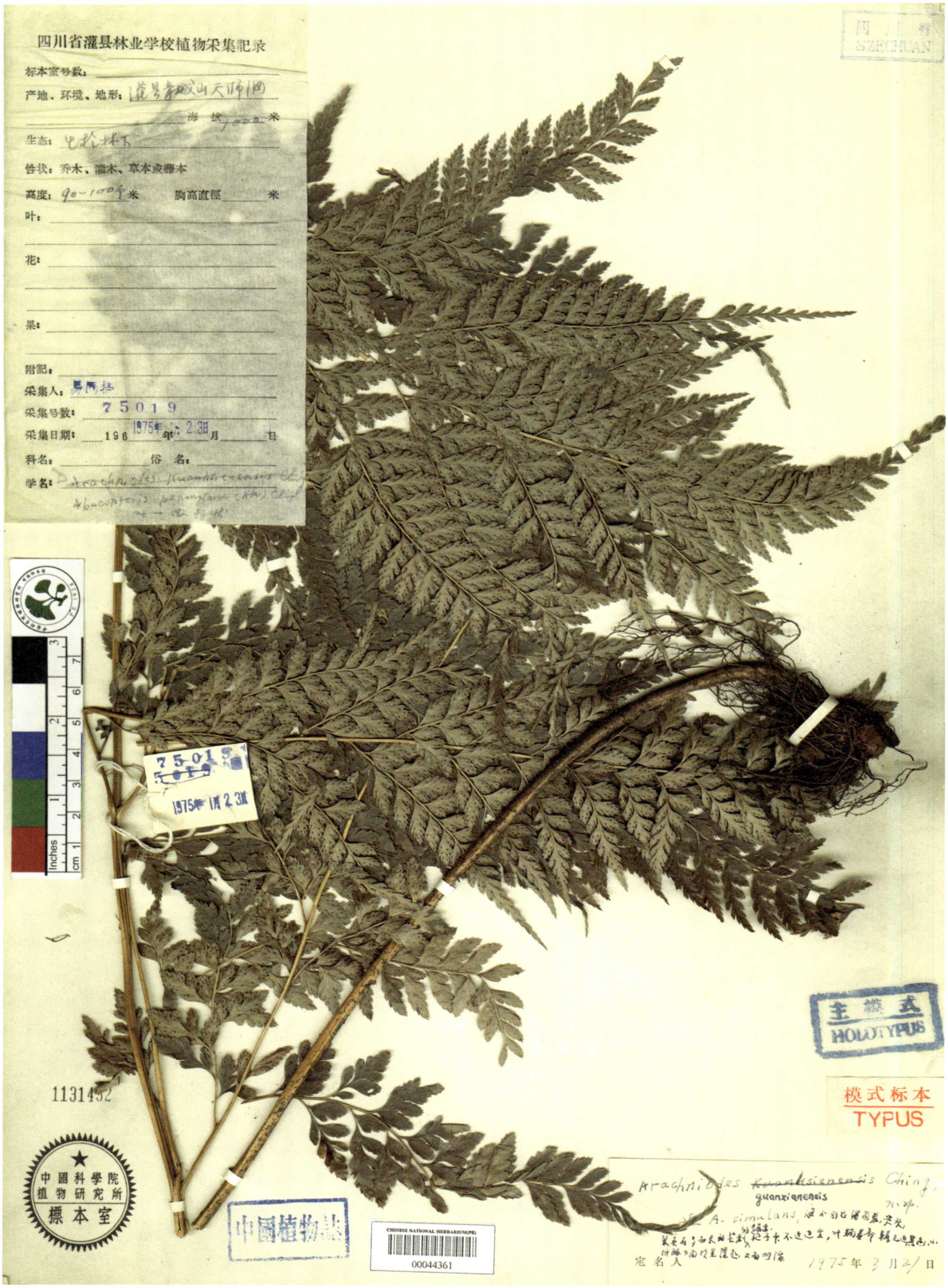

灌县复叶耳蕨 ***Arachniodes guanxianensis*** Ching in Bull. Bot. Res., Harbin 6(3): 50. 1986. **Holotype:** China. Sichuan: Guanxian (=Dujiangyan), alt. 1 000 m, 1975-01-23, T. P. Yi 75019.

河口复叶耳蕨 ***Arachniodes hekouensis*** Ching in Bull. Bot. Res., Harbin 6(3): 57, pl. 7: 4. 1986.**Holotype:** Yunnan: Hekou, alt. 800 m, 1974-04-13, W. M. Chu 5763.

河源复叶耳蕨 ***Arachniodes heyuanensis*** Ching in Bull. Bot. Res., Harbin 6(3): 9, pl. 2：3. 1986. **Holotype:** China. Guangdong: Heyuan alt. 450 m, 1958-06-27, C. F. Wei 120662.

花坪复叶耳蕨 ***Arachniodes huapingensis*** Ching & P. S. Chiu ex Ching in Bull. Bot. Res., Harbin 6(3): 53, pl. 7: 2. 1986.
Holotype: China. Guangxi: Longsheng, alt. 400 m, 1977-06-16, P. S. Chiu 4587.

湖南复叶耳蕨 ***Arachniodes hunanensis*** Ching in Bull. Bot. Res., Harbin 6(3): 10, pl. 2: 4. 1986. **Holotype:** China. Hunan: Daoxian, 1959-06-30, P. C. Tam 61652.

壶瓶山复叶耳蕨 ***Arachniodes hupingshanensis*** S. F. Wu, Key Vasc. Pl. Wuling Mt. 572. 1995. **Holotype:** China. Hunan: Shimen, alt. 700 m, 1987-12-01, S. F. Wu S1243.

江西复叶耳蕨 ***Arachniodes jiangxiensis*** Ching in Bull. Bot. Res., Harbin 6(3): 43. 1986. **Holotype:** China. Jiangxi: Xiushui, alt. 520 m, 1981-10-15, Xiushui Exped. 8110335.

金佛山复叶耳蕨 ***Arachniodes jinfoshanensis*** Ching in Bull. Bot. Res., Harbin 6(3): 11, pl. 3: 1. 1986. **Holotype:** China. Chongqing: Nanchuan, alt. 2 100 m, 1957-06-14, G. F. Li 61909.

九龙山复叶耳蕨 ***Arachniodes jiulungshanensis*** Ching in Bull. Bot. Res., Harbin 2(2): 67, pl. 2: 3. 1982. **Holotype:** China. Zhejiang: Suichang, alt. 600 m, 1980-11-03, G. H. Yao 6031.

灰脉复叶耳蕨 ***Arachniodes leuconeura*** Ching in Bull. Bot. Res., Harbin 6(3): 12, pl. 3: 2. 1986.**Holotype:** China. Chongqing: Beibei, 1957-10-10, C. Z. Liu & al. 10075.

长羽复叶耳蕨 ***Arachniodes longipinna*** Ching in Bull. Bot. Res., Harbin 6(3): 13, pl. 3: 3. 1986. **Holotype:** China. Guangxi: Lingyun, alt. 1 130 m, 1928-08-11, R. C. Ching 6820.

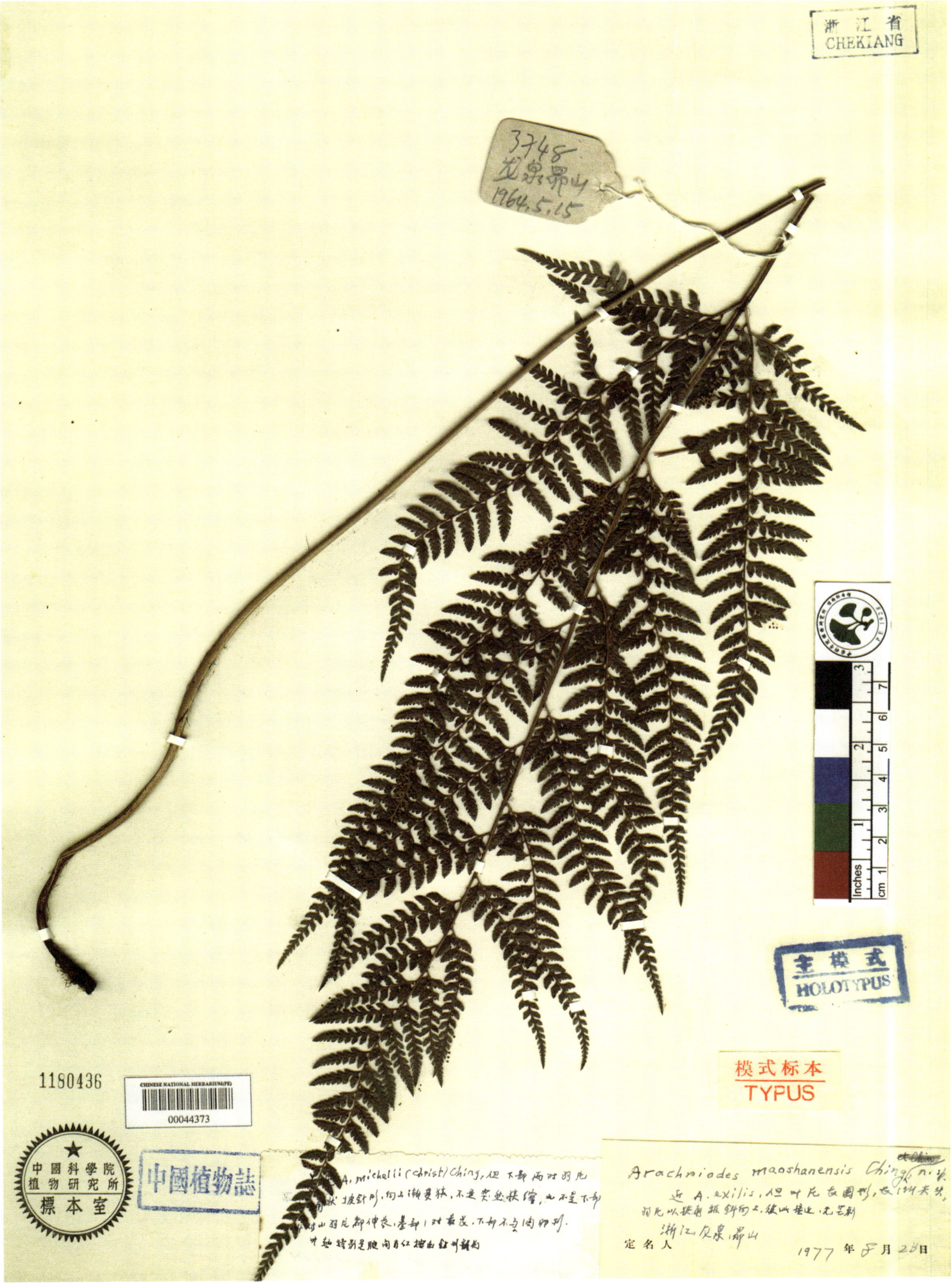

昴山复叶耳蕨 ***Arachniodes maoshanensis*** Ching in Bull. Bot. Res., Harbin 6(3): 54, pl. 7: 3. 1986. **Holotype:** China. Zhejiang: Longquan, 1964-05-15, P. S. Chiu 3748.

蒙自复叶耳蕨 ***Arachniodes mengziensis*** Ching in Bull. Bot. Res., Harbin 6(3): 14, pl. 3: 4. 1986. **Holotype:** China. Yunnan: Mengzi, alt. 1 000 m, 1962-08-12, S. K. Wu 3969.

多裂复叶耳蕨 ***Arachniodes multifida*** Ching in Bull. Bot. Res., Harbin 6(3): 15, pl. 4: 1. 1986. **Holotype:** China. Sichuan: Emei, Emeishan, alt. 600 m, 1963-09-20, K. H. Shing & K. Y. Lang 1895.

泥巴山复叶耳蕨 ***Arachniodes nibashanensis*** Y. T. Hsieh in Bull. Bot. Res., Harbin 6(4): 7, photo. 4. 1986. **Holotype:** China. Sichuan: Daxiangling, alt. 950 m, 1964-08-13, H. S. Kung 4157.

亮叶复叶耳蕨 ***Arachniodes nitidula*** Ching in Bull. Bot. Res., Harbin 6(3): 59, pl. 8: 2. 1986. **Holotype:** China. Yunnan: Xishuangbanna, alt. 1 200 m, 1955-04-14, K. M. Feng 20329.

钝裂复叶耳蕨 ***Arachniodes obtusiloba*** Ching & C. H. Wang in Acta Phytotax. Sin. 9(4): 369. 1964. **Holotype:** China. Hainan: Dingan, 1933-12-19, C. Wang 35604.

钝小羽复叶耳蕨***Arachniodes obtusipinnula*** Ching & Y. T. Xie ex Y. T. Xie in Acta Phytotax. Sin. 22(2): 160, pl. 1: 1. 1984. **Holotype:** China. Yunnan: Precise locality not known, (1939-1940)-??-??, C. W. Wang & Y. Liu 82041.

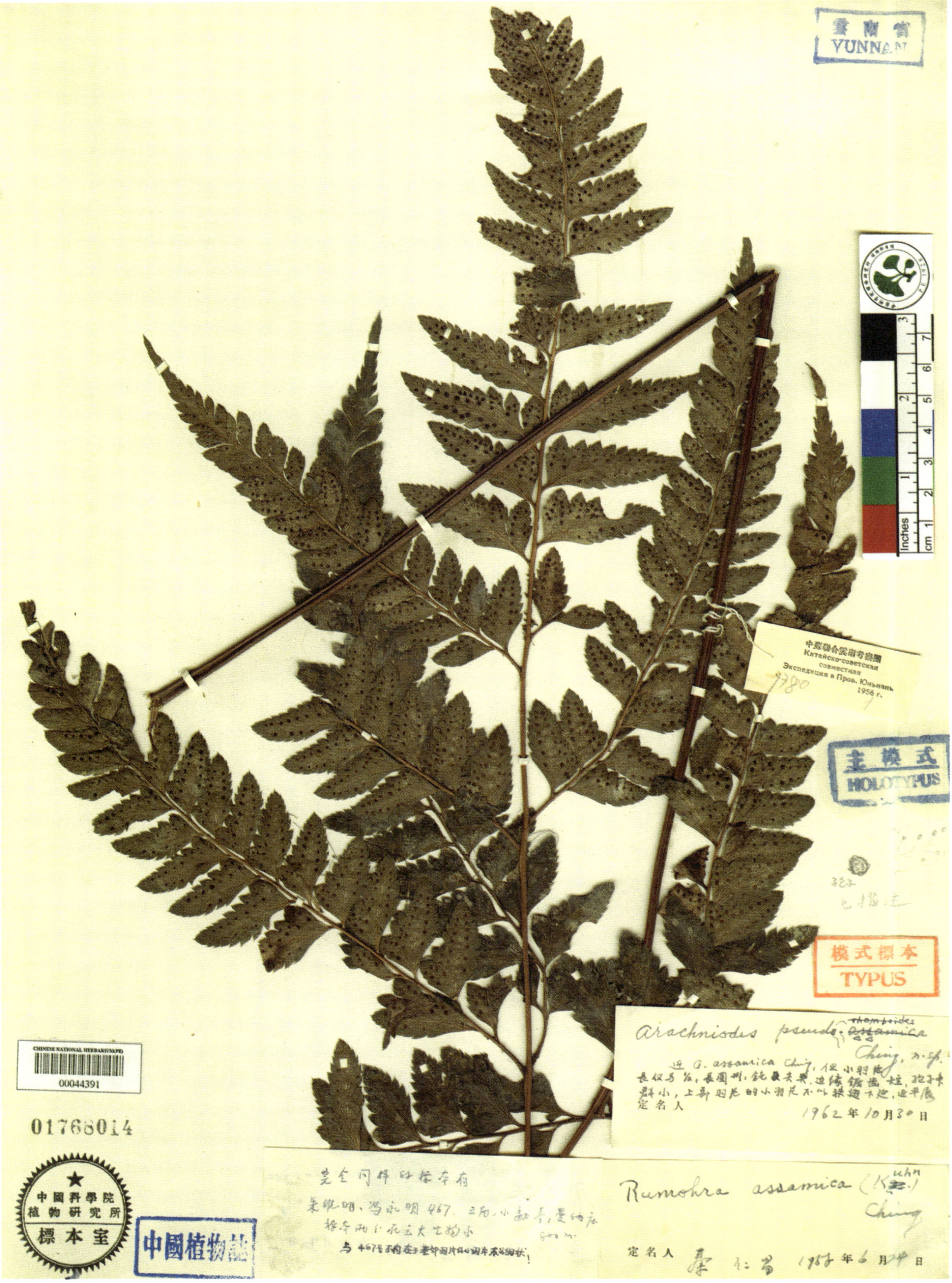

假西南复叶耳蕨 ***Arachniodes pseudo-assamica*** Ching in Bull. Bot. Res., Harbin 6(3): 16, pl. 4: 2. 1986.**Holotype:** China. Yunnan: Xiaomengyang (=Jinghong), 1956-07-??, Sino-Russia Yunnan Exped. 7780.

浅耳复叶耳蕨 ***Arachniodes pseudocavalerii*** Ching in Acta Phytotax. Sin. 9(4): 367. 1964. **Holotype:** China. Fujian: Pinghe, alt. 800 m, 1954-04-16, H. C. Cheo F1.

假长羽复叶耳蕨 ***Arachniodes pseudo-longipinna*** Ching in Bull. Bot. Res., Harbin 6(3): 17. 1986. **Holotype:** China. Guangxi: Precise locality not known, 1964-05-13, Anonymous 1.

缩羽复叶耳蕨 ***Arachniodes reducta*** Y. T. Hsieh & Y. P. Wu in Bull. Bot. Res., Harbin 4(2): 105, photo. 2. 1984.
Holotype: China. Zhejiang: Daishen, alt. 750 m, 1981-05-??, P. S. Chiu & Y. P. Wu 6221.

半育复叶耳蕨 ***Arachniodes semifertilis*** Ching in Bull. Bot. Res., Harbin 6(3): 18, pl. 4: 3. 1986. **Holotype:** China. Chongqing: Beibei, 1956-06-01, Sichuan-Guizhou Exped. 520.

长刺复叶耳蕨 ***Arachniodes setifera*** Ching in Bull. Bot. Res., Harbin 6(3): 52, pl. 7: 1. 1986. **Holotype:** China. Guangxi: Wuming, Damingshan, S. S. Hu Q10 (1).

双柏复叶耳蕨 ***Arachniodes shuangbaiensis*** Ching in Bull. Bot. Res., Harbin 6(3): 21, pl. 5: 1. 1986. **Holotype:** China. Yunnan: Shuangbai, alt. 1 750 m, 1965-10-22, W. M. Chu 4150.

四川复叶耳蕨 ***Arachniodes sichuanensis*** Ching in Bull. Bot. Res., Harbin 6(3): 36. 1986. **Holotype:** China. Sichuan: Emei, Emeishan, alt. 1 040 m, 1980-08-27, Z. R. Wang & Z. X. Zhang C143.

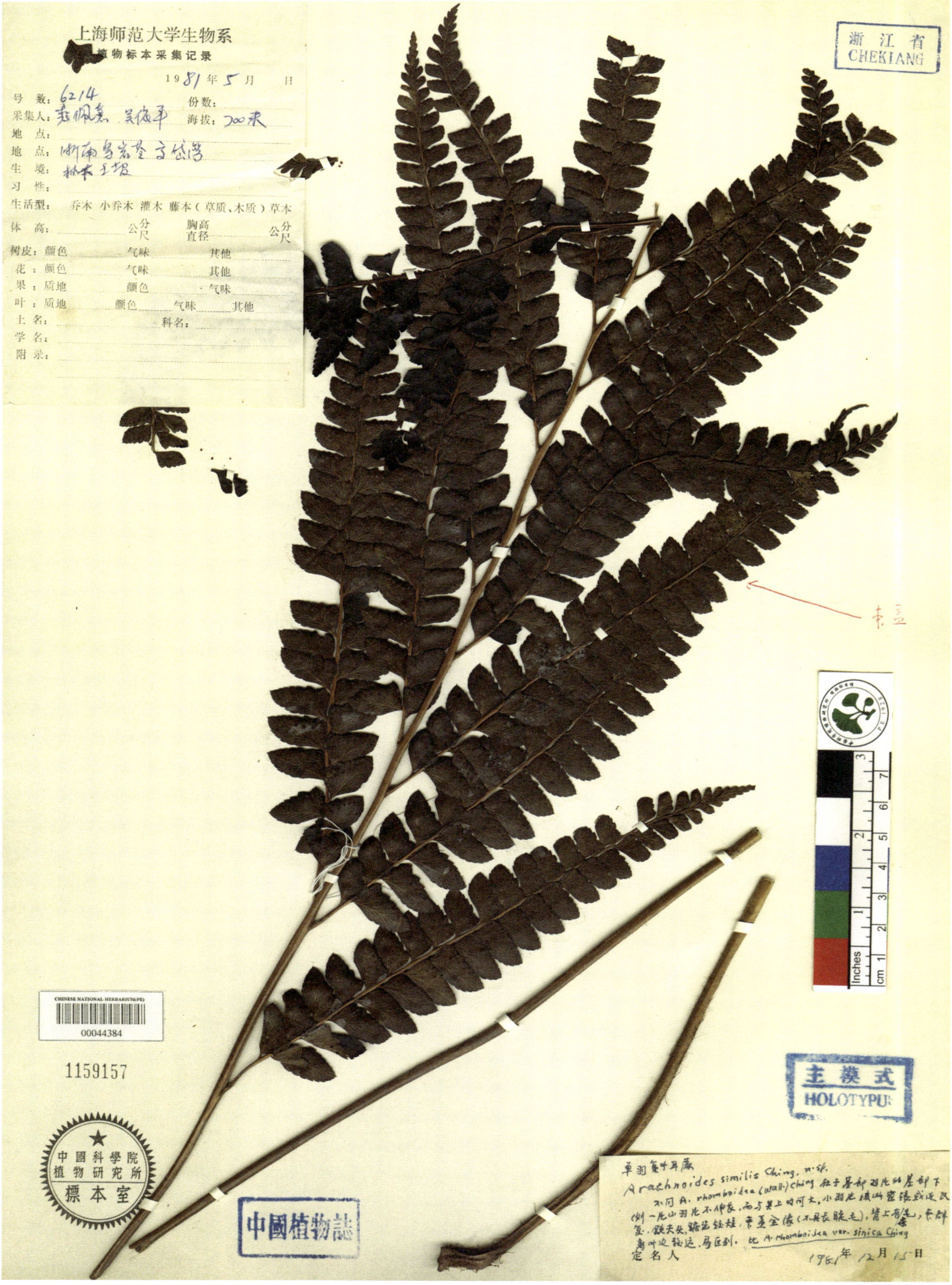

相似复叶耳蕨 ***Arachniodes similis*** Ching in Bull. Bot. Res., Harbin 6(3): 19, pl. 4: 4. 1986. **Holotype:** China. Zhejiang: Taishun, alt. 200 m, 1981-05- ??, P. S. Chiu & Y. P. Wu 6214.

滇西复叶耳蕨 ***Arachniodes sino-aristata*** Ching in Bull. Bot. Res., Harbin 6(3): 20. 1986. **Holotype:** China. Yunnan: W Yunnan, Precise locality not known, 1952-??-??, R. C. Ching 50696.

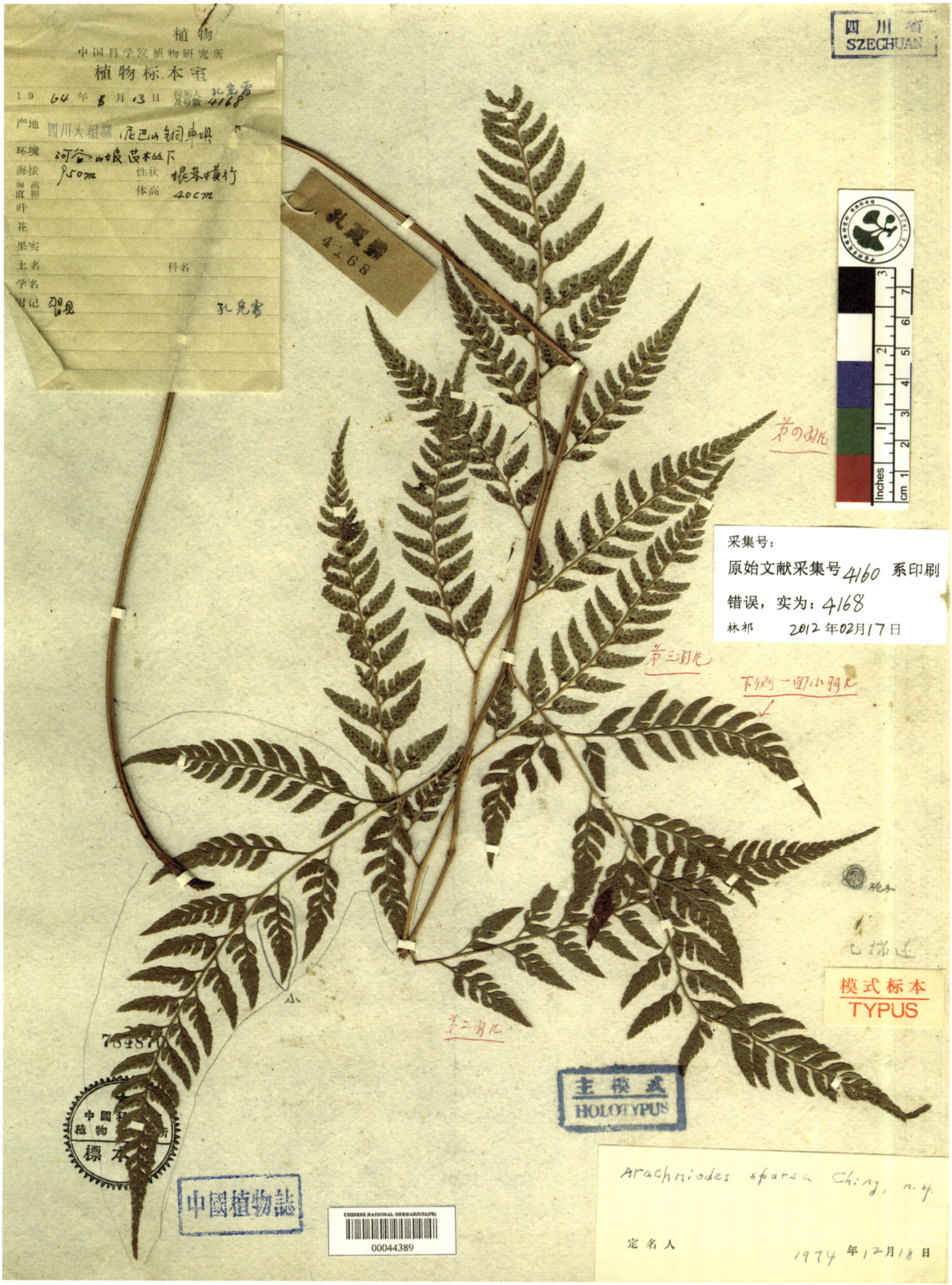

疏羽复叶耳蕨 ***Arachniodes sparsa*** Ching in Bull. Bot. Res., Harbin 6(3): 22, pl. 5: 2. 1986. **Holotype:** China. Sichuan: Daxiangling, alt. 950 m, 1964-08-13, H. S. Kung 4168.

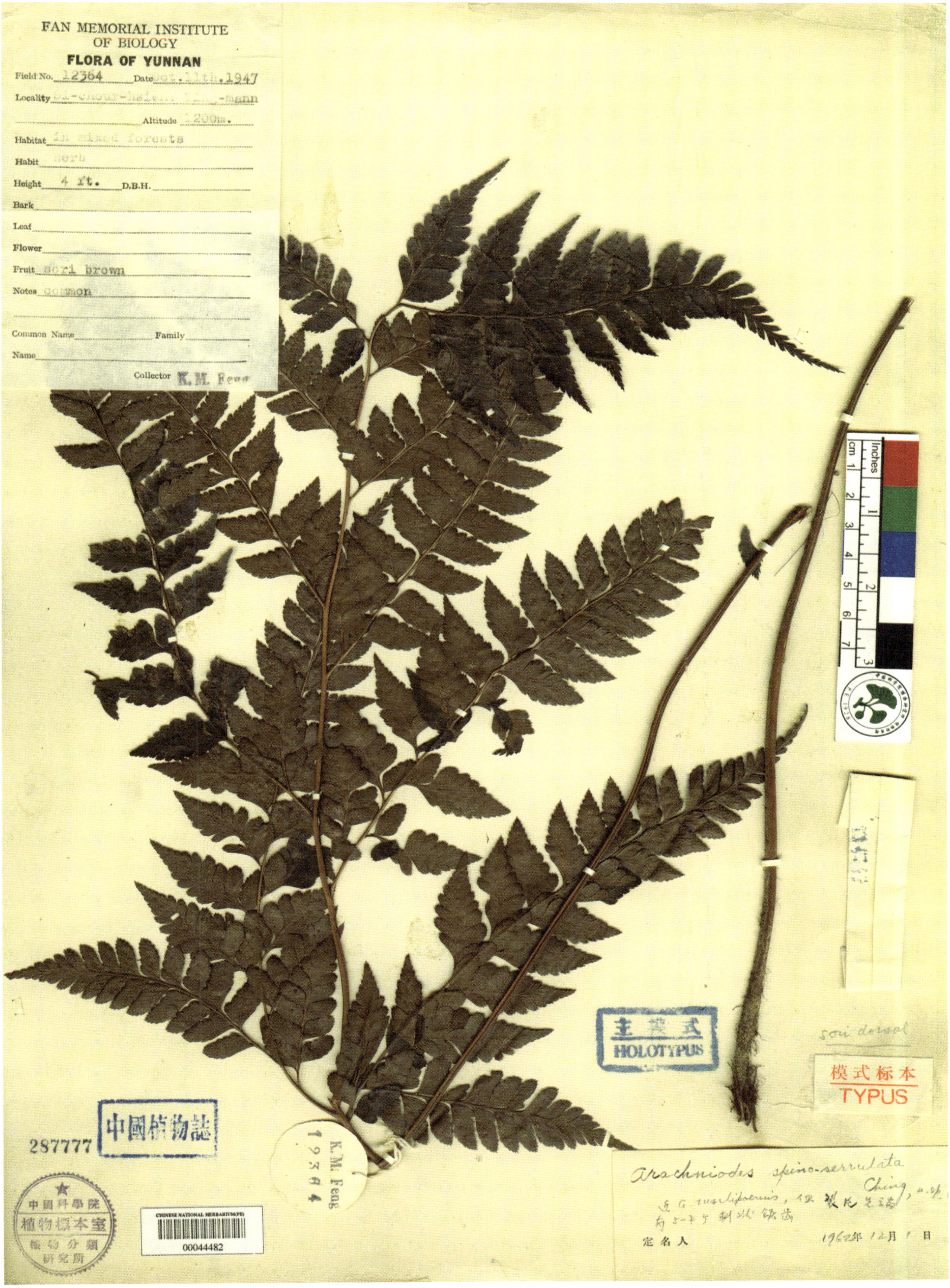

刺齿复叶耳蕨 ***Arachniodes spino-serrulata*** Ching in Bull. Bot. Res., Harbin 6(3): 46, pl. 6: 4. 1986. **Holotype:** China. Yunnan: Xichou, alt. 1 200 m, 1947-10-11, K. M. Feng 12364.

近多羽复叶耳蕨 ***Arachniodes subamoena*** Ching in Bull. Bot. Res., Harbin 6(3): 51. 1986. **Holotype:** China. Yunnan: S Yunnan, Precise locality not known, 1956-??-??, Sino-Russia Yunnan Exped. 2578.

近刺复叶耳蕨 ***Arachniodes subaristata*** Ching & Y. T. Hsieh in Bull. Bot. Res., Harbin 4(4): 103, photo. 1. 1984.
Holotype: China. Yunnan: Guangnan, alt. 920 m, 1978-01-02, Z. R. Wang 452.

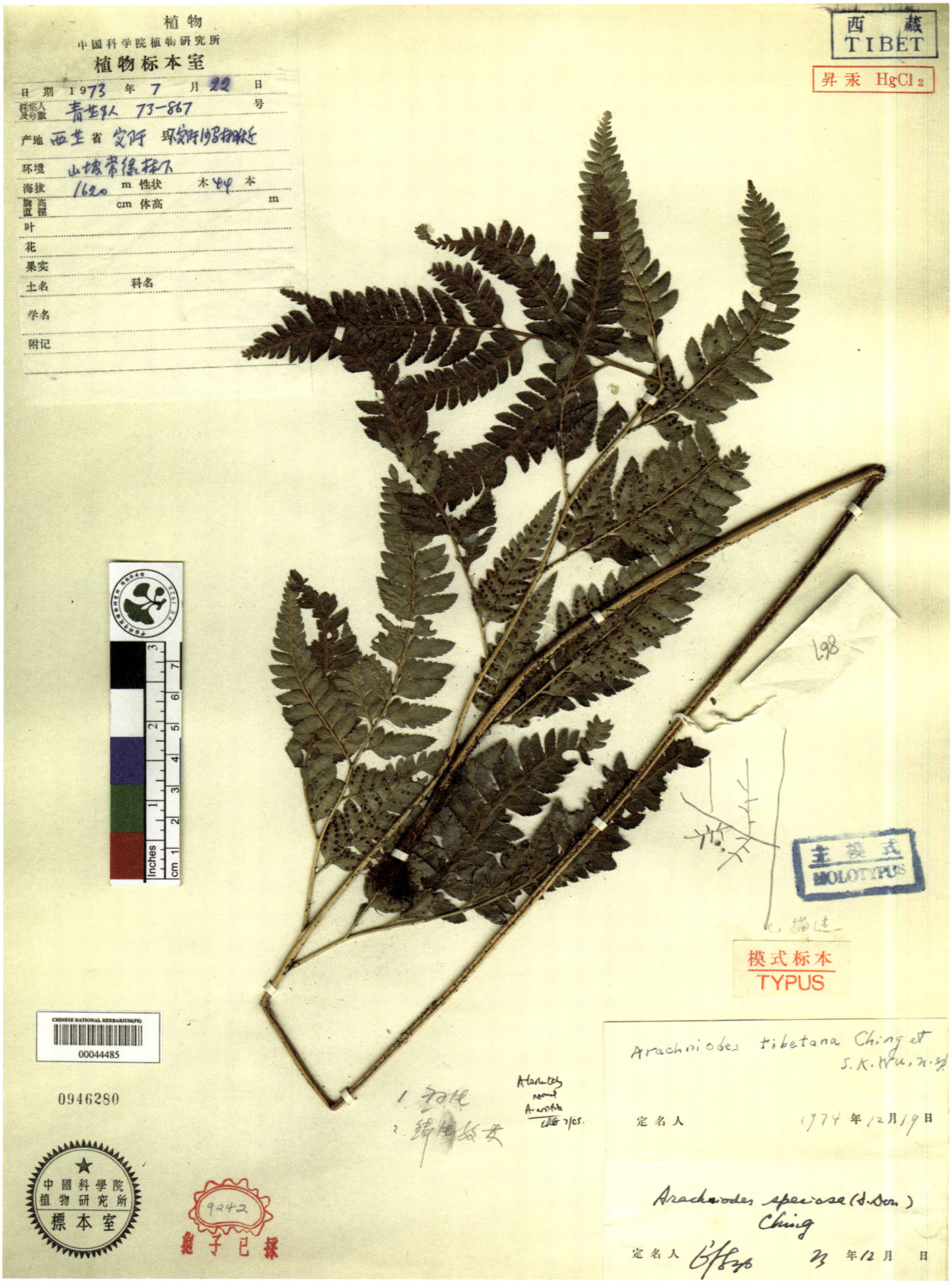

西藏复叶耳蕨 ***Arachniodes tibetana*** Ching & S. K. Wu, Fl. Xizang. 1: 243, f. 59: 3-4, pl. 6: 9-10. 1983. **Holotype:** China. Xizang: Zayü, alt. 1 620 m, 1973-07-22, Qinghai-Xizang Exped. 867.

阔基复叶耳蕨 ***Arachniodes triangularis*** Ching in Bull. Bot. Res., Harbin 6(3): 26, pl. 6: 1. 1986. **Holotype:** China. Yunnan: Xichou, alt. 1 300~1 500 m, 1947-10-12, K. M. Feng 12373.

竖直复叶耳蕨 ***Arachniodes valida*** Y. T. Hsieh in Acta Bot. Yunnan. 5(1): 56. 1983. **Holotype:** China. Yunnan: Jinping, alt. 800 m, 1956-??-??, Sino-Russia Yunnan Exped. 2575.

武陵山复叶耳蕨 ***Arachniodes wulingshanensis*** S. F. Wu, Key Vasc. Pl. Wuling Mt. 572, pl. 5. 1995. **Holotype:** China. Hunan: Yongshun, alt. 250 ～ 350 m, 1988-05-31, Beijing Exped. 00745.

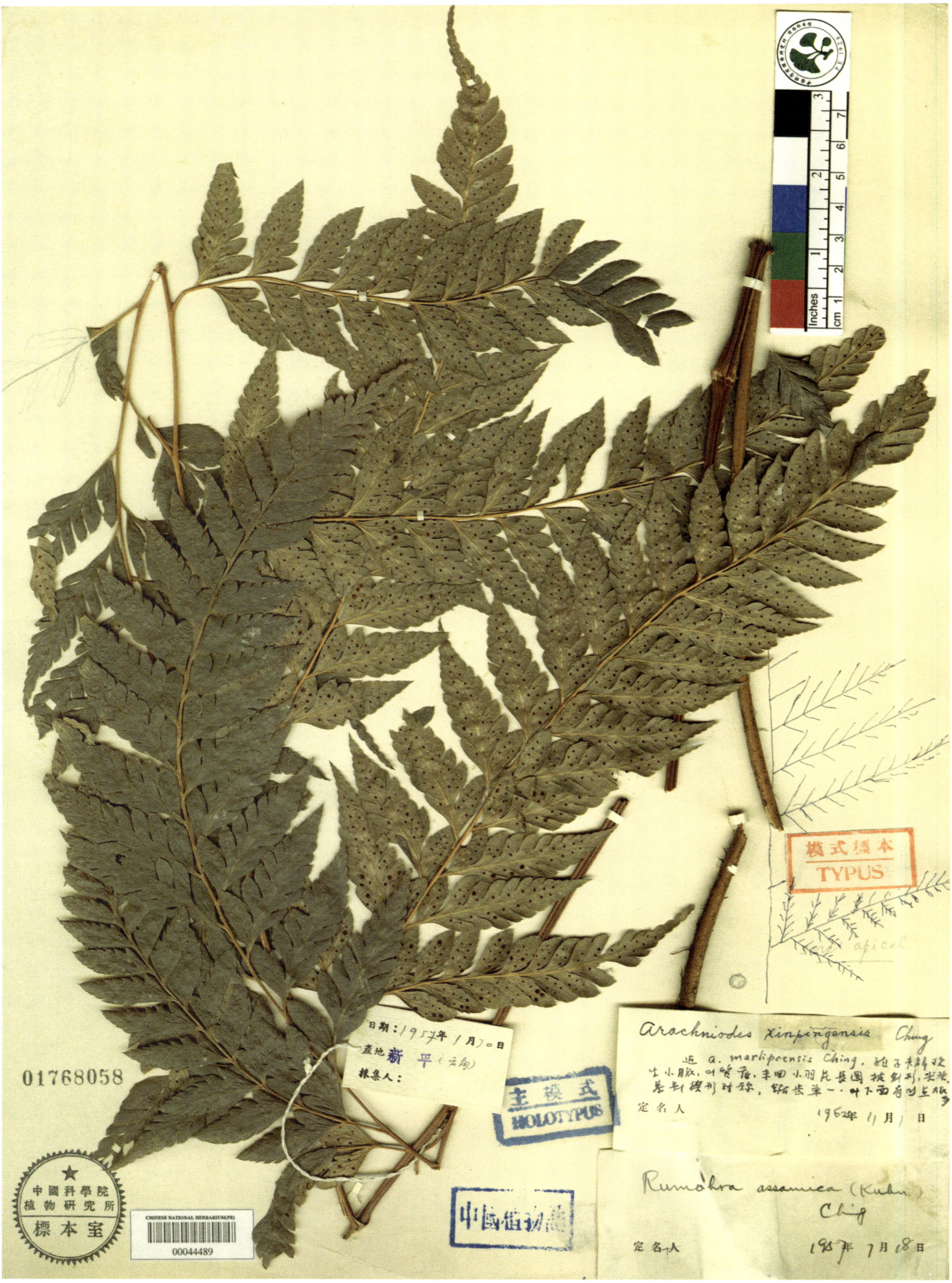

新平复叶耳蕨 ***Arachniodes xinpingensis*** Ching in Bull. Bot. Res., Harbin 6(3): 23, pl. 5: 3. 1986. **Holotype:** China. Yunnan: Xinping, 1957-01-30, W. M. Chu 332.

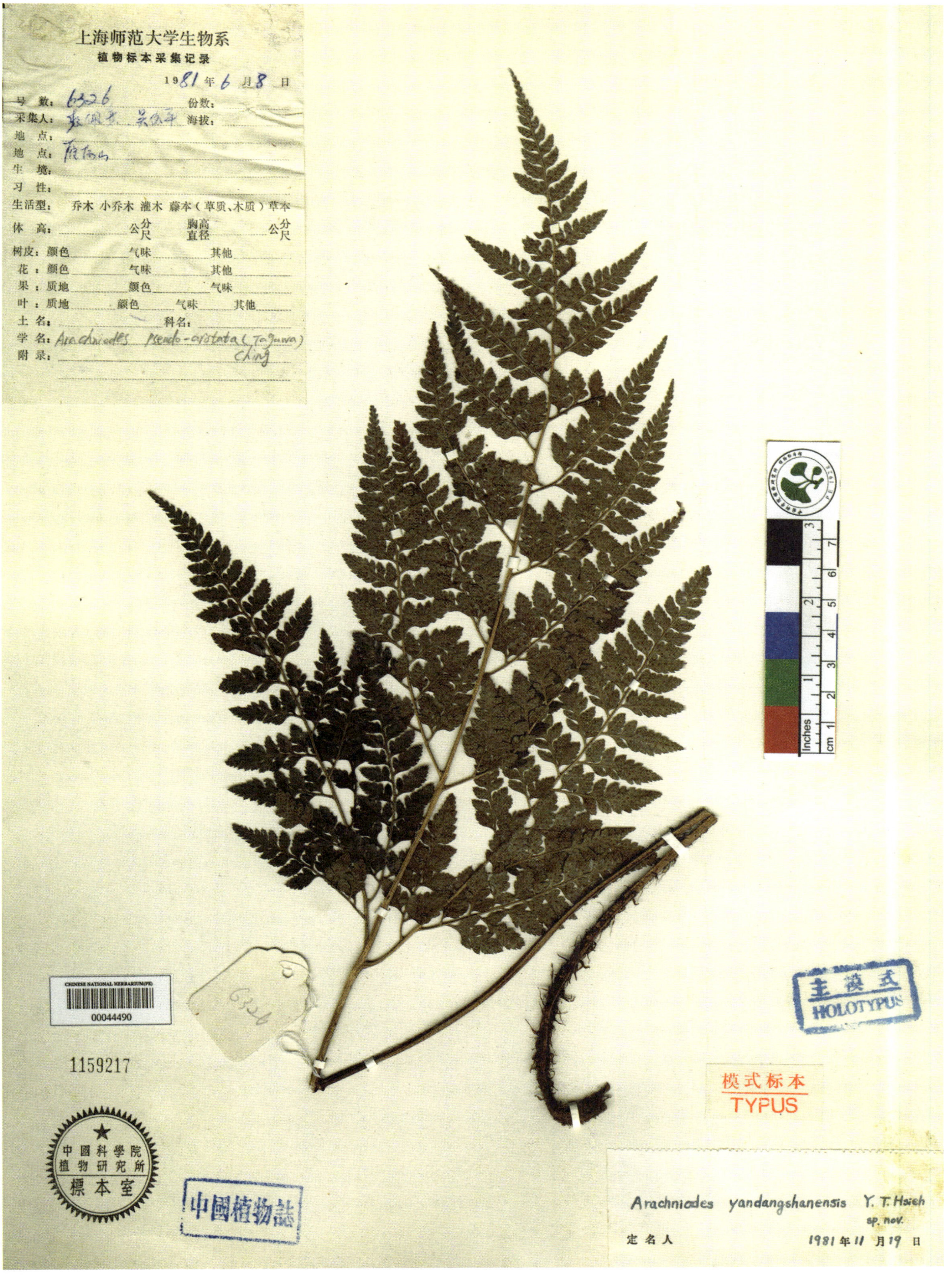

雁荡山复叶耳蕨 ***Arachniodes yandangshanensis*** Y. T. Xie in Acta Phytotax. Sin. 22(2): 161, pl. 1: 3. 1984. **Holotype:** China. Zhejiang: Yandangshan, alt. 850 m, 1981-06-08, P. S. Chiu & Y. P. Wu 6326.

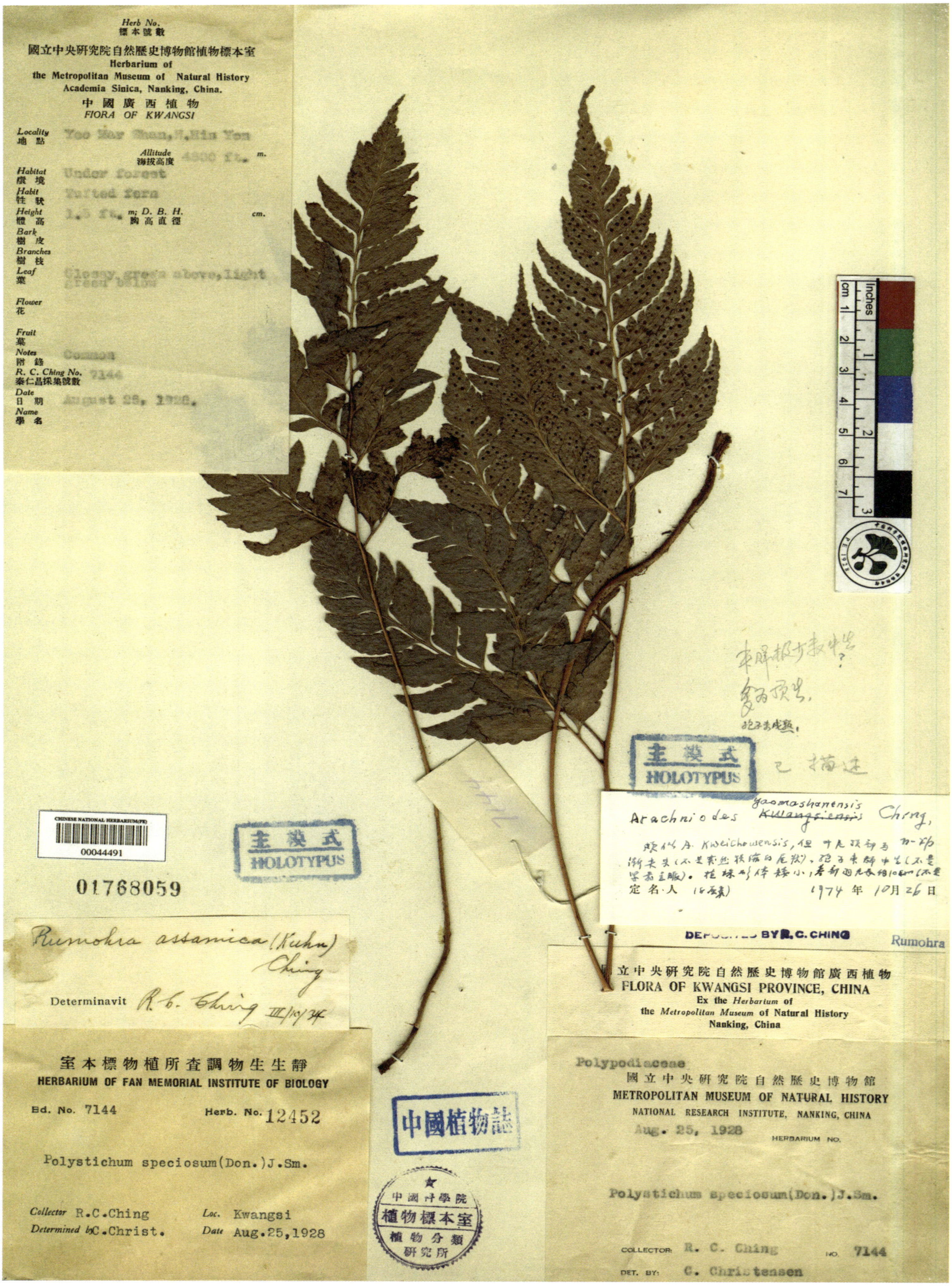

瑶马山复叶耳蕨 ***Arachniodes yaomashanensis*** Ching in Bull. Bot. Res., Harbin 6(3): 32. 1986. **Holotype:** China. Guangxi: Lingyun, alt. 1 600 m, 1928-08-25, R. C. Ching 7144.

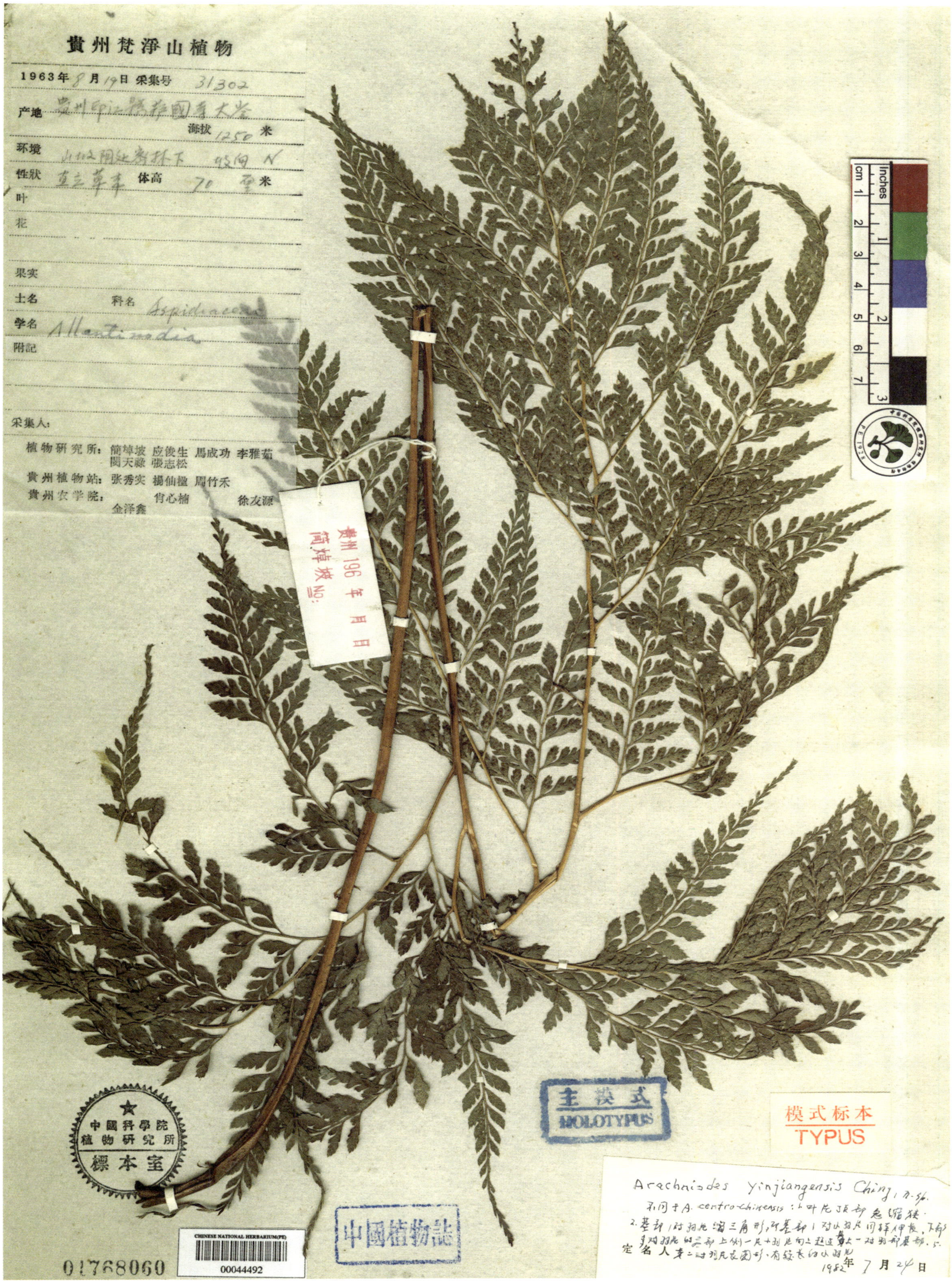

印江复叶耳蕨 ***Arachniodes yinjiangensis*** Ching in Bull. Bot. Res., Harbin 6(3): 44. 1986. **Holotype:** China. Guizhou: Yinjiang, alt. 1 250 m, 1963-08-19, Z. P. Jian & al. 31302.

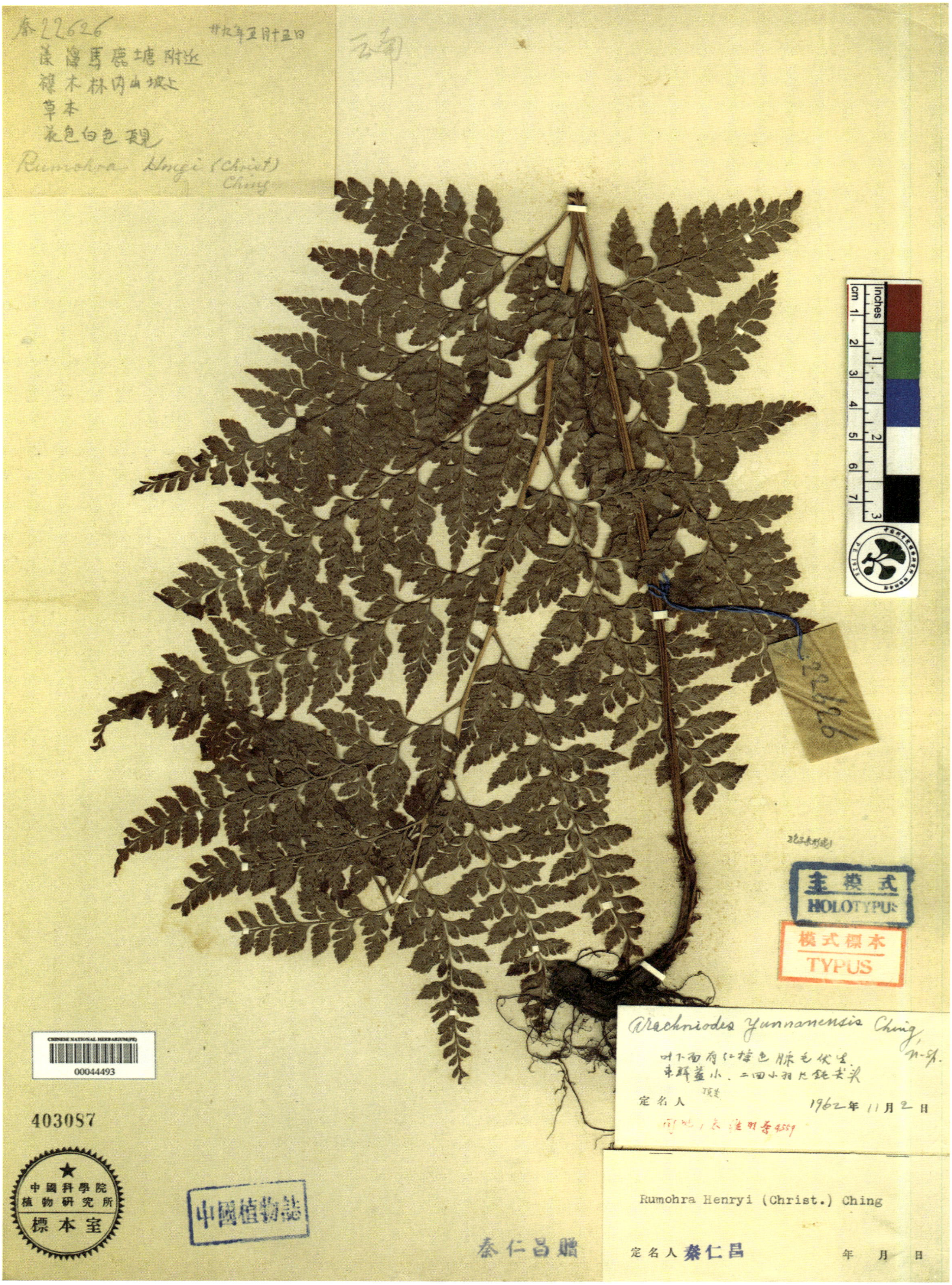

漾濞复叶耳蕨 ***Arachniodes yunnanensis*** Ching in Bull. Bot. Res., Harbin 6(3): 24, pl. 5: 4. 1986. **Holotype:** China. Yunnan: Yangbi, alt. 1 800 m, 1940-05-15, R. C. Ching 22626.

云栖复叶耳蕨 ***Arachniodes yunqiensis*** Y. T. Hsieh in Bull. Bot. Res., Harbin 6(4): 3. 1986. **Holotype:** China. Zhejiang: Hangzhou, 1963-11-18, P. S. Chiu 3463.

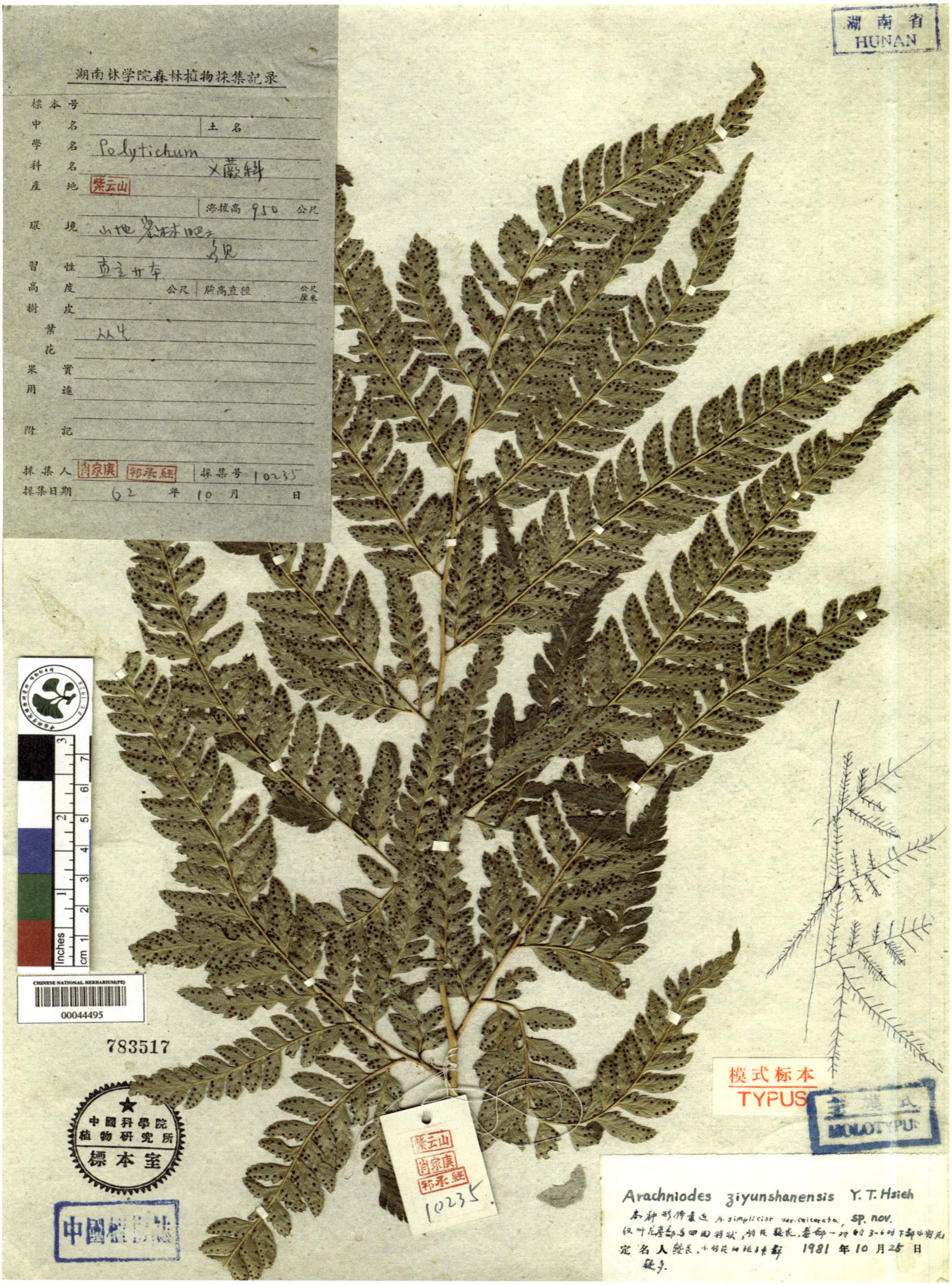

紫云山复叶耳蕨 ***Arachniodes ziyunshanensis*** Y. T. Xie in Acta Phytotax. Sin. 22(2): 162, pl. 1: 4. 1984. **Holotype:** China. Hunan: Ziyunshan, alt. 950 m, 1962-10-??, J. G. Xiao & C. J. Qi 10235.

离脉柳叶蕨 ***Cyrtogonellum caducum*** Ching in Bull. Fan Mem. Inst. Biol., Bot. Ser. 8: 330, pl. 7, f. 3. 1938. **Holotype:** China. Guangxi: Lingyun, alt. 1 130 m, 1928-08-02, R. C. Ching 6649.

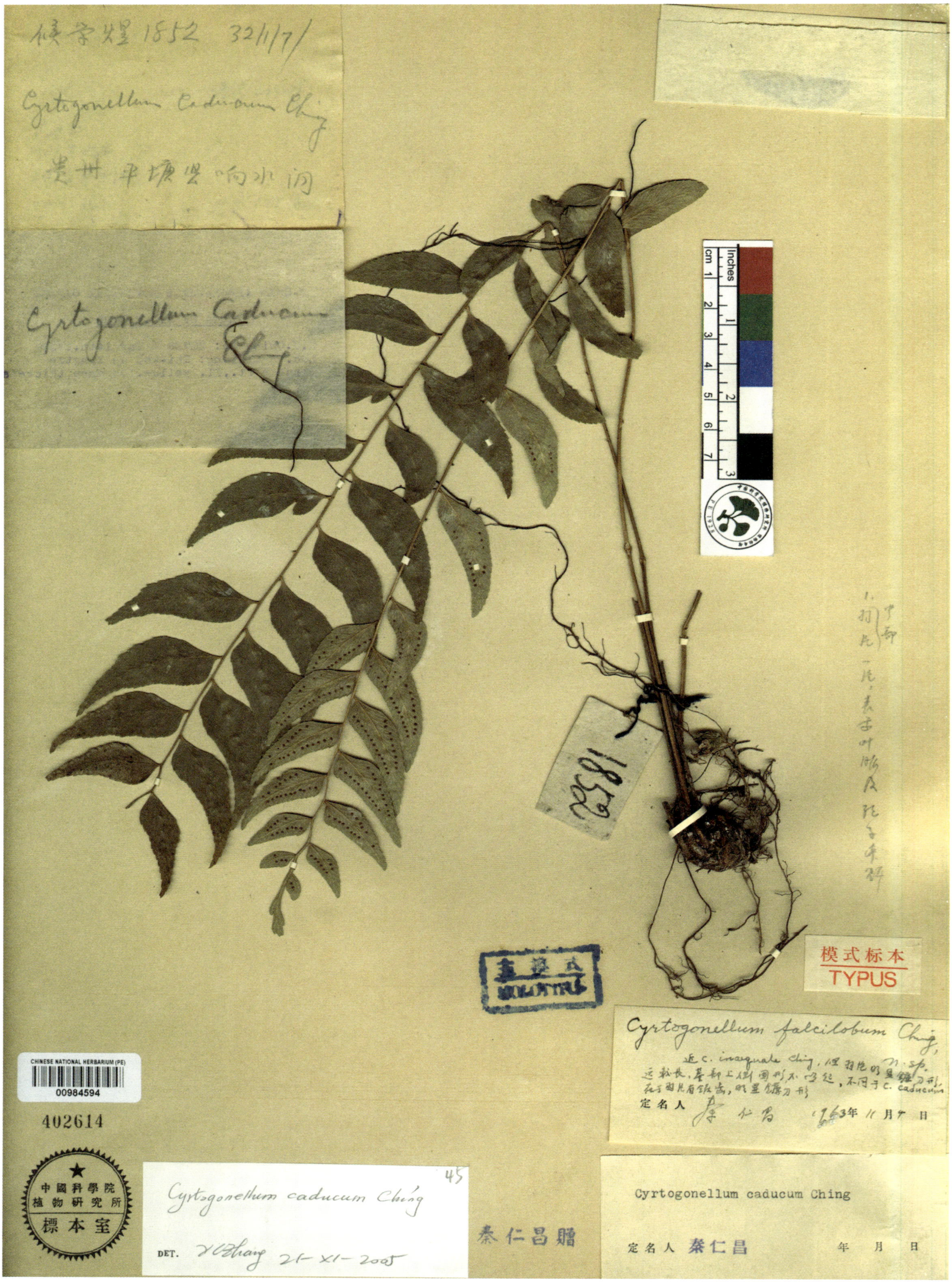

镰羽柳叶蕨 ***Cyrtogonellum falcilobum*** Ching ex Y. T. Hsieh in Bull. Bot. Res., Harbin 9(3): 17. 1989. **Holotype:** China. Guizhou: Pingtang, alt. 1 000~1 200 m, 1932-01-07, X. Y. Hou 1852.

峨眉柳叶蕨 ***Cyrtogonellum omeiense*** Ching ex Y. T. Hsieh in Bull. Bot. Res., Harbin 9(3): 15, photo. 1. 1989. **Holotype:** China. Sichuan: Emei, Emeishan, alt. 900 m, 1940-04-02, T. C. Lee 4518.

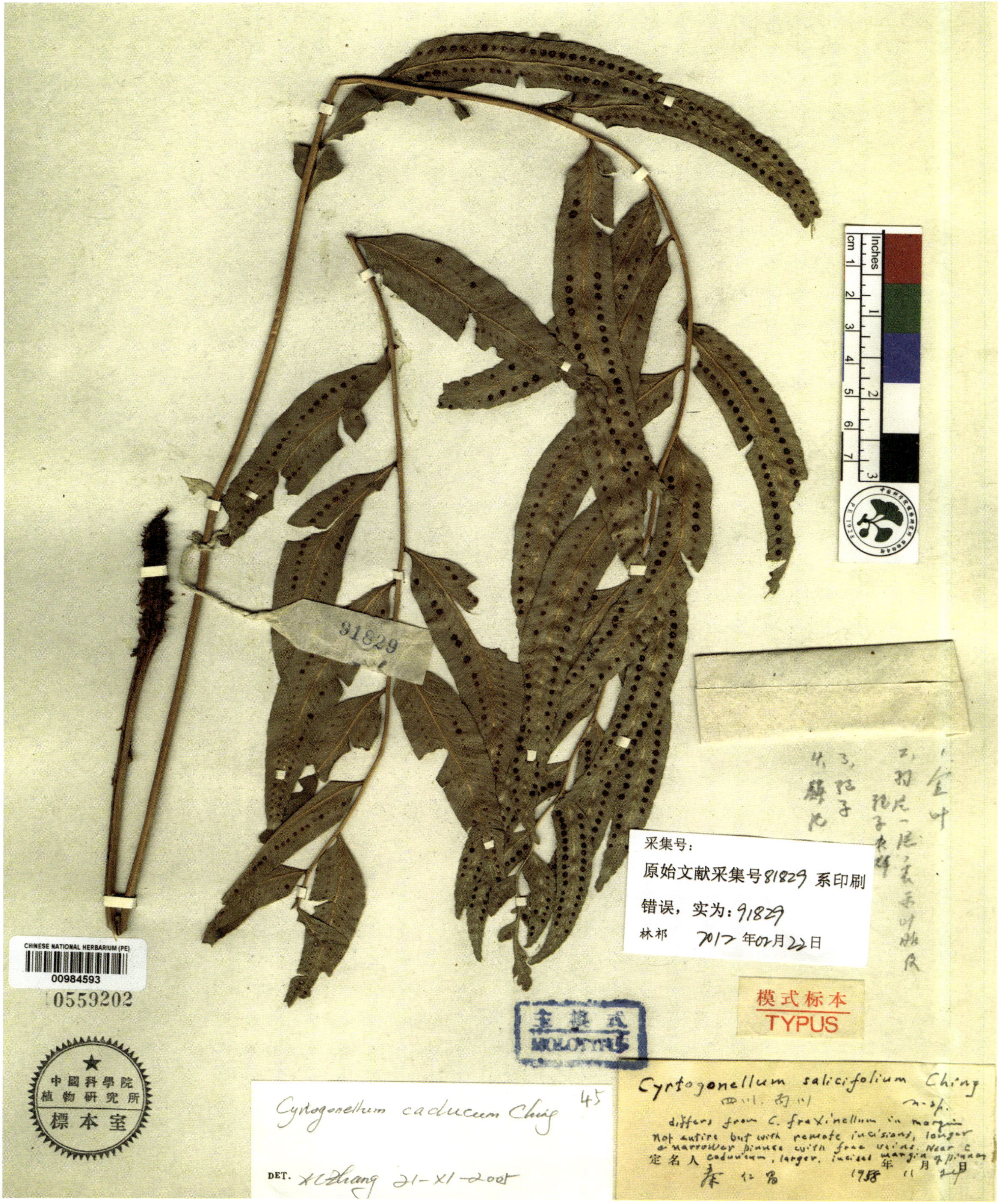

弓羽柳叶蕨 ***Cyrtogonellum salicifolium*** Ching & Y. T. Hsieh in Bull. Bot. Res., Harbin 9(3): 16, photo. 3. 1989. **Holotype:** China. Chongqing: Nanchuan, alt. 1 000 m, J. H. Xiong 91829.

相似柳叶蕨 ***Cyrtogonellum simile*** Ching ex Y. T. Hsieh in Bull. Bot. Res., Harbin 9(3): 16, photo. 2. 1989. **Holotype:** China. Yunnan: Precise locality not known, (1939-1940)-??-??, C. W. Wang 82097.

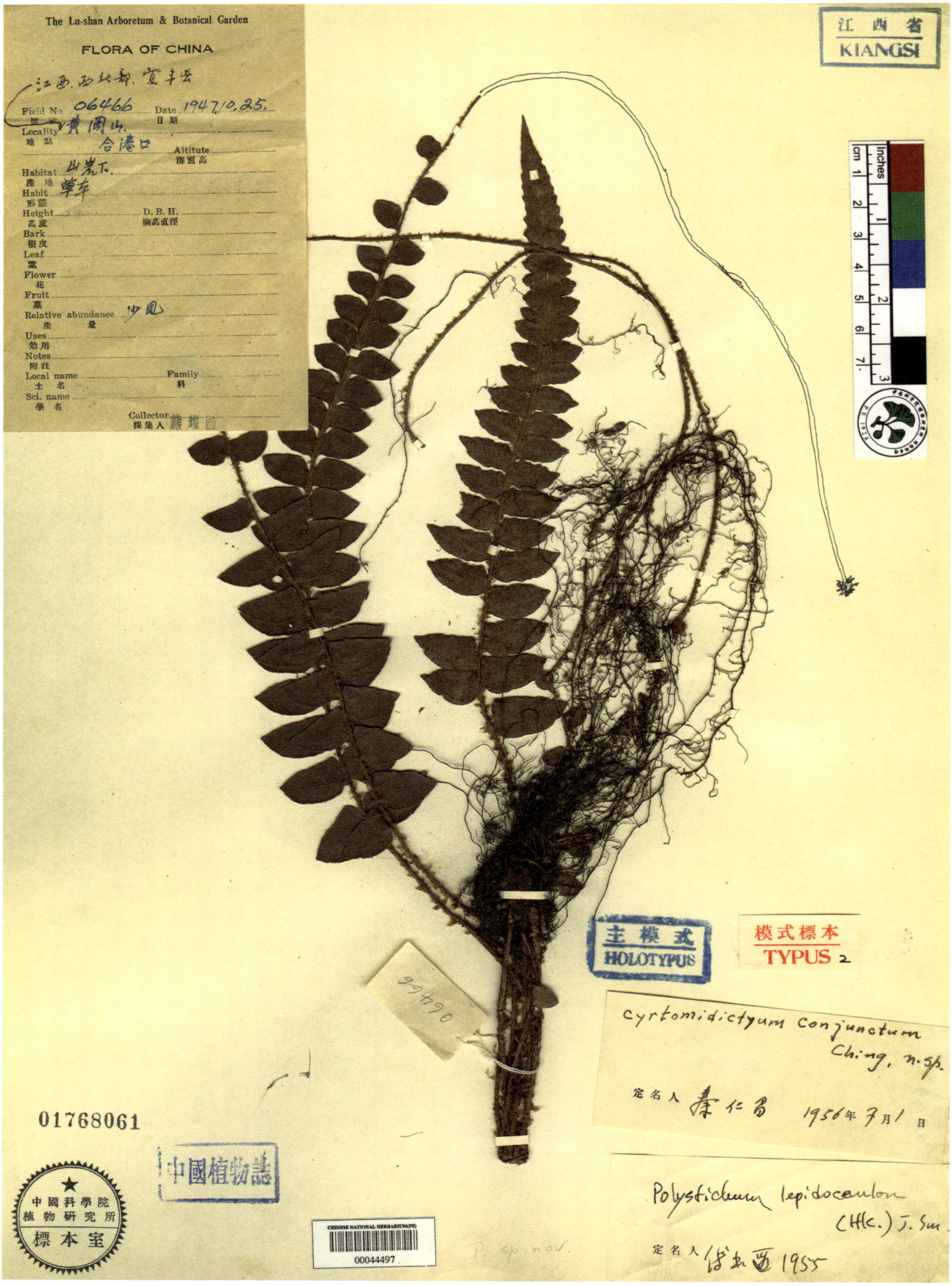

卵状鞭叶蕨 ***Cyrtomidictyum conjunctum*** Ching in Acta Phytotax. Sin. 6: 263, pl. 52. 1957. **Holotype:** China. Jiangxi: Yifeng, 1947-10-25, Y. K. Hsiung 06466.

镰羽贯众无齿变型 ***Cyrtomium balansae*** (Christ) C. Chr. f. ***edentatum*** Ching ex K. H. Shing in Acta Phytotax. Sin. Add. 1: 18. 1965. **Holotype:** China. Guangxi: Lingchuan, alt. 1 100 m, Z. Z. Chen 53784.

短楔贯众 ***Cyrtomium brevicuneatum*** Ching & K. H. Shing ex K. H. Shing in Acta Phytotax. Sin. Add. 1: 34. 1965.
Holotype: China. Sichuan: Leipo. 1934-??-??, T. T. Yu 4079.

钙生贯众 ***Cyrtomium calcicola*** Ching ex K. H. Shing in Acta Phytotax. Sin. Add. 1: 12. 1965. **Holotype:** China. Guangxi: Lingui. 1953-10-??, Guangxi Exped. 4122.

刺齿贯众粗齿变型 ***Cyrtomium caryotideum*** (Wall. ex Hook. & Grev.) Presl f. ***grossedentatum*** Ching ex K. H. Shing in Acta Phytotax. Sin. Add. 1: 43. 1965. **Holotype:** China. Xizang: Tangmai, 1953-12-25, P. T. Tsoong 6200.

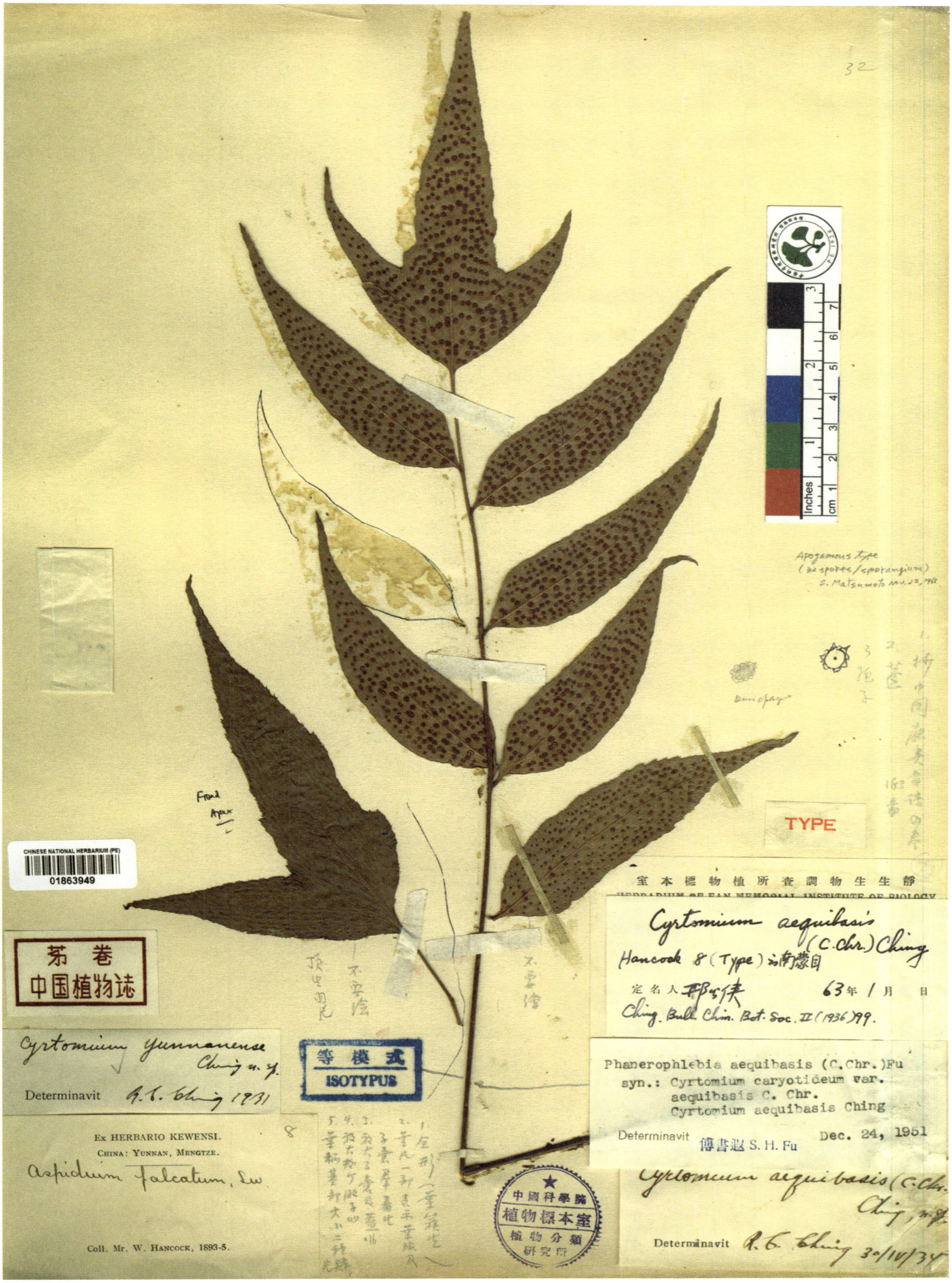

等基贯众 ***Cyrtomium caryotideum*** (Wall. ex Hook. & Grev.) Presl var. ***aequibasis*** C. Chr. in Amer. Fern Journ 20(2): 51. 1930. **Isotype:** China. Yunnan: Mengzi, (1893-1895)-??-??, W. Hancock 8.

尾头贯众 ***Cyrtomium caudatum*** Ching & K. H. Shing ex K. H. Shing in Acta Phytotax. Sin. Add. 1: 33. 1965. **Holotype:** China. Sichuan: Emei, Emeishan, 1963-09-08, K. H. Shing & K. Y. Lang 1530.

密羽贯众 ***Cyrtomium confertifolium*** Ching & K. H. Shing ex K. H. Shing in Acta Fhytotax. Sin. Add. 1: 24. 1965.
Holotype: China. Jiangxi: Lushan, 1950-08-08, P. H. Chao & al. 00207.

福建贯众 ***Cyrtomium conforme*** Ching ex K. H. Shing in Acta Phytotax. Sin. Add. 1: 23. 1965. **Holotype:** China. Fujian: Liancheng, 1943-10-13, Y. Ling s. n.

革叶贯众 ***Cyrtomium coriaceum*** Ching & K. H. Shing ex K. H. Shing in Acta Phytotax. Sin. Add. 1: 22. 1965. **Holotype:** China. Sichuan: Precise locality not known, 1936-??-??, Acad. Occid. Sin. 3957.

楔基贯众 ***Cyrtomium cuneatum*** Ching ex K. H. Shing in Acta Phytotax. Sin. Add. 1: 44. 1965. **Holotype:** China. Yunnan: Longling, alt. 2 000 m, 1952-??-??, R. C. Ching 50535.

巫溪贯众 ***Cyrtomium falcipinnum*** Ching & K. H. Shing ex K. H. Shing in Acta Phytotax. Sin. Add. 1: 23. 1965.
Holotype: China. Chongqing: Wuxi, alt. 1 750 m, 1958-08-05, K. H. Yang 59129.

国楣贯众 ***Cyrtomium fengianum*** Ching & K. H. Shing ex K. H. Shing in Acta Phytotax. Sin. Add. 1: 8. 1965. **Holotype:** China. Yunnan: Malipo, alt. 1 600~1 800 m, 1947-11-03, K. M. Feng 12782.

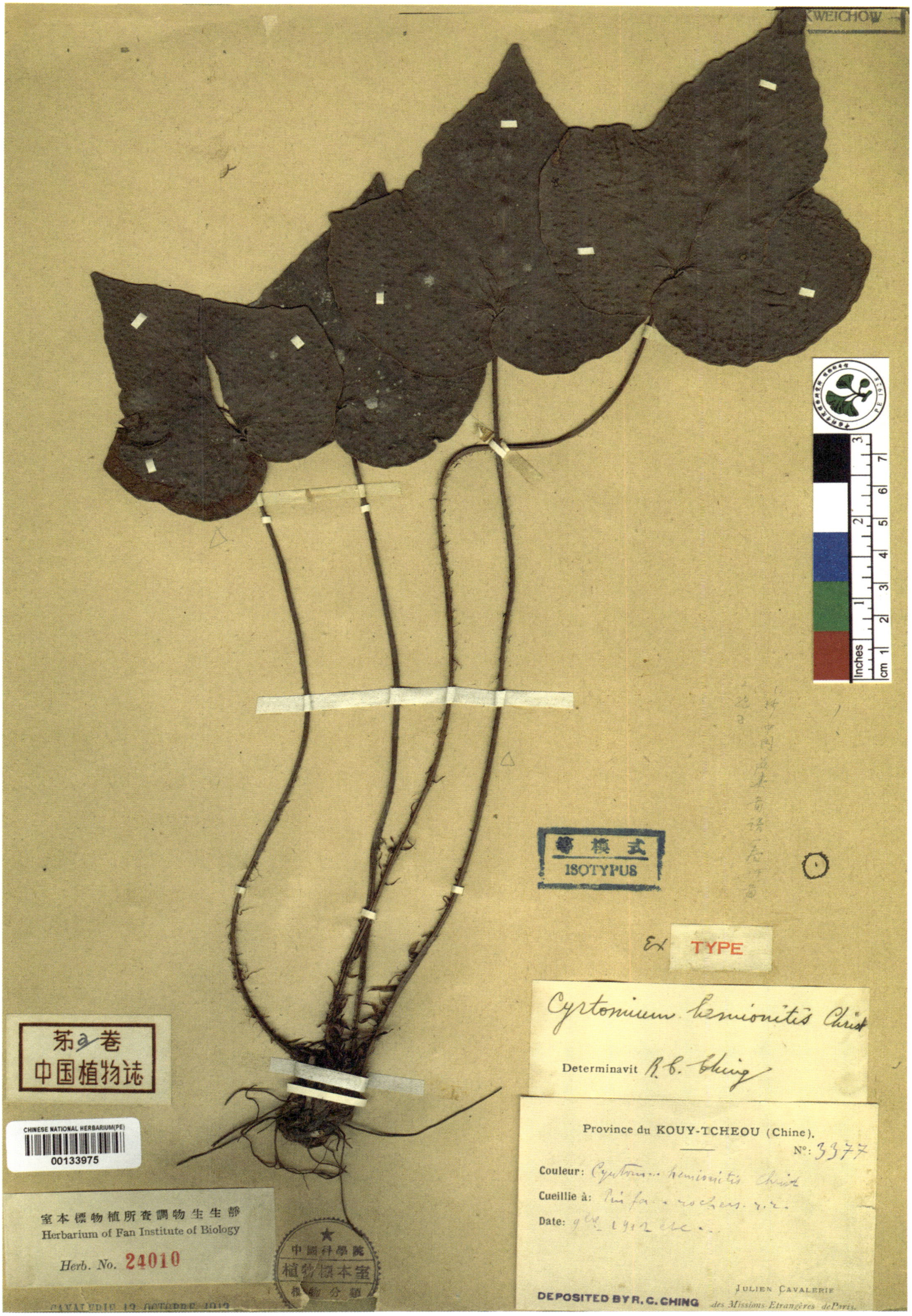

单叶贯众 ***Cyrtomium hemionitis*** Christ. in Bull. Acad. Intern. Geogr. Bot. 20: 138. 1910. **Isotype:** China. Guizhou: Pinfa (=Guiding), 1908-??-??, J. Cavalerie 3377.

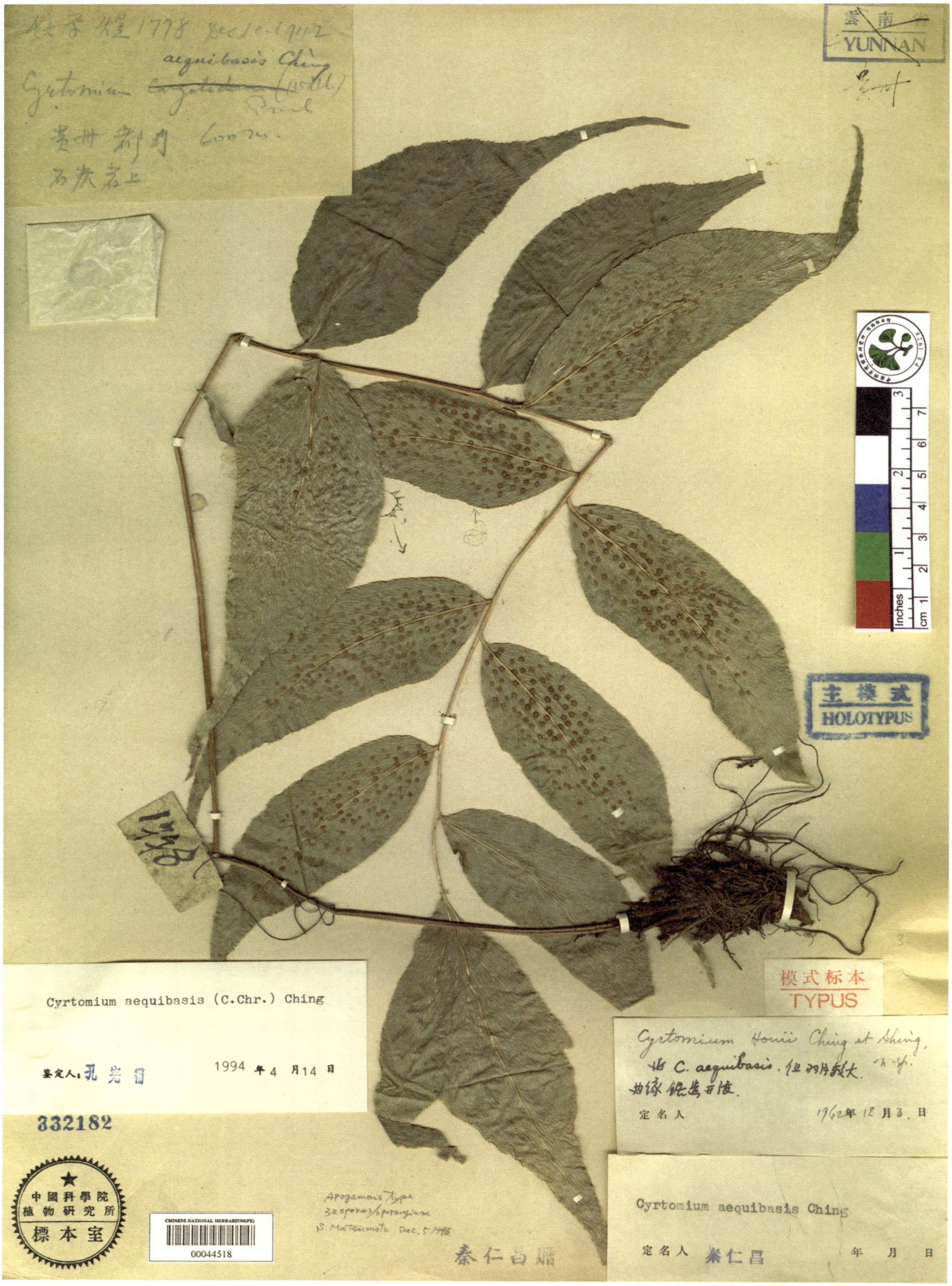

学煜贯众 ***Cyrtomium houi*** Ching ex K. H. Shing in Acta Phytotax. Sin. Add. 1: 39. 1965. **Holotype:** China. Guizhou: Duyun, 1942-12-10, H. Y. Hou 1778.

湖南贯众 ***Cyrtomium hunanense*** Ching & K. H. Shing ex K. H. Shing in Acta Phytotax. Sin. Add. 1: 31. 1965. **Holotype:** China. Hunan: Huaihua, alt. 900 m, 1959-05-28, S. K. Li 203296.

无齿贯众 ***Cyrtomium integrum*** Ching & K. H. Shing ex K. H. Shing in Acta Phytotax. Sin. Add. 1: 12. 1965. **Holotype:** China. Guangxi: Gongcheng, alt. 500 m, 1958-12-16, Y. K. Lee 403027.

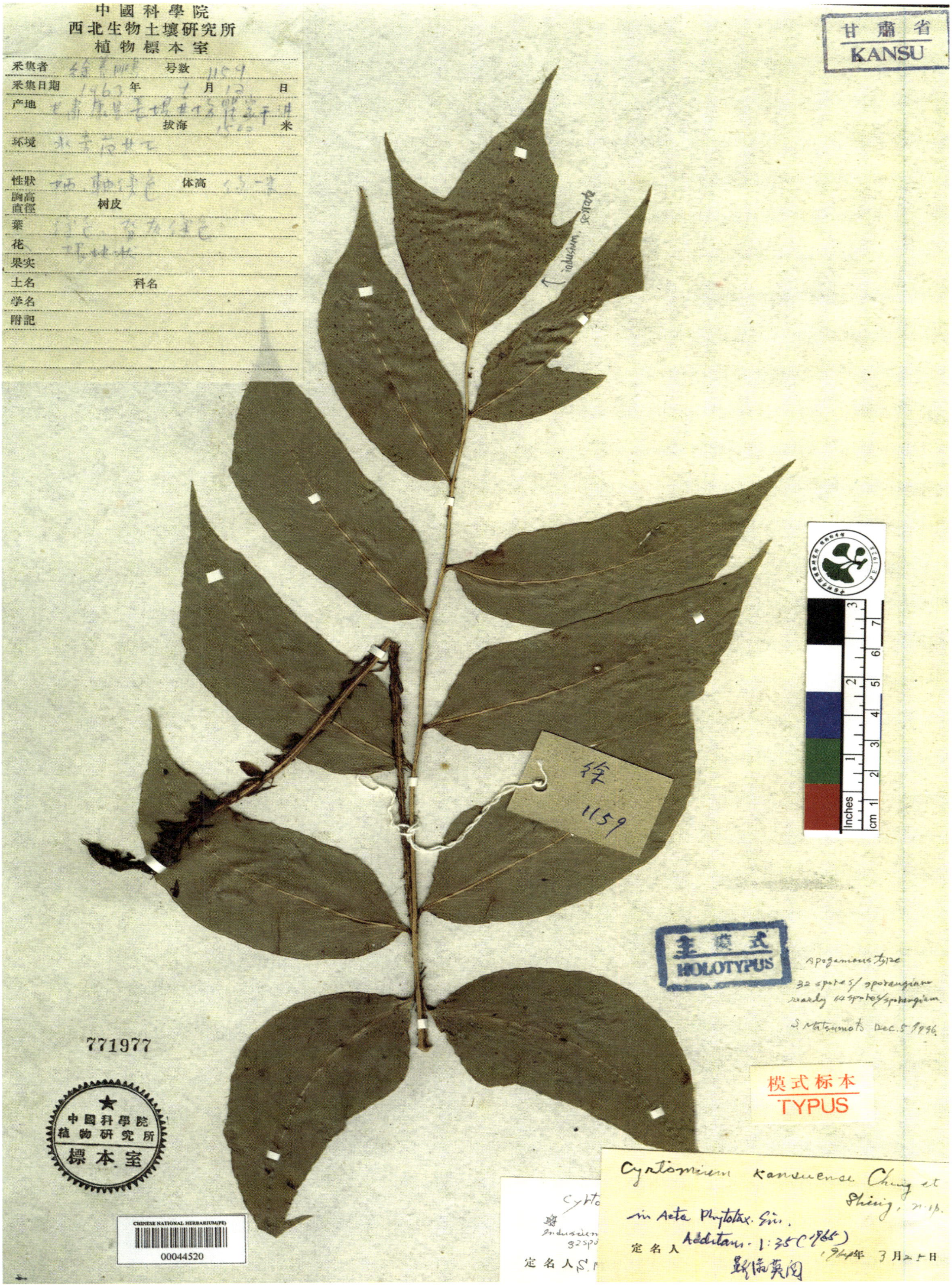

甘肃贯众 ***Cyrtomium kansuense*** Ching & K. H. Shing ex K. H. Shing in Acta Phytotax. Sin. Add. 1: 35. 1965. **Holotype:** China. Gansu: Kangxian, alt. 1 500 m, 1963-09-12, Y. P. Hsu 1159.

贡山贯众 ***Cyrtomium kungshanense*** Ching & K. H. Shing ex K. H. Shing in Acta Phytotax. Sin. Add. 1: 36. 1965.
Holotype: China. Yunnan: Gongshan, alt. 1 400~2 000 m, 1940-09-04, K. M. Feng 7418.

长柄贯众 ***Cyrtomium longipes*** Ching & K. H. Shing ex K. H. Shing in Acta Phytotax. Sin. Add. 1: 47. 1965. **Holotype:** China. Taiwan: Precise locality not known, 1935-10-12, S. Suzuki 217.

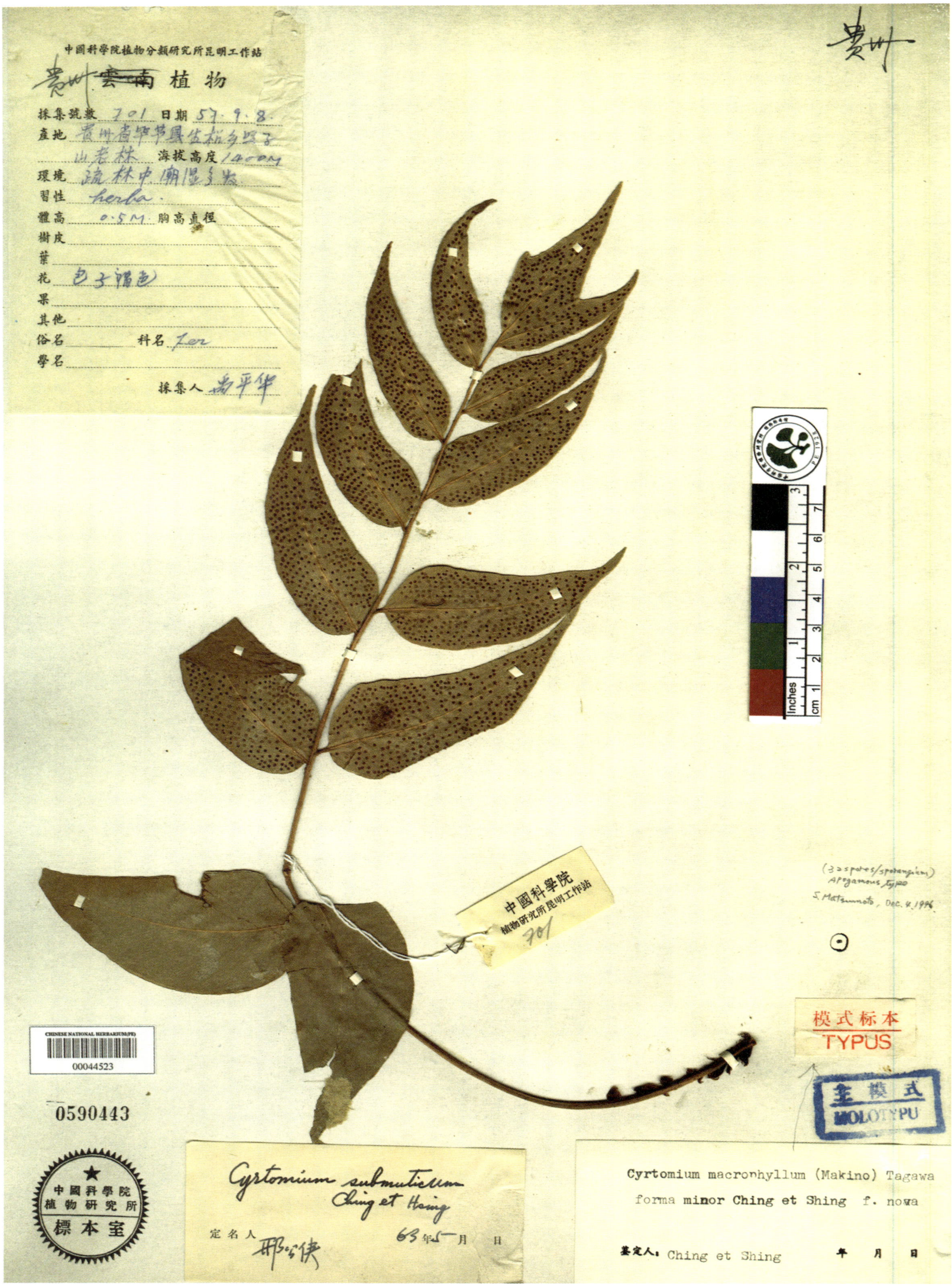

小羽大叶贯众 ***Cyrtomium macrophyllum*** (Makino) Tagawa f. ***minor*** Ching & K. H. Shing ex K. H. Shing in Acta Phytotax. Sin. Add. 1: 33. 1965. **Holotype:** China. Guizhou: Bijie, alt. 1 400 m, 1957-09-08, P. H. Yu 701.

大羽贯众 ***Cyrtomium maximum*** Ching & K. H. Shing ex K. H. Shing in Acta Phytotax. Sin. Add. 1: 44. 1965. **Holotype:** China. Yunnan: Simao, alt. 1 400~1 600 m, 1955-09-25, P. I. Mao 6243.

狭顶贯众 ***Cyrtomium mediocre*** Ching & K. H. Shing ex K. H. Shing in Acta Phytotax. Sin. Add. 1: 37. 1965. **Holotype:** China. Sichuan: Emei, Emeishan, alt. 900 m, 1956-03-??, R. C. Ching 122.

硕羽贯众 ***Cyrtomium megaphyllum*** Ching & K. H. Shing ex K. H. Shing in Acta Phytotax. Sin. Add. 1: 40. 1965.
Holotype: China. Sichuan: Emei, Emeishan, alt. 1 700 m, 1963-08-16, K. H. Shing & K. Y. Lang 363.

膜叶贯众 ***Cyrtomium membranifolium*** Ching & K. H. Shing ex X. X. Kong & P. S. Wang in Chin. Journ. Appl. Environ. Biol. 3(1):: 24. 1997. **Holotype:** China. Hubei: Shennongjia, alt. 1 650 m, 1976-08-07, Shennongjia Exped. 32209.

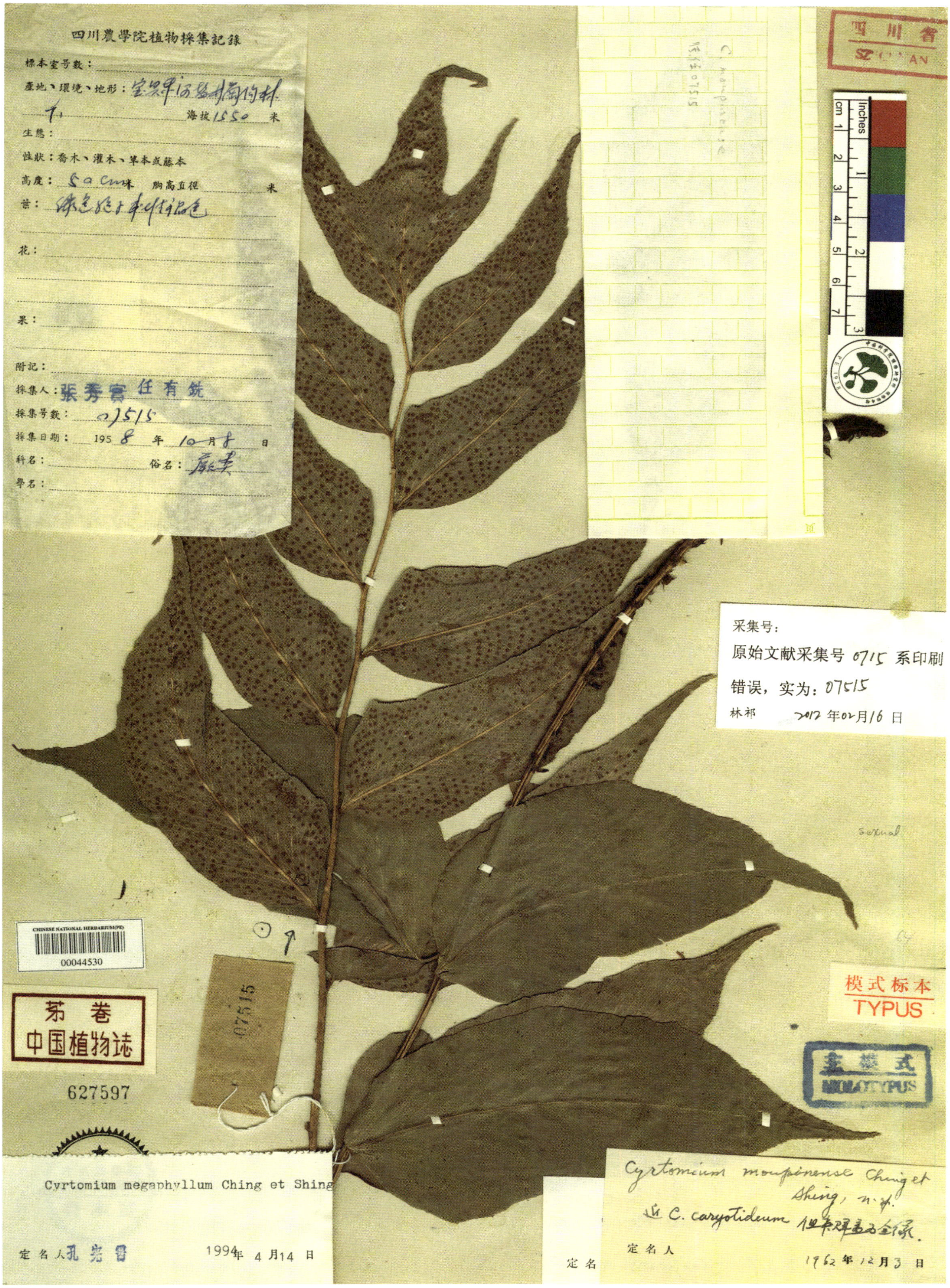

木坪贯众 ***Cyrtomium moupingense*** Ching & K. H. Shing ex K. H. Shing in Acta Phytotax. Sin. Add. 1: 39. 1965.
Holotype: China. Sichuan: Baoxing, alt. 1 550 m, 1958-10-08, S. S. Chang & Y. X. Ren 07515.

维西贯众 ***Cyrtomium neocaryotideum*** Ching & K. H. Shing ex K. H. Shing in Acta Phytotax. Sin. Add. 1: 40. 1965.
Holotype: China. Yunnan: Weixi, alt. 2 300 m, 1935-07-??, C. W. Wang 64252.

显脉贯众 ***Cyrtomium nervosum*** Ching & K. H. Shing ex K. H. Shing in Acta Phytotax. Sin. Add. 1: 46. 1965. **Holotype:** China. Yunnan: Jingping, 1956-??-??, Sino-Russia Yunnan Exped. 1050.

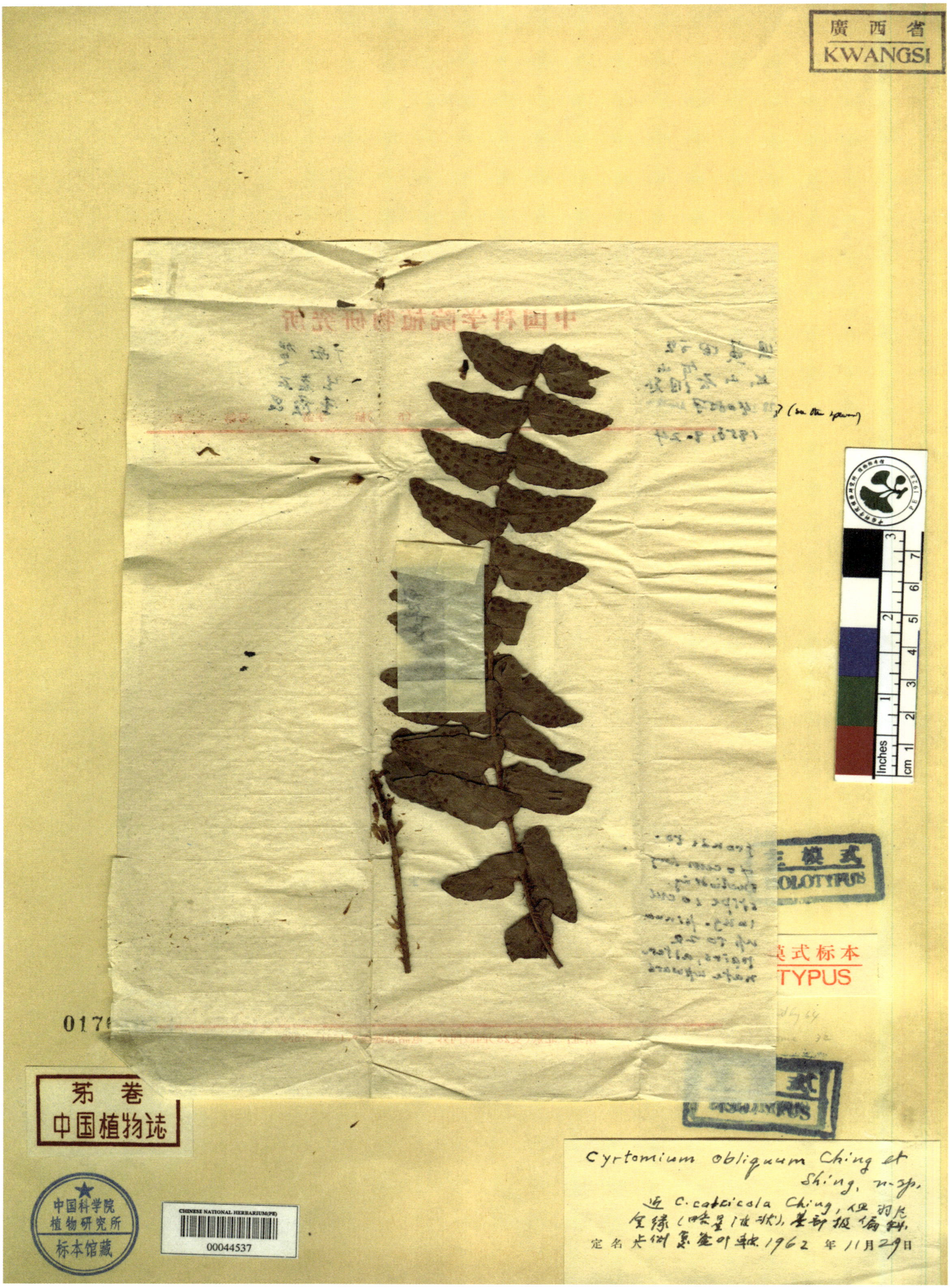

斜基贯众 ***Cyrtomium obliquum*** Ching & K. H. Shing ex K. H. Shing in Acta Phytotax. Sin. Add. 1: 11. 1965. **Holotype:** China. Guangxi: Hexian, 1958-09-24, Y. K. Li 401857.

峨眉贯众 ***Cyrtomium omeiense*** Ching & K. H. Shing ex K. H. Shing in Acta Phytotax. Sin. Add. 1: 36. 1965. **Holotype:** China. Sichuan: Emei, Emeishan, alt. 1 650 m, 1963-08-24, K. H. Shing & K. Y. Lang 828.

卵羽贯众 ***Cyrtomium ovale*** Ching & K. H. Shing ex K. H. Shing in Acta Phytotax. Sin. Add. 1: 21. 1965. **Holotype:** China. Sichuan: Emei, Emeishan, 1959-08-01, T. C. Chen 264.

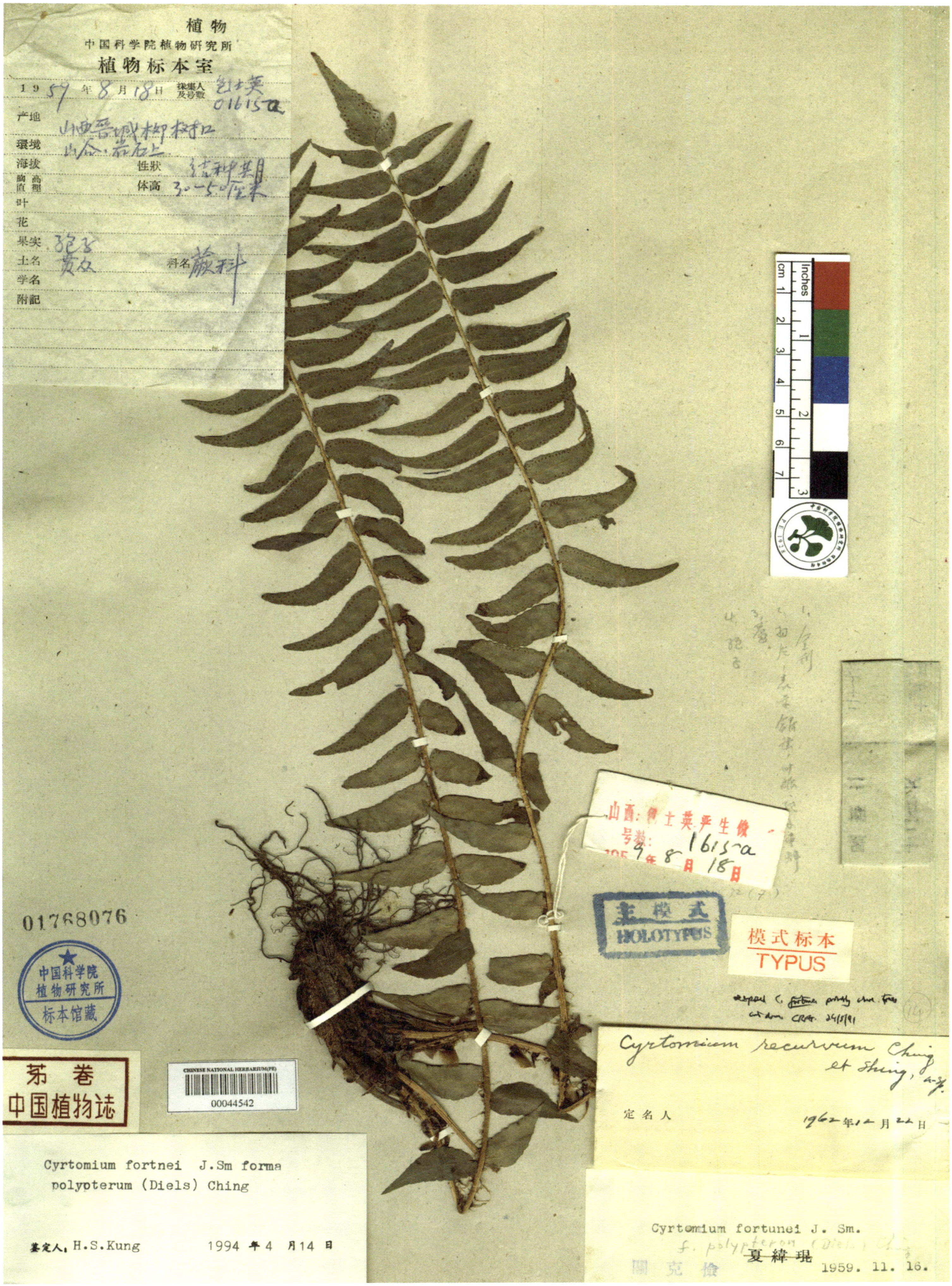

反曲贯众 ***Cyrtomium recurvum*** Ching & K. H. Shing ex K. H. Shing in Acta Phytotax. Sin. Add. 1: 20. 1965. **Holotype:** China. Shanxi: Jincheng, 1959-08-18, S. I. Po 1615a.

鳞毛贯众 ***Cyrtomium retrosopaleaceum*** Ching & K. H. Shing ex K. H. Shing in Acta Phytotax. Sin. Add. 1: 21. 1965.
Holotype: China. Guizhou: Guiyang, 1963-06-10, Anonymous 15.

柳羽贯众 ***Cyrtomium salicipinnum*** Ching & K. H. Shing ex K. H. Shing in Acta Phytotax. Sin. Add. 1: 31. 1965.
Holotype: China. Sichuan: Emei, Emeishan, alt. 1 100~1 280 m, 1963-08-31, K. H. Shing & K. Y. Lang 1032.

尖齿贯众 ***Cyrtomium serratum*** Ching & K. H. Shing ex K. H. Shing in Acta Phytotax. Sin. Add. 1: 38. 1965. **Holotype:** China. Hunan: Changsha, 1957-07-??, X. G. Zhang 5.

山东贯众 ***Cyrtomium shandongense*** J. X. Li in Bull. Bot. Res., Harbin 4(2): 142, photo. 1. 1984. **Isotype:** China. Shandong: Feixian, Tashan, alt. 500 m, 1982-10-12, J. X. Li 2023-1.

顺宁贯众 ***Cyrtomium shunningense*** Ching & K. H. Shing ex K. H. Shing in Acta Phytotax. Sin. Add. 1: 46. 1965.
Holotype: China. Yunnan: Shunning (=Fengqing), alt. 2 600 m, 1936-02-??, C. W. Wang 71963.

同羽贯众 ***Cyrtomium simile*** Ching ex K. H. Shing in Acta Phytotax. Sin. Add. 1: 29. 1965. **Holotype:** China. Guizhou: Yinjiang, alt. 500 m, 1930-12-17, T. Tsiang 7686.

中华贯众 ***Cyrtomium sinicum*** Ching ex K. H. Shing in Acta Phytotax. Sin. Add. 1: 30. 1965. **Holotype:** China. Chongqing: Chengkou, alt. 625 m, 1958-09-25, T. L. Dai 103089.

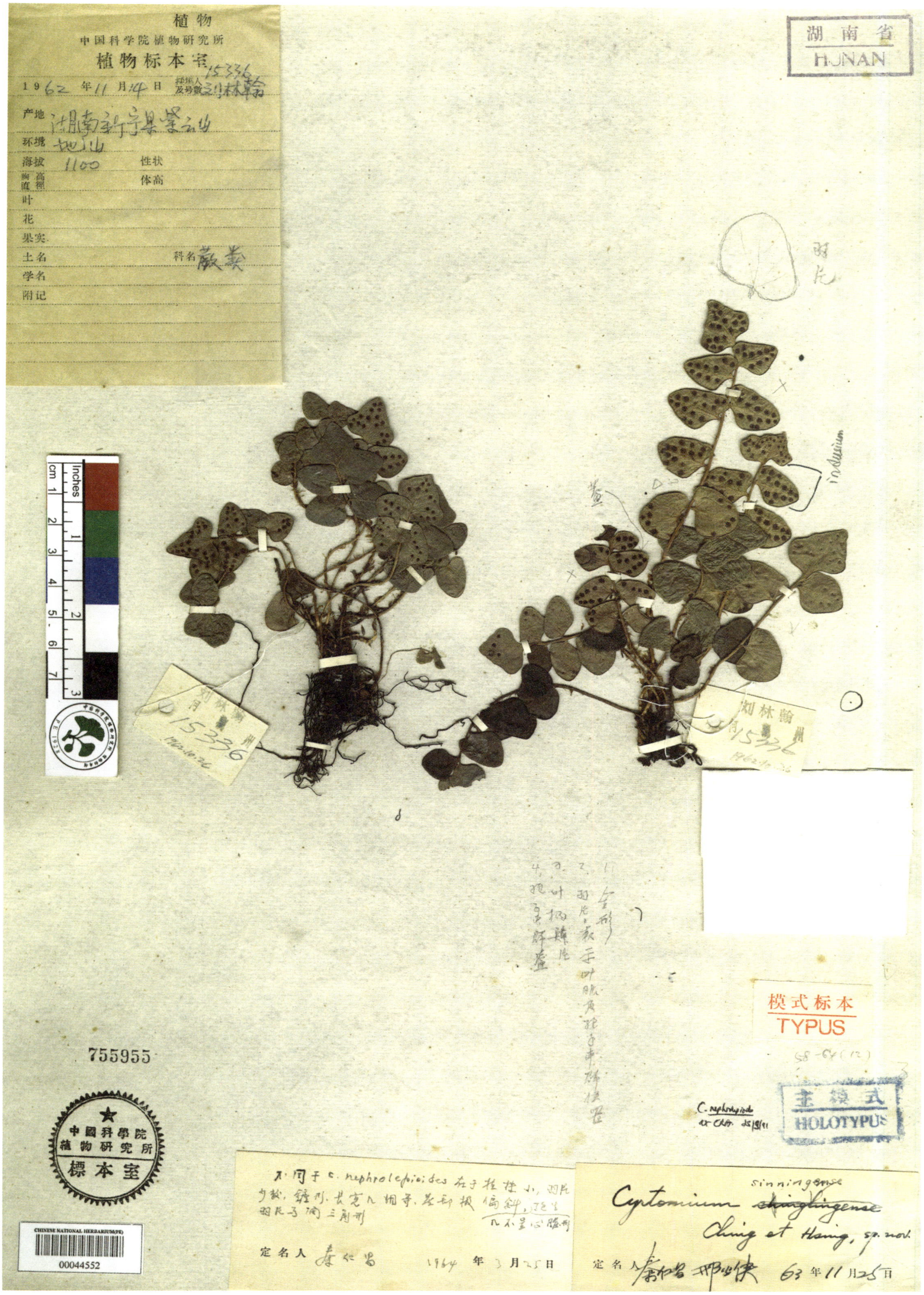

新宁贯众 ***Cyrtomium sinningense*** Ching & K. H. Shing ex K. H. Shing in Acta Phytotax. Sin. Add. 1: 10. 1965.
Holotype: China. Hunan: Xinning, alt. 1 100 m, 1962-11-14, L. H. Liu 15336.

硕美贯众 ***Cyrtomium spectabile*** Ching ex K. H. Shing in Acta Phytotax. Sin. Add. 1: 45. 1965. **Holotype:** China. Yunnan: Luxi, alt. 1 550 m, H. T. Tsai 56333.

斜方贯众 ***Cyrtomium trapezoideum*** Ching & K. H. Shing ex K. H. Shing in Acta Phytotax. Sin. Add. 1: 15. 1965. **Holotype:** China. Sichuan: Precise locality not known, H. B. Brown s. n.

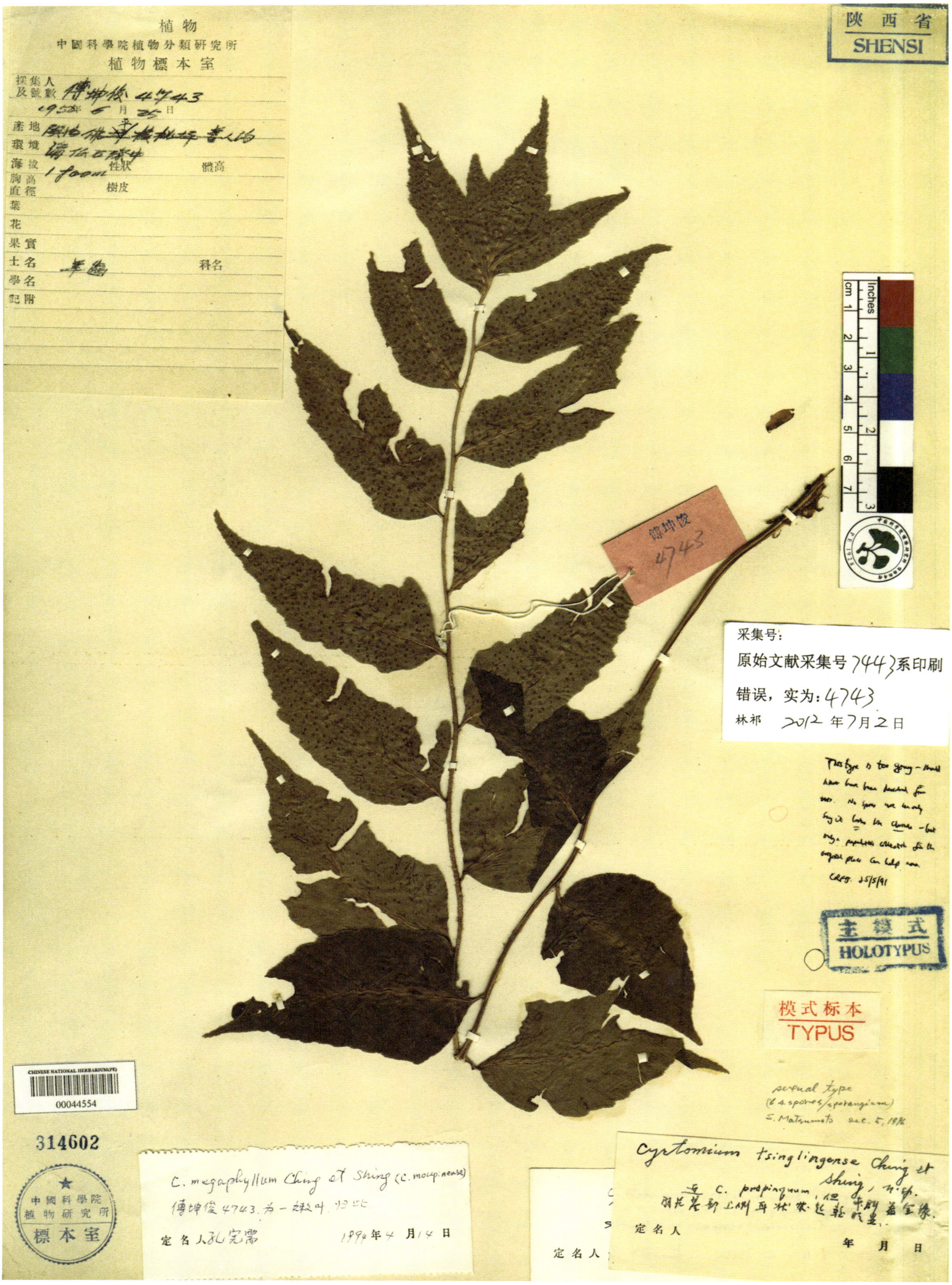

秦岭贯众 ***Cyrtomium tsinglingense*** Ching & K. H. Shing ex K. H. Shing in Acta Phytotax. Sin. Add. 1: 41. 1965. **Holotype:** China. Shaanxi: Fuping, alt. 1 800 m, 1952-06-25, K. T. Fu 4743.

单行贯众 ***Cyrtomium uniseriale*** Ching ex K. H. Shing in Acta Phytotax. Sin. Add. 1: 15. 1965. **Holotype:** China. Chongqing: Beibei, 1957-??-??, C. Z. Liu & al. 10070.

单行贯众边生变型 ***Cyrtomium uniseriale*** Ching ex K. H. Shing f. ***marginale*** R. C. Ching ex K. H. Shing in Acta Phytotax. Sin. Add. 1: 16. 1965. **Holotype:** China. Chongqing: Nanchuan, alt. 1 050 m, K. F. Li 91999.

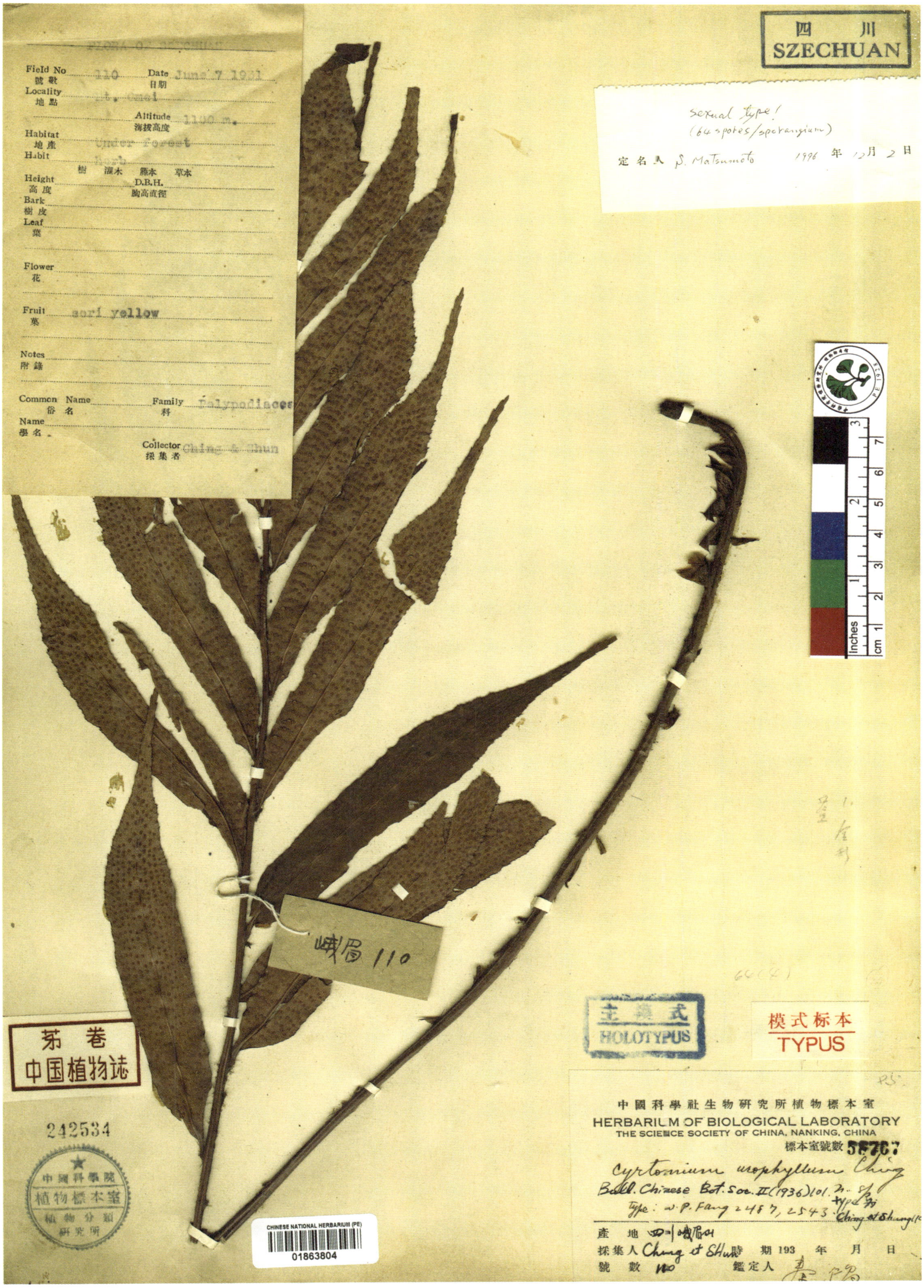

线羽贯众 ***Cyrtomium urophyllum*** Ching in Bull. Chin. Bot. Soc. 2(2): 101. 1936. **Holotype:** China. Sichuan: Emei, Emeishan, alt. 1 100 m, 1931-06-07, R. C. Ching & Shun 110.

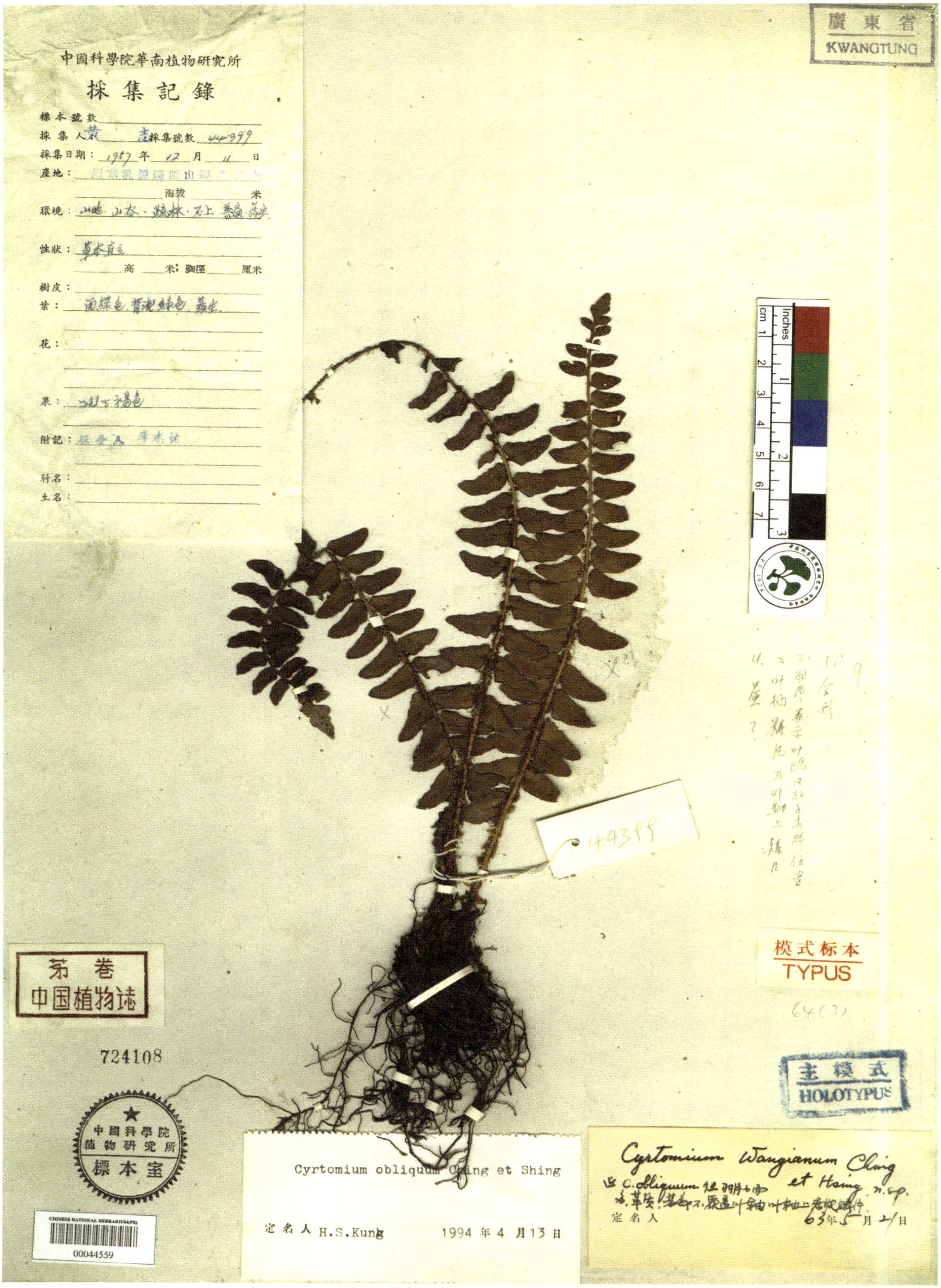

黄志贯众 *Cyrtomium wangianum* Ching & K. H.Shing ex K. H. Shing in Acta Phytotax. Sin. Add. 1: 11. 1965. **Holotype:** China. Guangdong: Ruyuan, 1957-12-11, C. Wang 44399.

德浚贯众 ***Cyrtomium yuanum*** Ching & K. H. Shing ex K. H. Shing in Acta Phytotax. Sin. Add. 1: 35. 1965. **Holotype:** China. Yunnan: Salwin valley, alt. 2 000 m, 1939-06-23, T. T.Yu 22005.

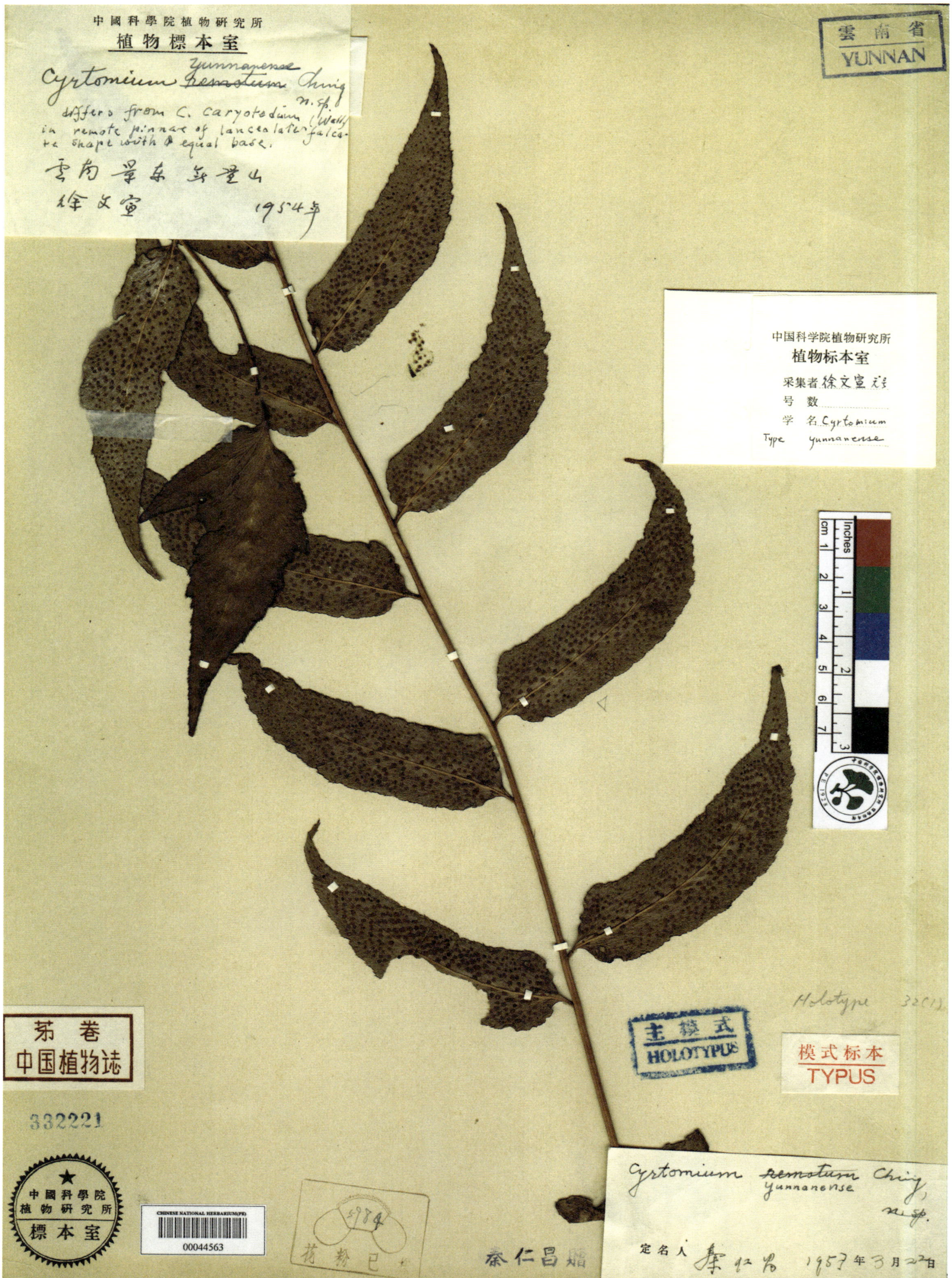

云南贯众 ***Cyrtomium yunnanense*** Ching ex K. H. Shing in Acta Phytotax. Sin. Add. 1: 45. 1965. **Holotype:** China. Yunnan: Jingdong, 1954-??-??, W. H. Hsu s. n.

顶生鳞毛蕨 ***Dryopteris apiciflxa*** Ching, Boufford & K. H. Shing in Bartholomew & al., Journ. Arn. Arb. 64(1): 27. 1983.

Holotype: China. Hubei: Shennongjia, alt. 1 200~1 400 m, 1980-09-02, Sino-Amer. Exped. 543.

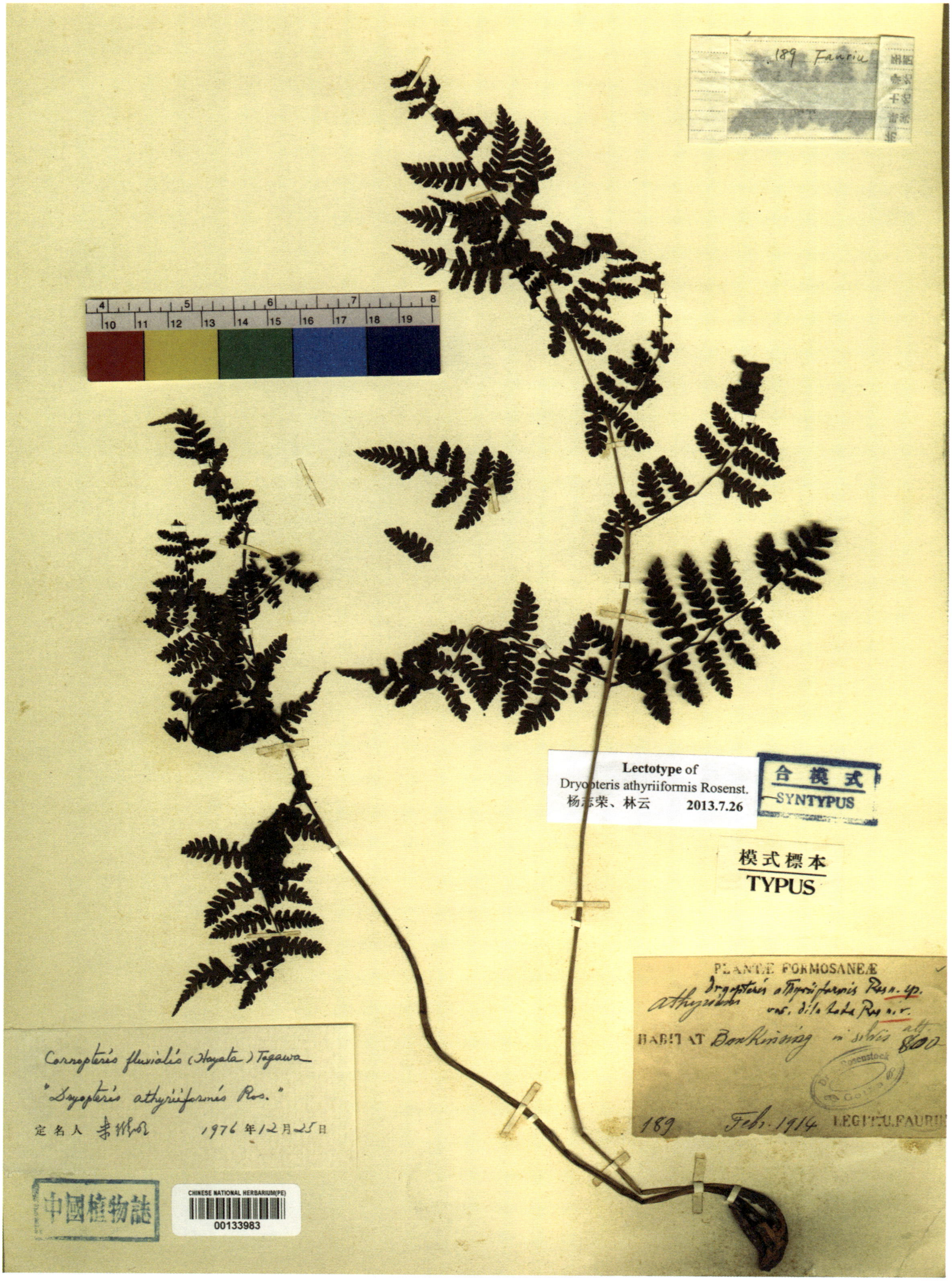

台湾鳞毛蕨 ***Dryopteris athyriiformis*** Ros. in Hedwigia 56(5): 344. 1915. **Lectotype** (designated by Yun Lin & al. in Bull. Bot. Res., Harbin 34: 293. 2014.): China. Taiwan: Bankinsing, alt. 600 m, 1914-02-??, U. Faurie 189.

金被鳞毛蕨 ***Dryopteris aureo-vestita*** Ros. in Hedwigia 56(5): 343. 1915. **Isotype:** China. Taiwan: Alishan, alt. 2 500 m, 1914-05-??, U. Faurie 390.

华南鳞毛蕨 ***Dryopteris austrosinensis*** H. Christ in Bull. Acad. Intern. Geog. Bot. 16: 145. 1907. **Isosyntype:** China. Guizhou: Precise locality not known, alt. 630 m, 1910-02-??, J. Esquirol 2237.

基羽鳞毛蕨 ***Dryopteris basitripinnatifida*** Ching & Z. Y. Liu in Bull. Bot. Res., Harbin 4(4): 6, photo. 34. 1984. **Holotype:** China. Chongqing: Nanchuan, alt. 1 300 m, 1983-06-21, Z. Y. Liu 4260.

球鳞鳞毛蕨 ***Dryopteris bullatipaleacea*** Ching in Bull. Bot. Res., Harbin 2(2): 65, photo. 2: 1. 1982. **Holotype:** China. Zhejiang: Shuichang, alt. 1 000 m, 1980-10-07, G. H. Yao 5848.

水泡鳞毛蕨 ***Dryopteris bulligera*** Ching in Bull. Fan Mem. Inst. Biol., Bot. Ser. 8: 483. 1938. **Holotype:** China. Chongqing: Hechuan, 1929-08-15, T. F. Lu 47.

华夏鳞毛蕨 ***Dryopteris cathayana*** Ching & Z. Y. Liu in Bull. Bot. Res., Harbin 4(4): 1, photo. 29. 1984. **Holotype:** China. Chongqing: Nanchuan, alt. 1 700 m, 1982-11-04, Z. Y. Liu 3811.

尾叶鳞毛蕨 ***Dryopteris caudifrons*** Ching in Acta Phytotax. Sin. 8(2): 148, 168, pl. 22: 25 1959. **Holotype:** China. Hainan: Baisha, alt. 1 160~1 200 m, 1954-11-06, E Hainan Exped. 539.

永田鳞毛蕨 ***Dryopteris changii*** Ching in Wuyi Sci. Journ. 1: 7. 1981. **Holotype:** China. Fujian: Chongan, alt. 700 m, 1979-08-13, Wuyishan Exped. 00131.

沙坝鳞毛蕨 ***Dryopteris chapaensis*** C. Chr. & Ching ex Ching in Bull. Fan Mem. Inst. Biol., Bot. Ser. 8: 474. 1938. **Paratype:** Vietnam. Tonkin: Chapa, alt. 1 800 m, 1929-08-??, Petelot 3632.

佩熹鳞毛蕨 ***Dryopteris chiui*** Ching in Bot. Res. Inst. Bot. (Beijing) 1987(2): 32, pl. 11: 3. 1987. **Holotype:** China. Fujian: Chongan, Wuyishan, alt. 720 m, P. S. Chiu 1989.

高山金冠鳞毛蕨 ***Dryopteris chrysocoma*** (Christ) C. Chr. var. ***alpine*** Ching in Bull. Fan Mem. Inst. Biol., Bot. Ser. 8(6): 438. 1938. **Lectotype** (designated by Z. R. Wang in Acta Phytotax. Sin. 23: 349. 1985.): China. Yunnan: Precise locality not known, H. T. Tsai 59682.

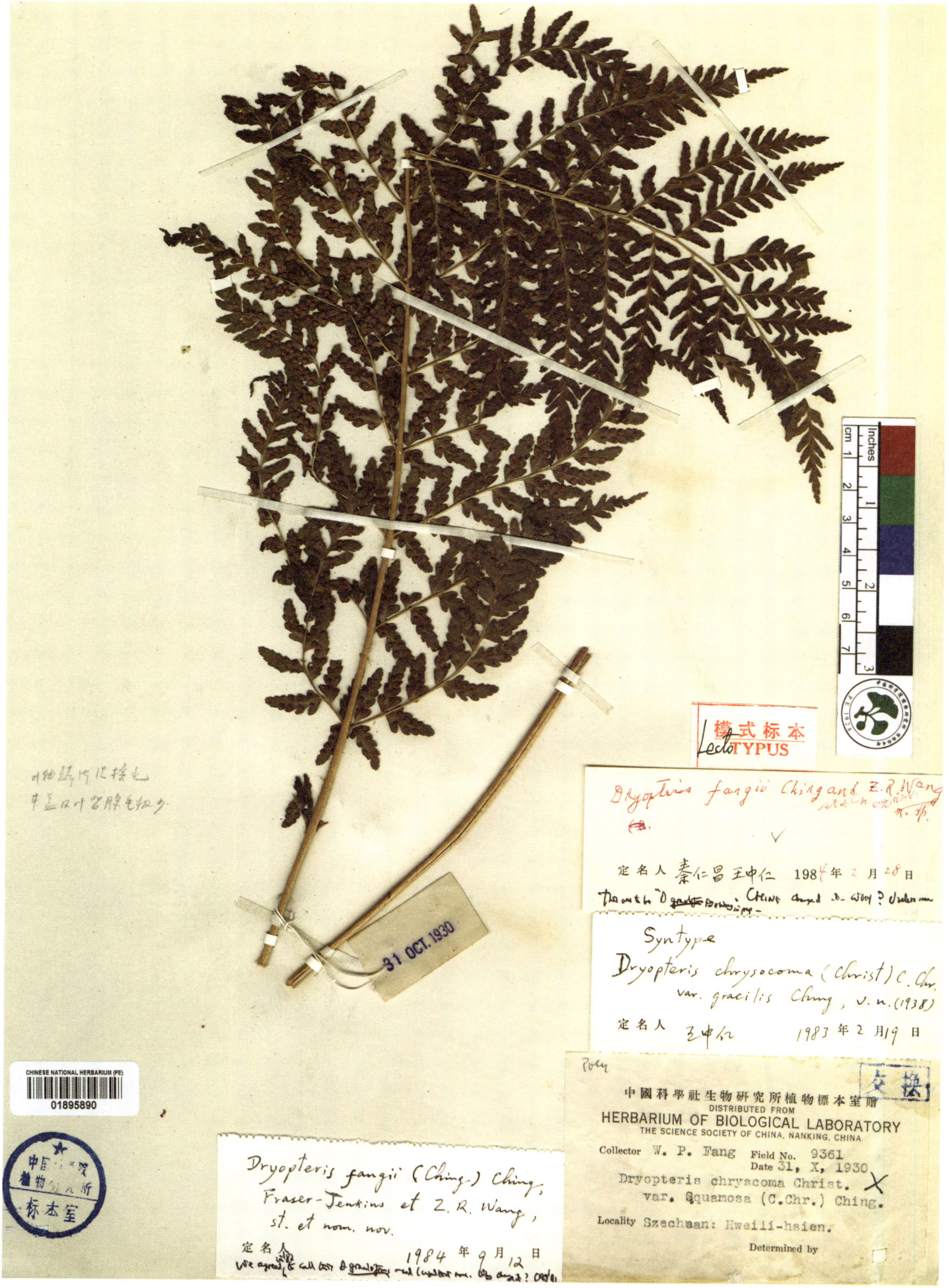

方氏鳞毛蕨 ***Dryopteris chrysocoma*** (Christ) C. Chr. var. ***gracilis*** Ching in Bull. Fan Mem. Inst. Biol., Bot. Ser. 8(6): 437. 1938. **Lectotype** (designated by Z. R. Wang in Acta Phytotax. Sin. 23: 349. 1985.): China. Sichuan: Hweili (=Huili), 1930-10-31, W. P. Fang 9361.

密叶鳞毛蕨 ***Dryopteris conferta*** Ching & P. S. Chiu in Bot. Res. Inst. Bot. (Beijing) 1987(2): 17, pl. 7: 1. 1987. **Holotype:** China. Zhejiang: W Tianmushan, alt. 780 m, 1977-09-16, P. S. Chiu 5258.

连合鳞毛蕨 ***Dryopteris conjugata*** Ching in Bull. Fan Mem. Inst. Bot. Ser. 11: 63. 1941. **Holotype:** China. Yunnan: Gongshan, 1 800~2 100 m, 1940-09-04, K. M. Feng 7343.

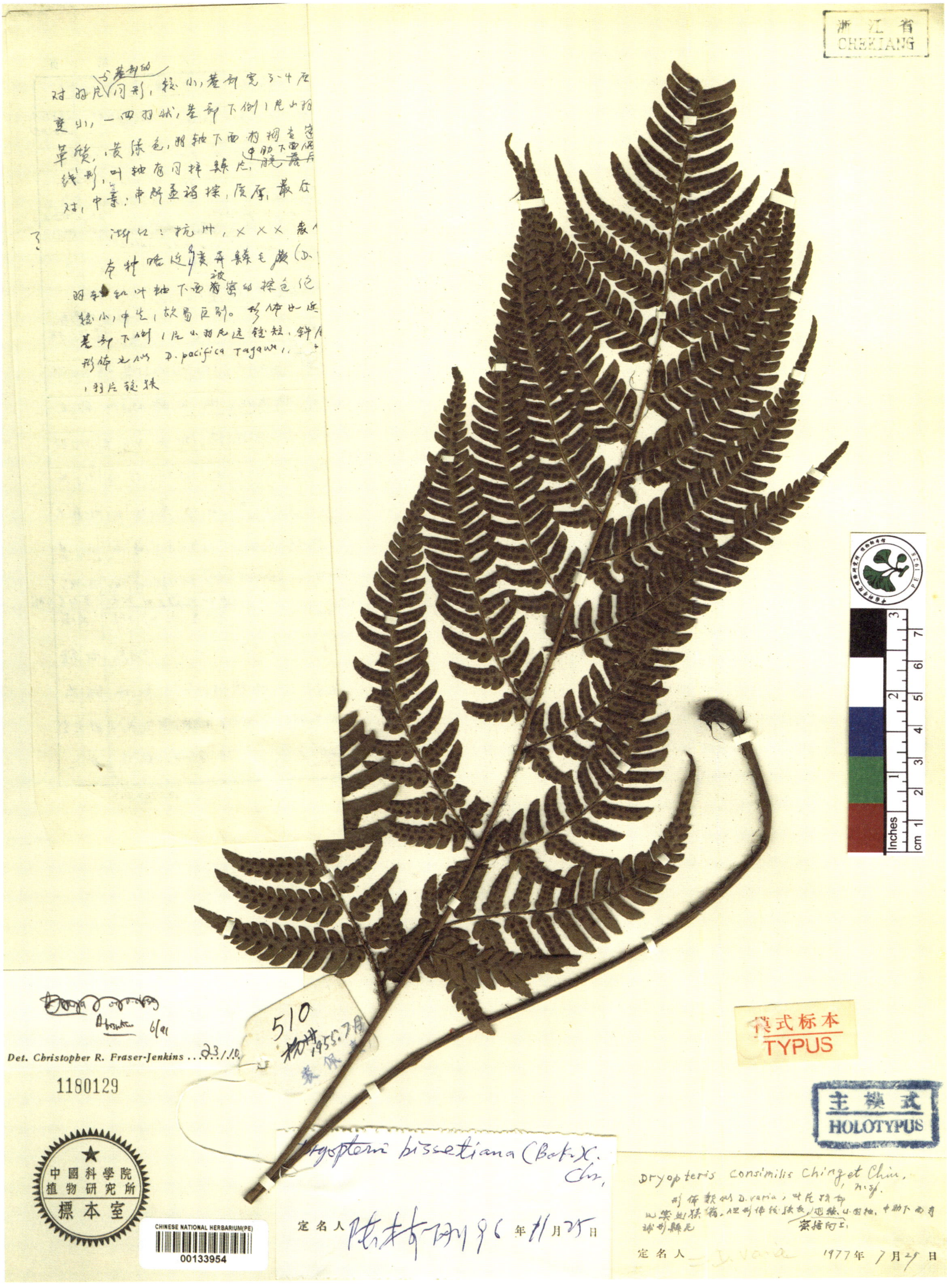

似多变鳞毛蕨 ***Dryopteris consimilis*** Ching & P. S Chiu in Bot. Res. Inst. Bot. (Beijing) 1987(2): 25, pl. 9: 3. 1987. **Holotype:** China. Zhejiang: Hangzhou, alt. 780 m, 1955-07-??, P. S. Chiu 510.

楔形鳞毛蕨 ***Dryopteris cuneatiloba*** Ching & P. S. Chiu in Bot. Res. Inst. Bot. (Beijing) 1987(2): 11, pl. 4: 4. 1987. **Holotype:** China. Guangxi: Wuming, Damingshan, alt. 850 m, 1977-07-15, P. S. Chiu 5057.

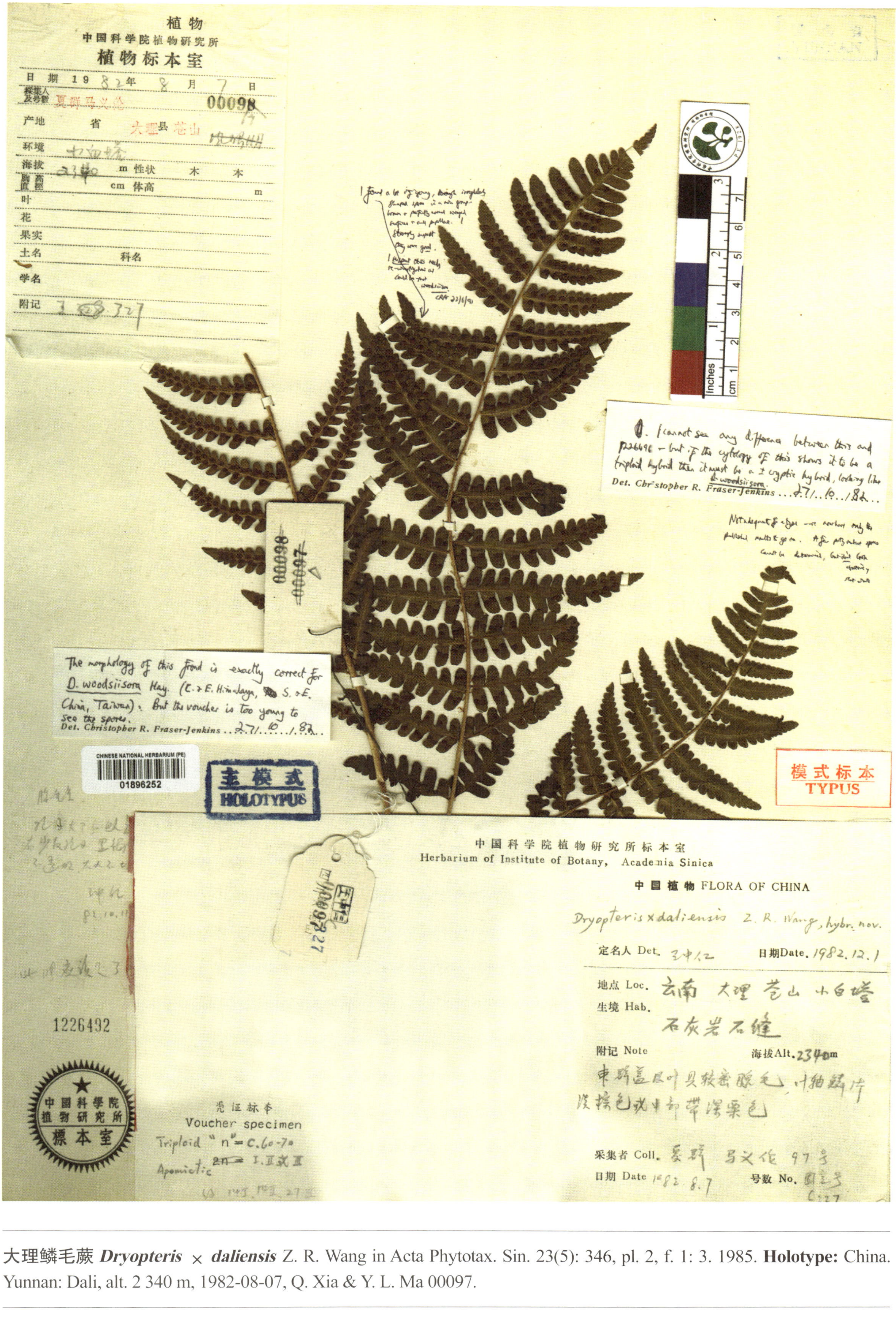

大理鳞毛蕨 ***Dryopteris* × *daliensis*** Z. R. Wang in Acta Phytotax. Sin. 23(5): 346, pl. 2, f. 1: 3. 1985. **Holotype:** China. Yunnan: Dali, alt. 2 340 m, 1982-08-07, Q. Xia & Y. L. Ma 00097.

狭翅鳞毛蕨 ***Dryopteris decurrentiloba*** Ching & C. F. Zhang in Bull. Bot. Res., Harbin 3(3): 31, photo. 23. 1983. **Holotype:** China. Zhejiang: Qingyuan, alt. 900 m, 1981-10-15, C. F. Zhang 7106.

渐狭羽鳞毛蕨 ***Dryopteris decurrenti-pinnata*** Ching in Bull. Fan Mem. Inst. Biol. 2: 195, pl. 9. 1931. **Holotype:** China. Hainan: Qiongzhong, Wuzhishan, 1921-12-13, F. A. McClure 8673.

密纤维鳞毛蕨 ***Dryopteris discreta*** Ching & S. K. Wu, Fl. Xizang. 1: 251. 1983. **Holotype:** China. Xizang: Gyirong, alt. 3 200 m, 1975-07-15, Qinghai-Xizang Exped. 5364.

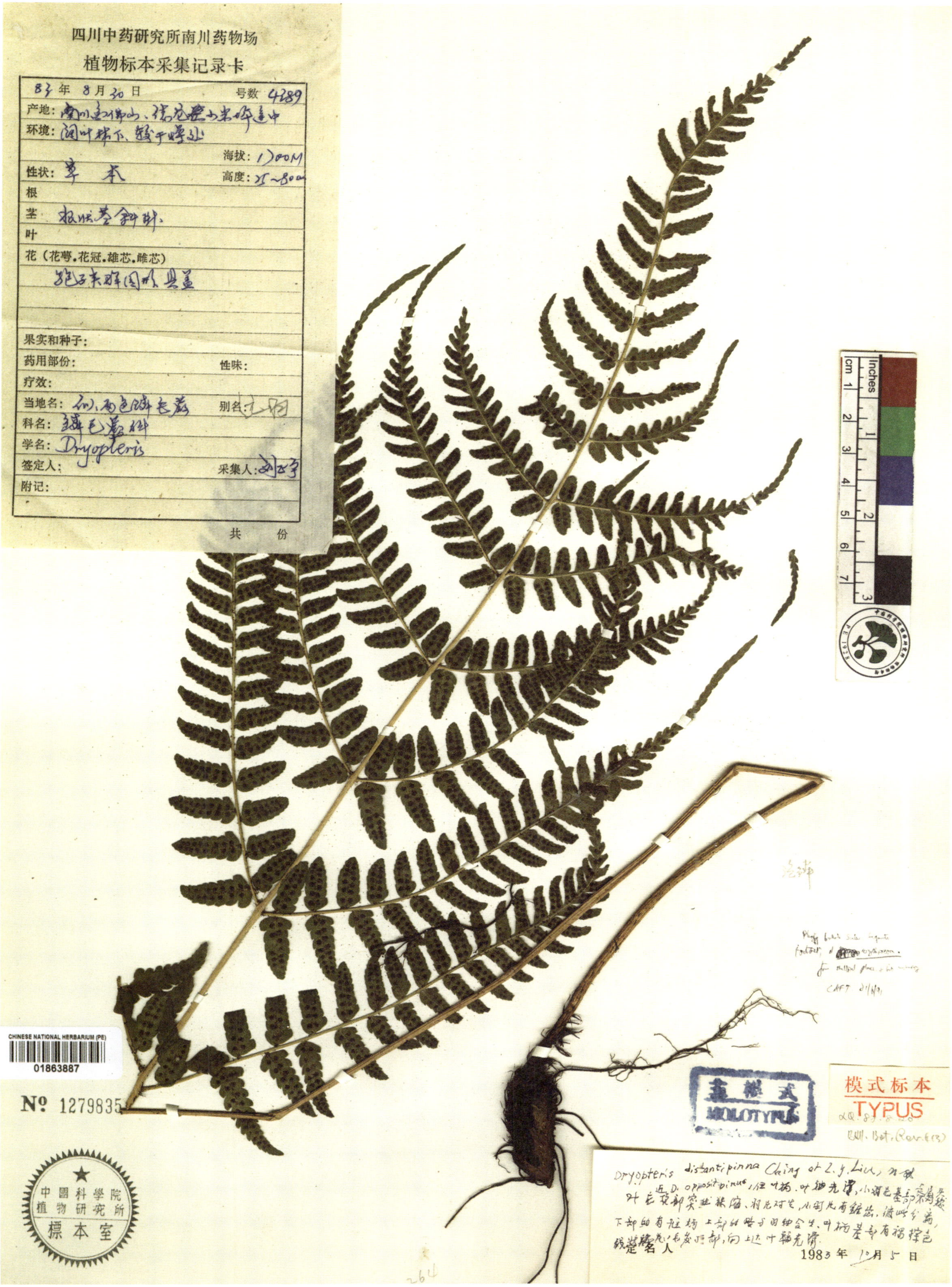

远羽鳞毛蕨 ***Dryopteris distantipinna*** Ching & Z. Y. Liu in Bull. Bot. Res., Harbin 4(3): 24, photo. 27. 1984. **Holotype:** China. Chongqing: Nanchuan, alt. 1 700 m, 1983-08-30, Z. Y. Liu 4389.

红盖鳞毛蕨 ***Dryopteris erythrochlamys*** Ching & Z. Y. Liu in Bull. Bot. Res., Harbin 4(4): 5, photo. 33. 1984. **Holotype:** China. Chongqing: Nanchuan, alt. 1 300 m, 1983-06-21, Z. Y. Liu 4233.

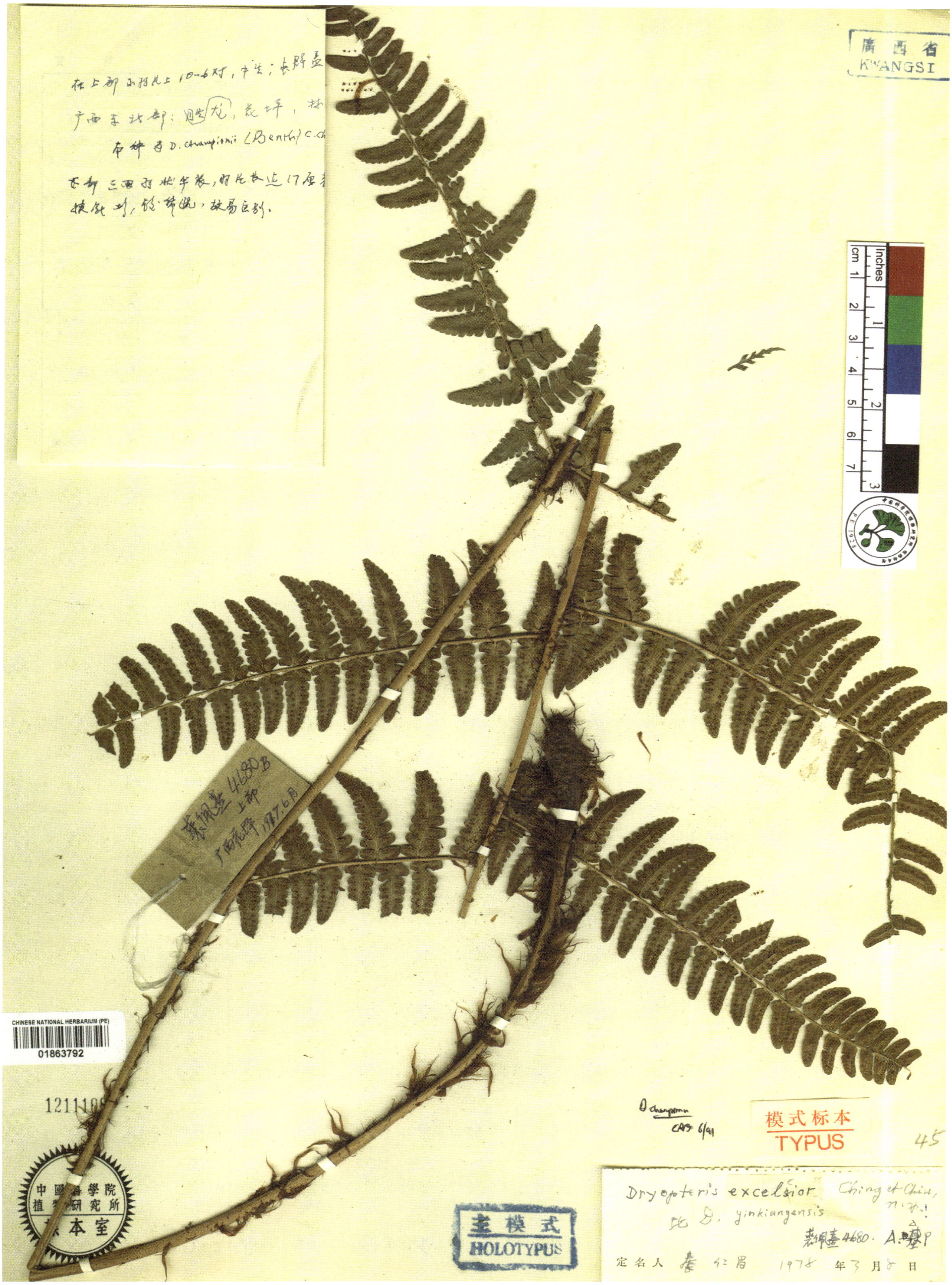

高鳞毛蕨 ***Dryopteris excelsior*** Ching & P. S. Chiu in Bot. Res. Inst. Bot. (Beijing) 1987(2): 8, pl. 3: 4, 4: 1. 1987. **Holotype:** China. Guangxi: Longsheng, Huaping, alt. 800 m, 1977-06-??, P. S. Chiu 4680B.

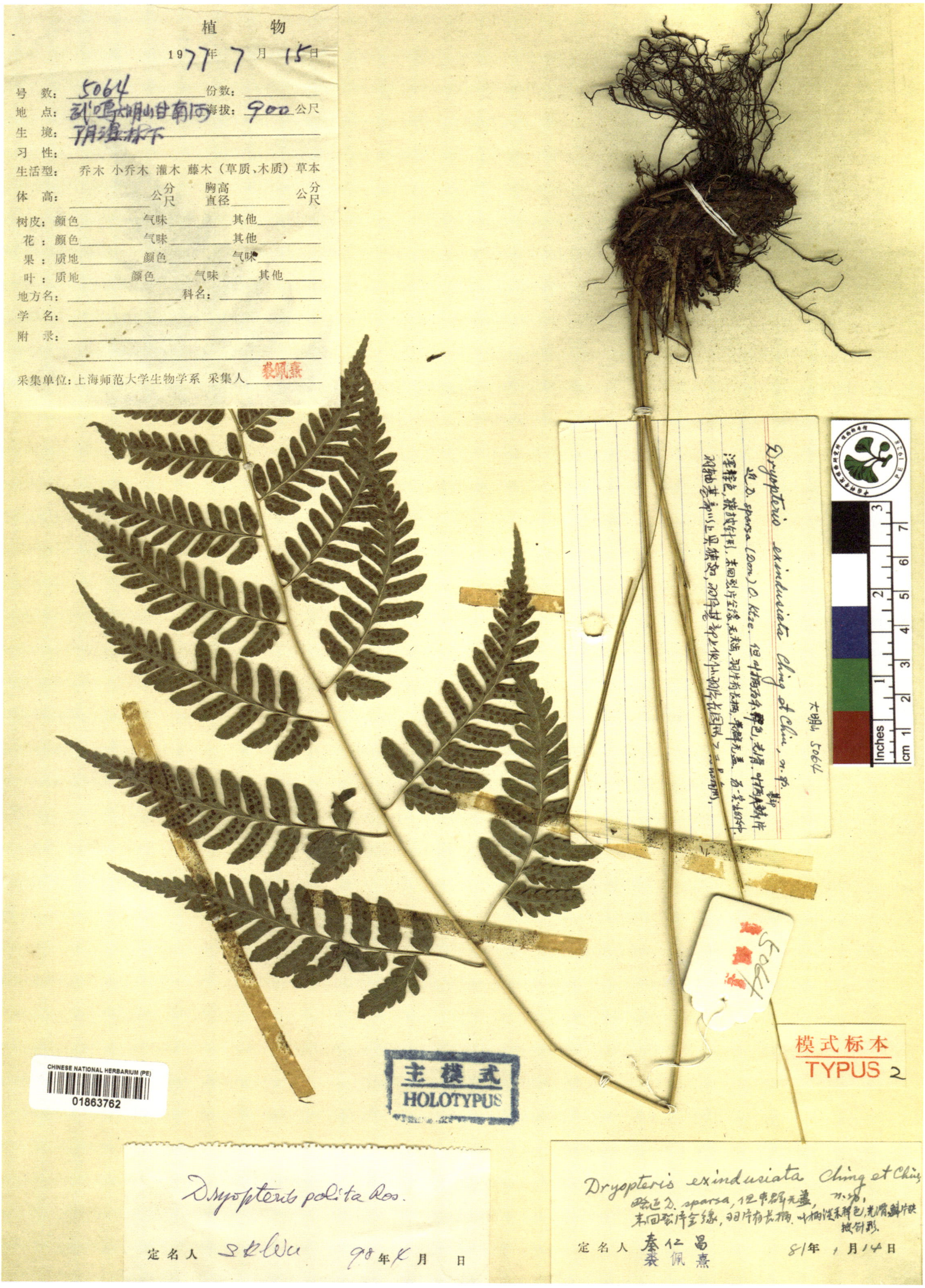

无盖鳞毛蕨 ***Dryopteris exindusiiata*** Ching & P. S. Chiu in Bot. Res. Inst. Bot. (Beijing) 1987(2): 32, pl. 11: 4. 1987. **Holotype:** China. Guangxi: Wuming, Damingshan, alt. 900 m, 1977-07-15, P. S. Chiu 5064.

凤阳山鳞毛蕨 ***Dryopteris fengyangshanensis*** Ching & C. F. Zhang in Bull. Bot. Res., Harbin 3(3): 33, photo. 24. 1983.
Holotype: China. Zhejiang: Longquan, alt. 630 m, 1980-08-26, C. F. Zhang 5965.

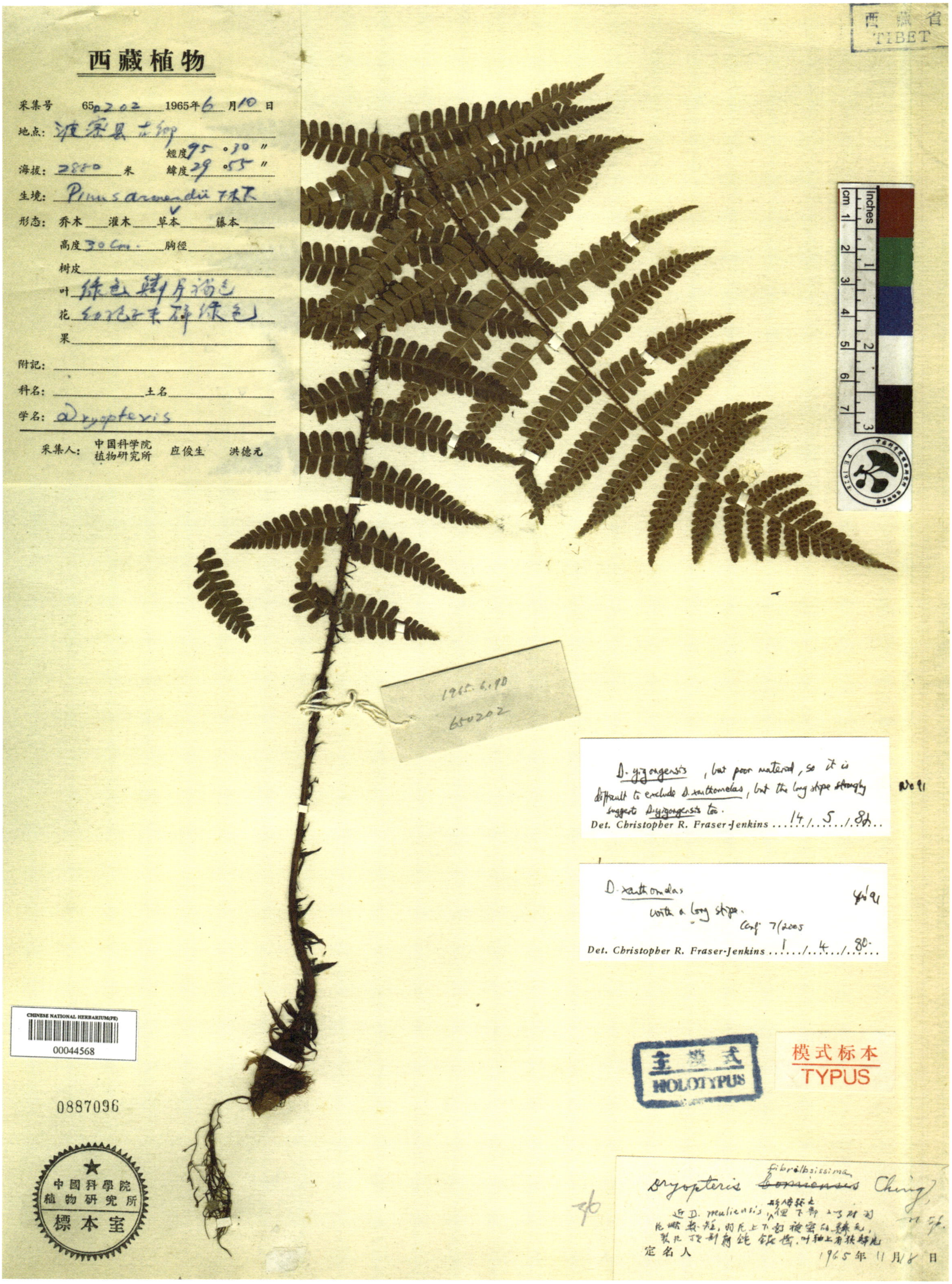

近纤维鳞毛蕨 ***Dryopteris fibrillosissima*** Ching, Fl. Xizang. 1: 254, pl. 6: 11. 1983. **Holotype:** China. Xizang: Bomi, alt. 2 880 m, 1965-06-10, T. S. Ying & D. Y. Hong 650202.

富阳鳞毛蕨 ***Dryopteris fuyangensis*** Ching & P. S. Chiu in Bot. Res. Inst. Bot. (Beijing) 1987(2): 26, pl. 9: 4. 1987. **Holotype:** China. Zhejiang: Fuyang, Yushan, 1973-09-??, P. S. Chiu 4417.

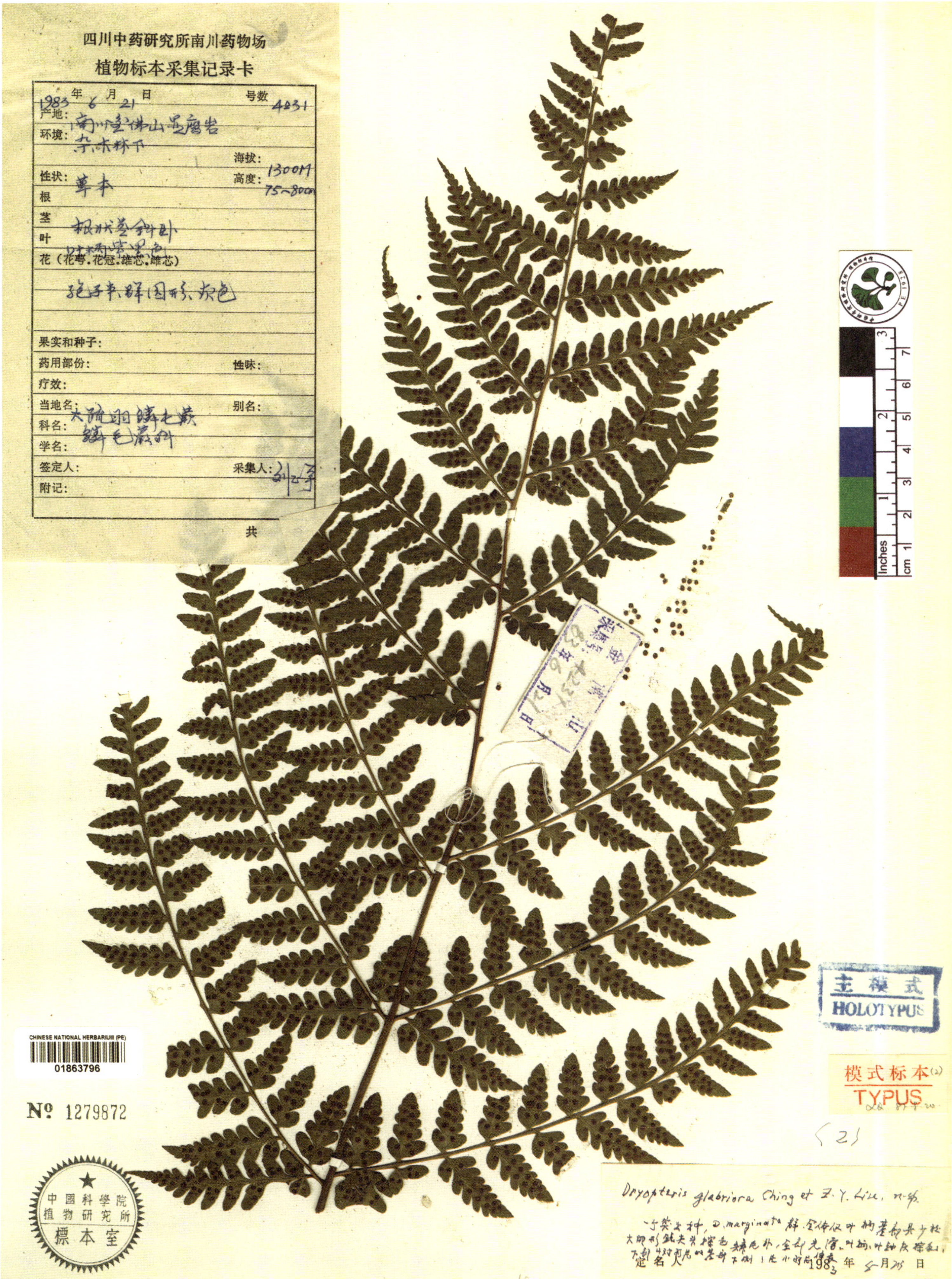

光滑鳞毛蕨 ***Dryopteris glabrior*** Ching & Z. Y. Liu in Bull. Bot. Res., Harbin 4(4): 11, photo. 39-40. 1984. **Holotype:** China. Chongqing: Nanchuan, alt. 1 300 m, 1983-06-21, Z. Y. Liu 4231.

工布鳞毛蕨 ***Dryopteris gongboensis*** Ching, Fl. Xizang. 1: 269, f. 61: 3-4. 1983. **Holotype:** China. Xizang: Gongbo, alt. 3 500 m, 1938-06-26, G. Sherriff & G. Taylor 4993.

强壮鳞毛蕨 ***Dryopteris grandiosa*** Ching & P. S. Chiu in Bot. Res. Inst. Bot. (Beijing) 1987(2): 8, pl. 3: 4, 4: 1. 1987.
Holotype: China. Zhejiang: Qingyuan, 1964-06-??, P. S. Chiu 4239.

古乡鳞毛蕨 ***Dryopteris gushaingensis*** Ching, Fl. Xizang. 1: 269, f. 64: 6-8. 1983. **Holotype:** China. Xizang: Bomi, alt. 2 880 m, 1965-06-10, T. S. Ying & D. Y. Hong 650207.

古田鳞毛蕨 ***Dryopteris gutishanensis*** Ching & C. F. Zhang in Bull. Bot. Res., Harbin 3(3): 29, photo. 21. 1983. **Holotype:** China. Zhejiang: Kaihua, alt. 700 m, 1981-10-??, C. C. Cheng & B. Y. Ding 1783.

哈巴鳞毛蕨 ***Dryopteris habaensis*** Ching in Sunyatsenia 6(1): 2. 1941. **Holotype:** China. Yunnan: Zhongdian (=Shangri-La), 1939-06-18, K. M. Feng 1334.

杭州鳞毛蕨 ***Dryopteris hangchowensis*** Ching in Bull. Fan Mem. Inst. Biol., Bot. Ser. 8: 414. 1938. **Holotype:** China. Zhejiang: Hangzhou, 1927-07-18, T. Tang & W. Y. Hsia 93.

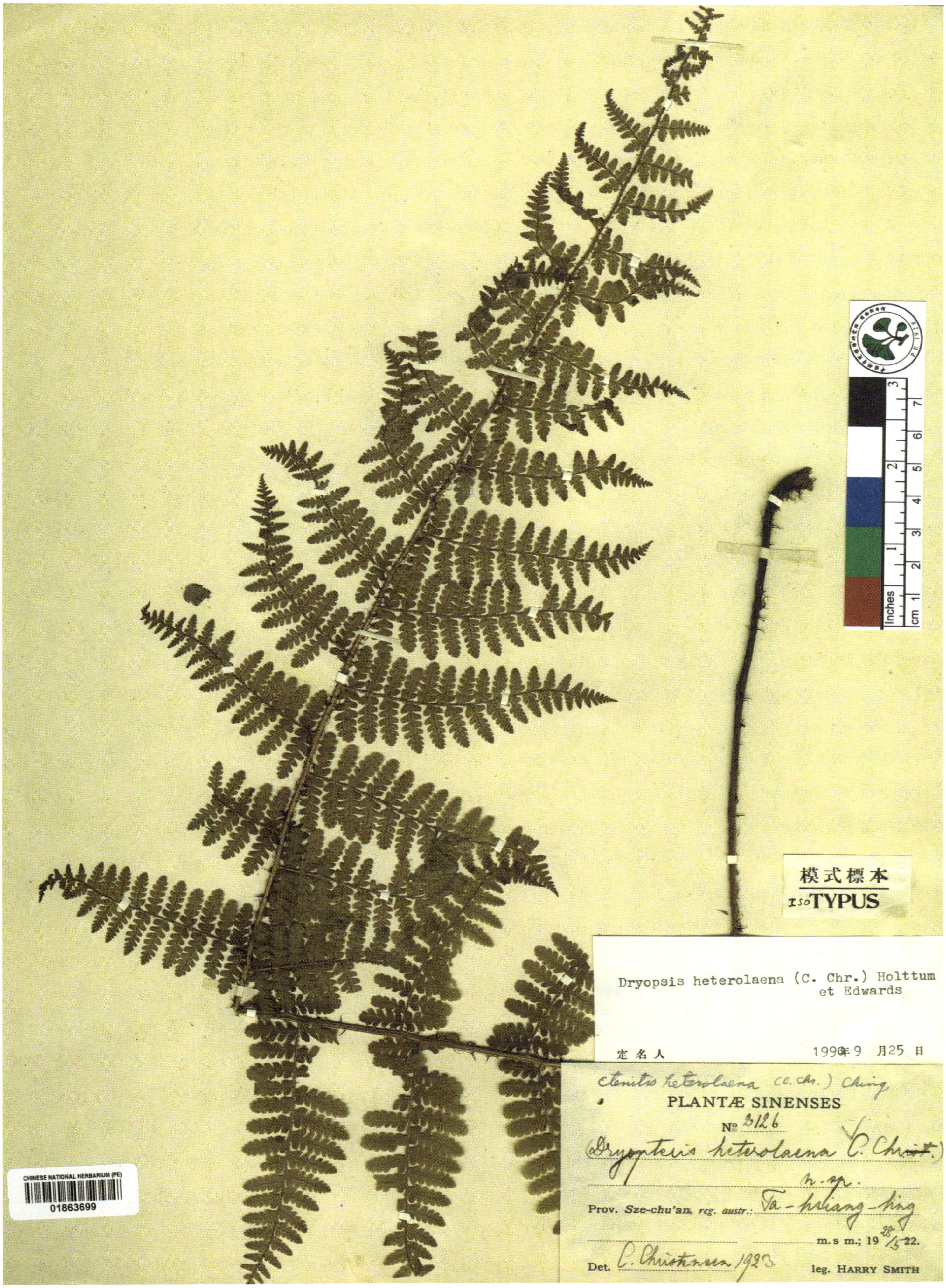

异型鳞毛蕨 ***Dryopteris heterolaena*** C. Chr. in Acta Hort. Gothob. 1: 62, pl. 17. 1924. **Isotype:** China. Sichuan: Ta-hsliang-hing, alt. 2 400 m, 1922-05-28, H. Smith 2126.

湖南鳞毛蕨 ***Dryopteris hunanica*** Ching in Bull. Fan Mem. Inst. Biol., Bot. Ser. 10: 179. 1940. **Isotype:** China. Hunan: Precise locality not known, Anonymous 50793.

湖北鳞毛蕨 ***Dryopteris hupehensis*** Ching, Fl. Tsinling. 2: 169, 226. 1974. **Holotype:** China. Hubei: Enshi, alt. 1 600 m, 1957-08-29, K. S. Fu & S. S. Chang 1346.

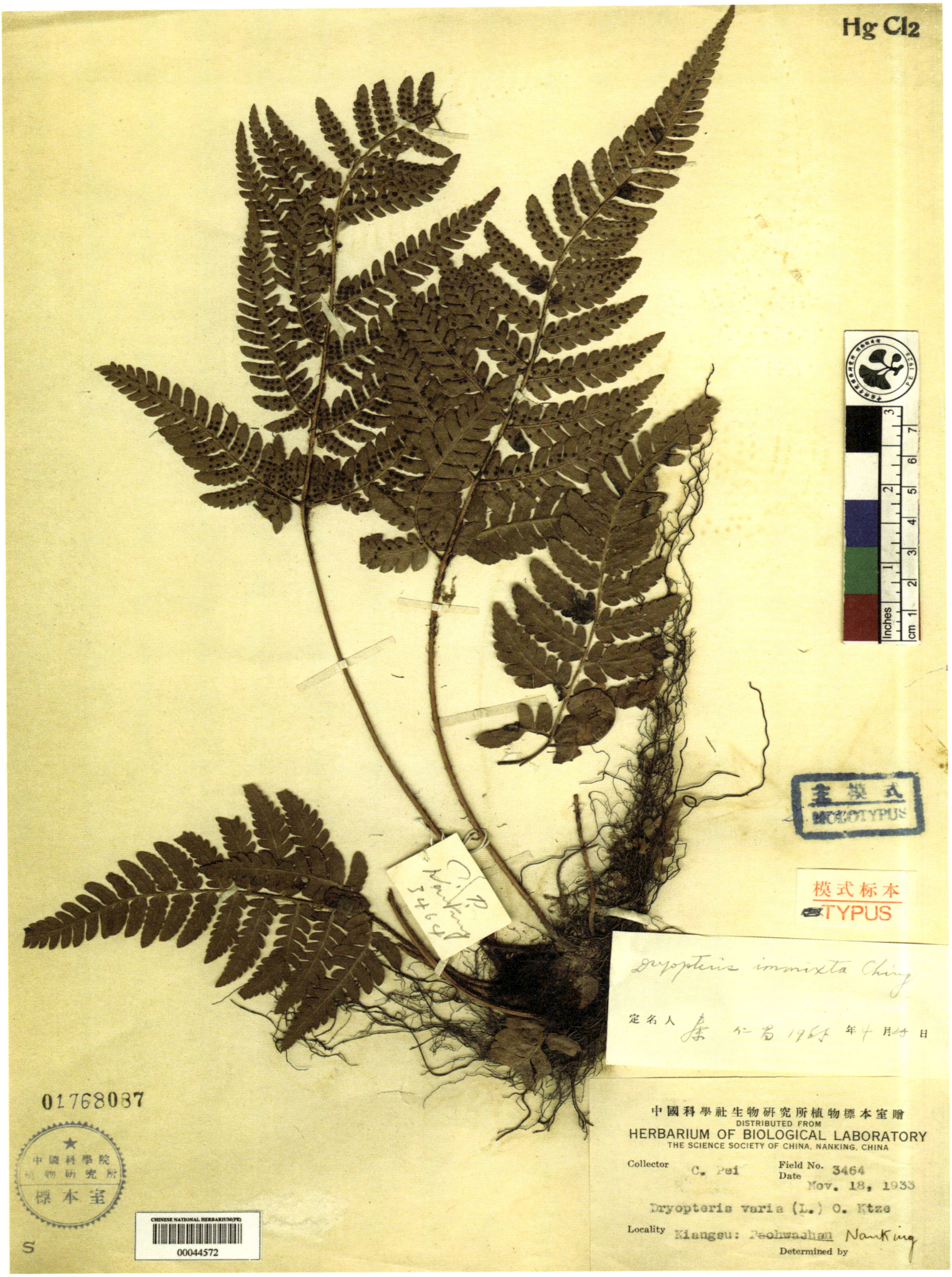

假异鳞毛蕨 ***Dryopteris immixta*** Ching, Fl. Tsinling. 2: 165, 225, pl. 41: 1-2. 1974. **Holotype:** China. Jiangsu: Nanjing, 1933-11-18, C. Pei 3464.

深裂鳞毛蕨 ***Dryopteris incisolobata*** Ching, Fl. Xizang. 1: 249. 1983. **Holotype:** China. Xizang: Gyirong, alt. 3 380 m, 1967-11-01, S. Kiang & T. F. Chiao 296.

微毛鳞毛蕨 ***Dryopteris infrahirtella*** Ching & Z. Y. Liu in Bull. Bot. Res., Harbin 3(4): 22, photo. 19. 1983. **Holotype:** China. Chongqing: Nanchuan, alt. 1 100 m, 1982-08-13, Z. Y. Liu & al. 3534.

微柔毛鳞毛蕨 ***Dryoperis infrapuberula*** Ching, Boufford & K. H. Shing in Bartholomew & al., Journ. Arn. Arb. 64(1): 28. 1983. **Holotype:** China. Hubei: Shennongjia, alt. 1 440~1 650 m, 1980-09-03, Sino-Amer. Exped. 619.

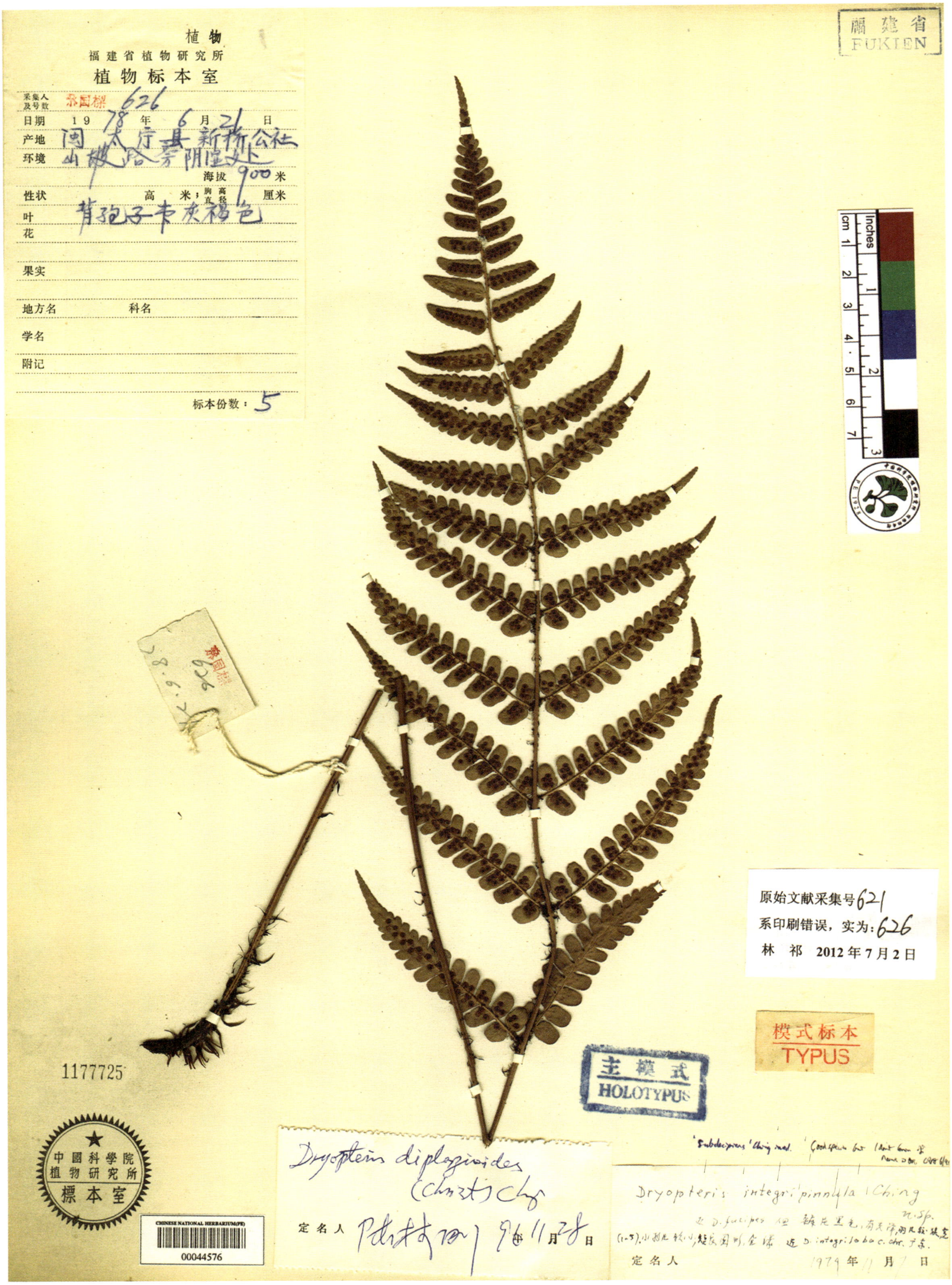

无齿鳞毛蕨 ***Dryopteis integripinnula*** Ching in Wuyi Sci. Journ. 1: 7. 1981. **Holotype:** China. Fujian: Taining, alt. 900 m, 1978-06-21, K. L. Tsai 626.

江山鳞毛蕨 ***Dryopteris jiangshanensis*** Ching & P. S. Chiu in Bot. Res. Inst. Bot. (Beijing) 1987(2): 34, pl. 12: 3. 1987.
Holotype: China. Zhejiang: Jiangshan, alt. 560 m, 1958-08-31, P. S. Chiu 2185.

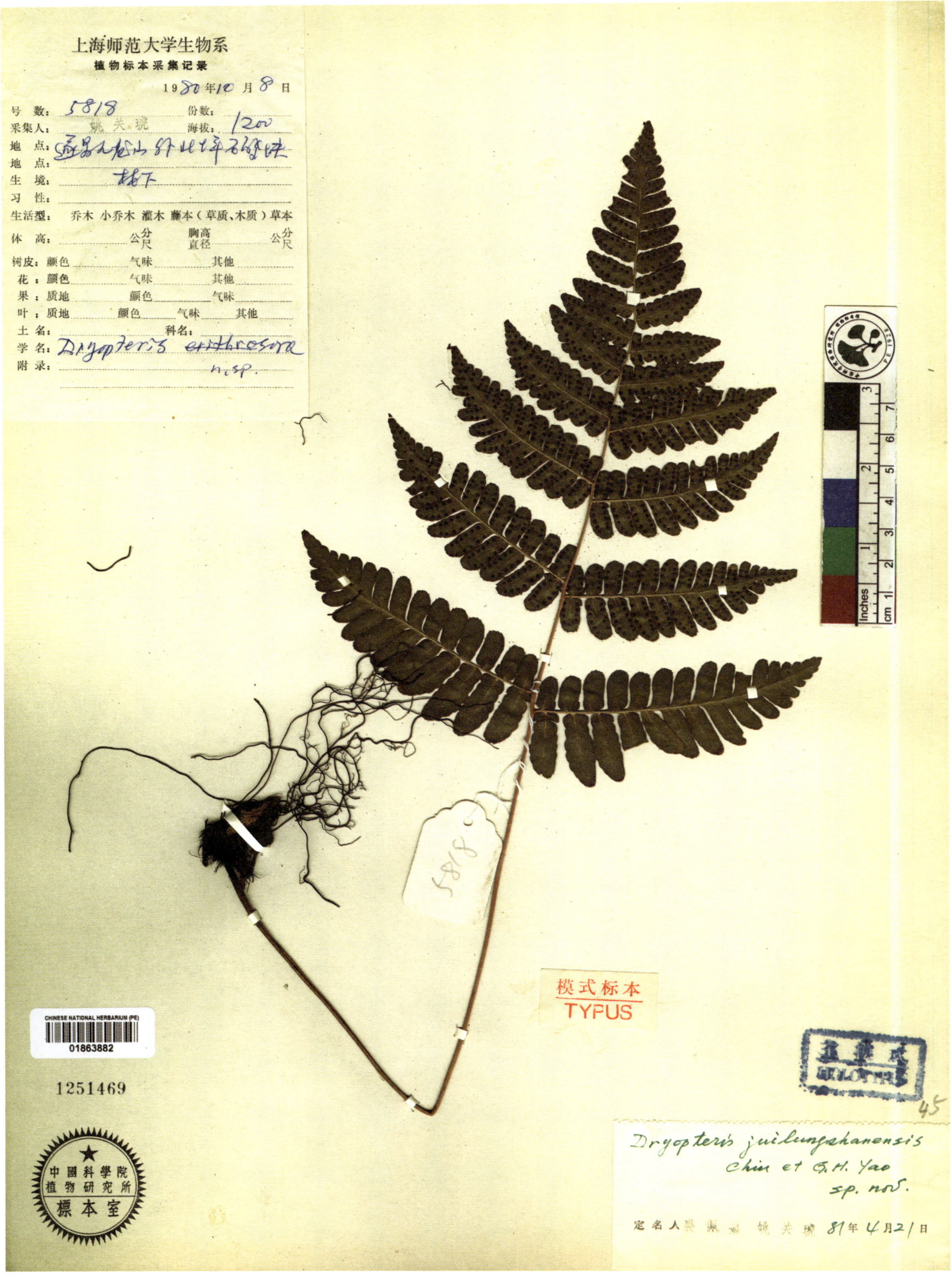

九龙山鳞毛蕨 ***Dryopteris jiulungshanensis*** P. S. Chiu & G. H. Yao ex Ching in Bull. Bot. Res., Harbin 2(2): 62, photo. 1: 1. 1982. **Holotype:** China. Zhejiang: Suichang, alt. 1 200 m, 1980-10-08, G. H. Yao 5818.

开化鳞毛蕨 ***Dryopteris kaihuaensis*** Ching & C. F. Zhang in Bull. Bot. Res., Harbin 3(3): 24, photo. 18. 1983. **Holotype:** China. Zhejiang: Kaihua, 1979-10-12, L. S. Hong & B. Y. Ding. 1269.

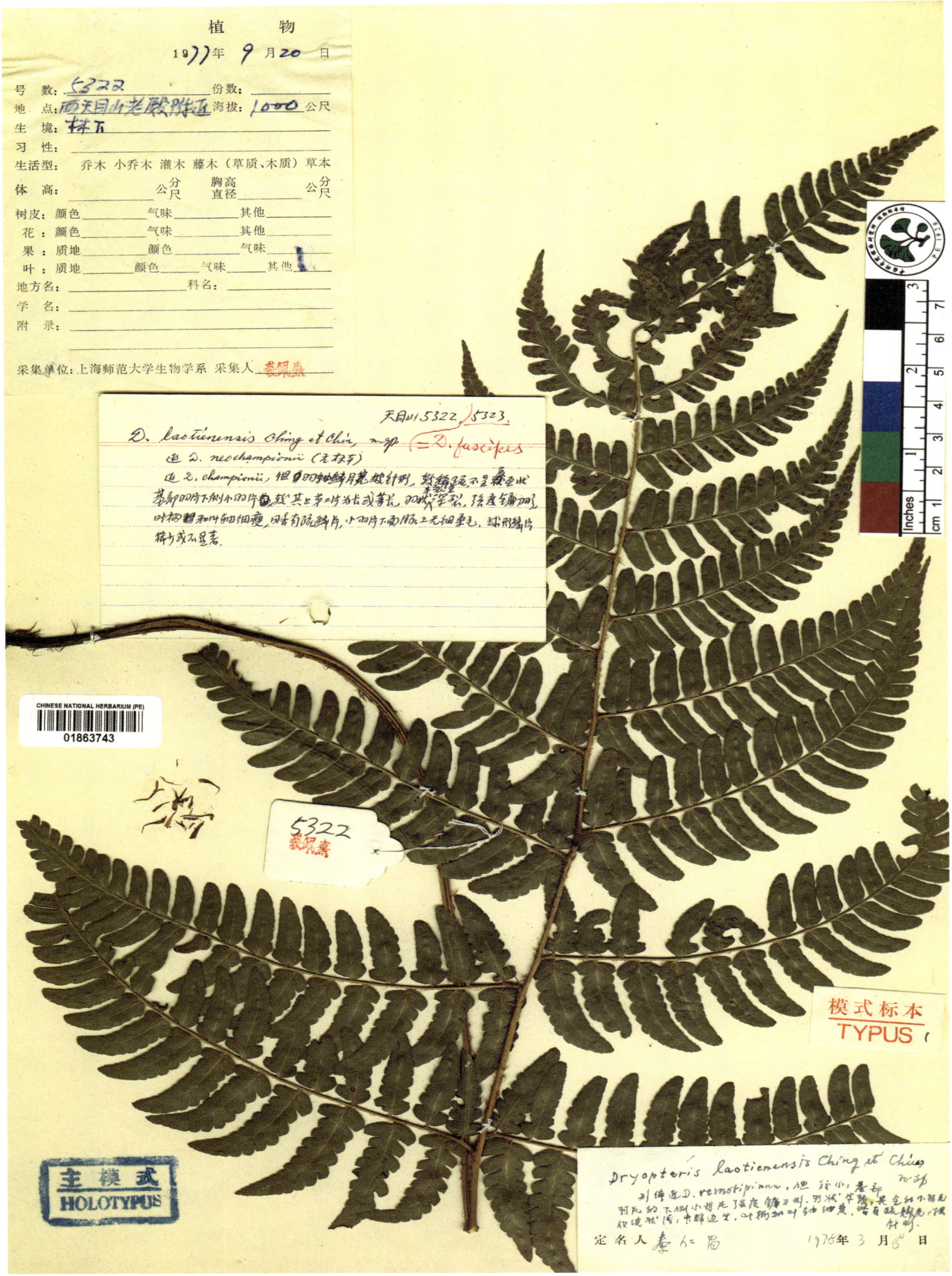

老殿鳞毛蕨 ***Dryopteris laodianensis*** Ching & P. S. Chiu in Bot. Res. Inst. Bot. (Beijing) 1987(2): 16, pl. 6: 3. 1987. **Holotype:** China. Zhejiang: W Tianmushan, alt. 1 000 m, 1977-09-20, P. S. Chiu 5322.

阔基鳞毛蕨 ***Dryopteris latibasis*** Ching in Bull. Fan Mem. Inst. Biol., Bot. Ser. 11: 61. 1941. **Holotype:** China. Yunnan: Lijiang, alt. 2 500 m, 1939-10-26, K. M. Feng 2619.

鳞茎鳞毛蕨 ***Dryopteris lepidocaulon*** Ching & P. S. Chiu in Bot. Res. Inst. Bot. (Beijing) 1987(2): 19, pl. 7: 3. 1987. **Holotype:** China. Zhejiang: Fuyang, alt. 200 m, 1973-11-??, P. S. Chiu 004.

褐冠鳞毛蕨 ***Dryopteris lepidopoda*** Hayata var. ***phaeocoma*** Ching & S. K. Wu, Fl. Xizang. 1: 258. 1983. **Holotype:** China. Xizang: Dinggyê, alt. 2 300 m, 1975-06-06, Qinghai-Xizang Exped. 5547.

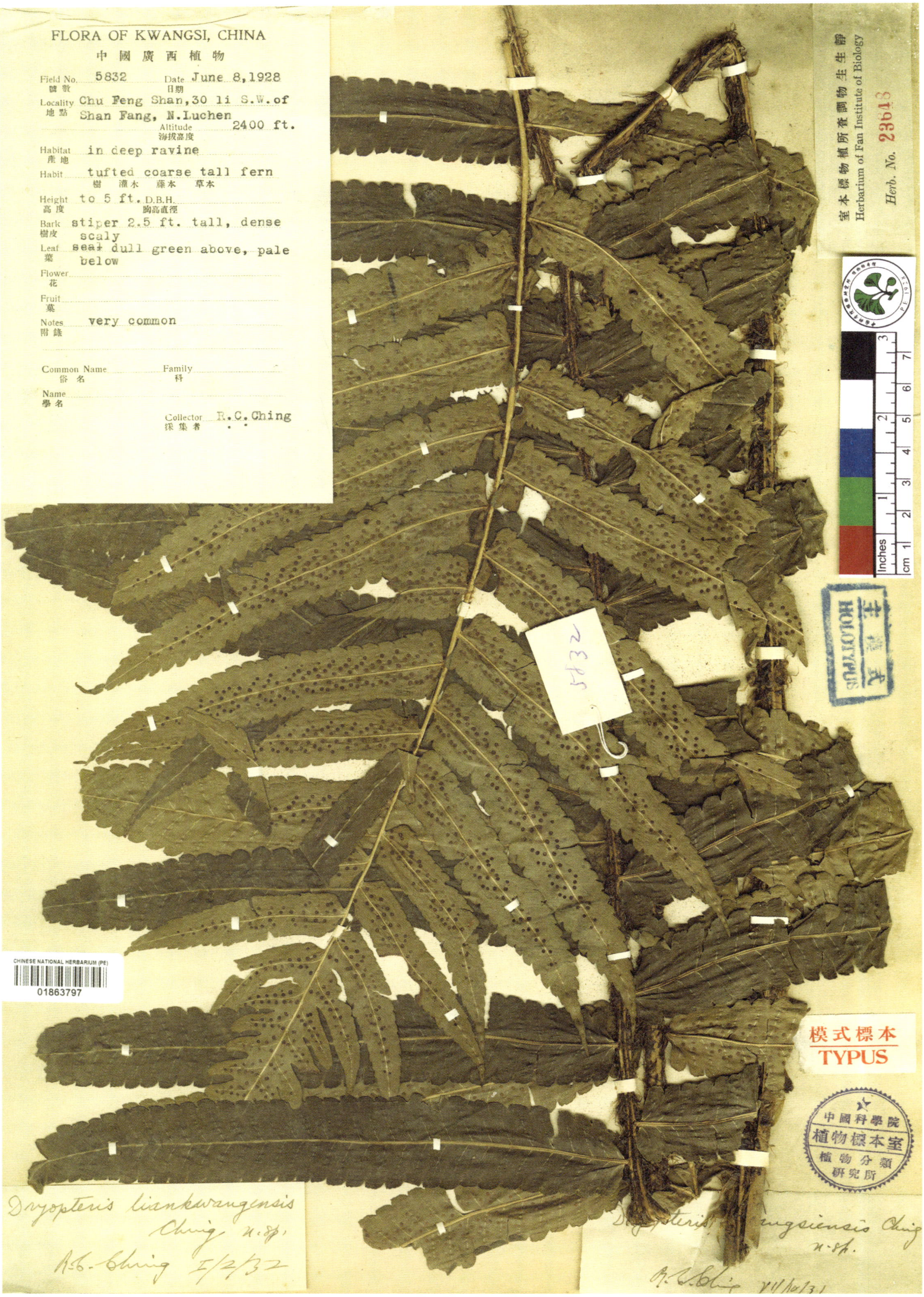

两广鳞毛蕨 ***Dryopteris liangkwangensis*** Ching, Icon. Fil. Sin 4: pl. 180. 1937. **Holotype:** China. Guangxi: Luocheng, alt. 800 m, 1928-06-08, R. C. Ching 5832.

丽江鳞毛蕨 ***Dryopteris likiangensis*** Ching in Sunyatsenia 6(1): 1. 1941. **Holotype:** China. Yunnan: Lijiang, 1939-03-10, K. M. Feng 460.

临安鳞毛蕨 ***Dryopteris linganensis*** Ching & C. F. Zhang in Bull. Bot. Res., Harbin 3(3): 23, photo. 17. 1983. **Holotype:** China. Zhejiang: Linan, alt. 700 m, 1981-06-25, C. F. Zhang 6740.

灵隐鳞毛蕨 ***Dryopteris linyingensis*** Ching & C. F. Zhang in Bull. Bot. Res., Harbin 3(3): 30, photo. 22. 1983. **Holotype:** China. Zhejiang: Hangzhou, alt. 100 m, 1973-12-20, C. F. Zhang 3131.

长柄鳞毛蕨 ***Dryopteris longistipes*** Ching in Bull. Fan Mem. Inst. Biol., Bot. Ser. 11: 59. 1941. **Holotype:** China. Yunnan: Lijiang, alt. 2 500~2 600 m, 1939-12-26, K. M. Feng 2620.

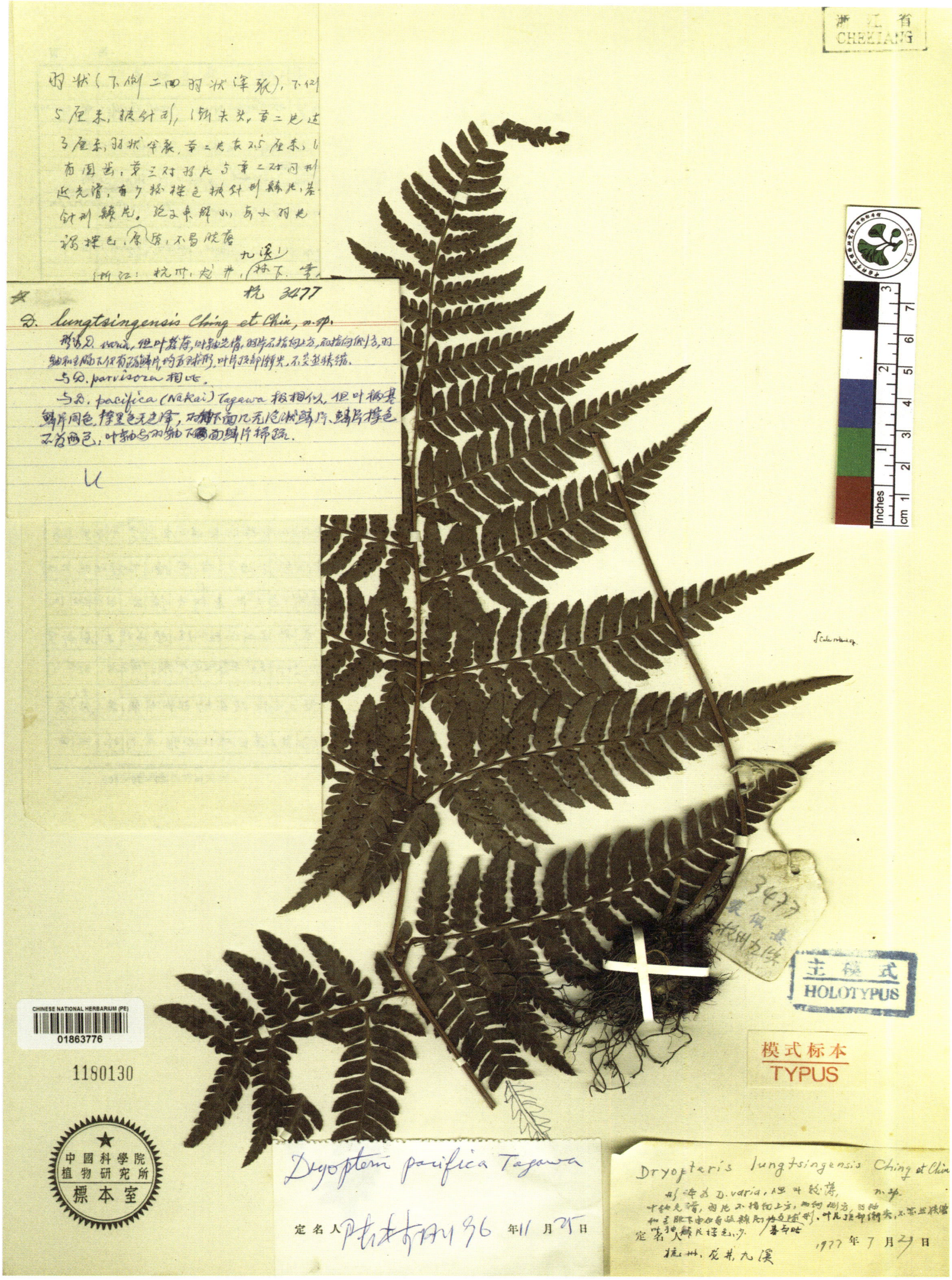

龙井鳞毛蕨 ***Dryopteris lungjingensis*** Ching & P. S. Chiu in Bot. Res. Inst. Bot. (Beijing) 1987(2): 27, pl. 10: 1. 1987.
Holotype: China. Zhejiang: Hangzhou, P. S. Chiu 3477.

龙泉鳞毛蕨 ***Dryopteris lungquanensis*** Ching & P. S. Chiu in Bot. Res. Inst. Bot. (Beijing) 1987(2): 1, pl. 1: 1. 1987. **Holotype:** China. Zhejiang: Longquan, 1964-06-??, P. S. Chiu 4079.

龙山鳞毛蕨 ***Dryopteris lungshanensis*** Ching in Bot. Res. Inst. Bot. (Beijing) 1987(2): 5, pl. 2: 3. 1987. **Holotype:** China. Hunan: Longshan, alt. 1 070 m, 1958-05-30, L. H. Liu 1880.

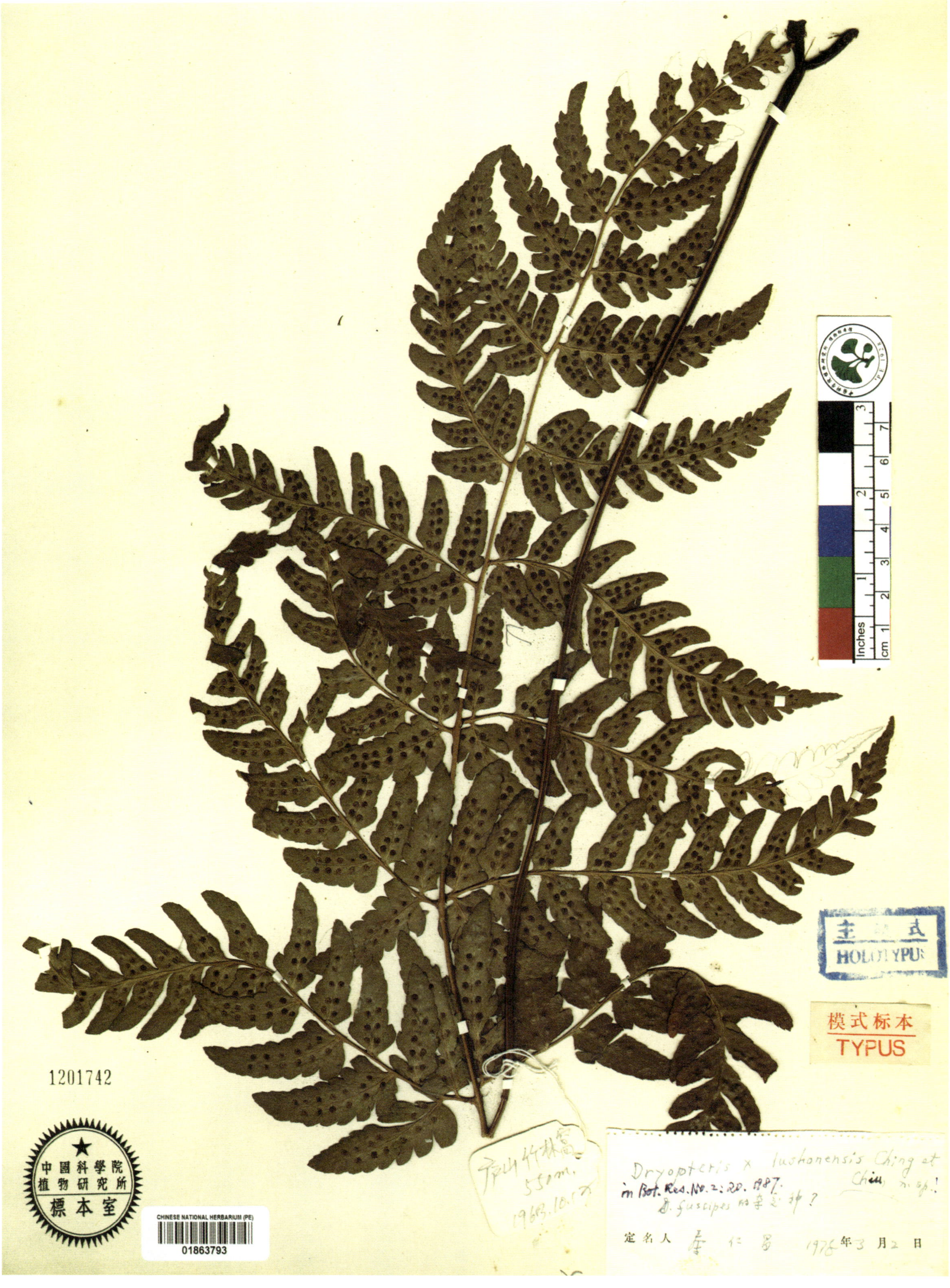

庐山鳞毛蕨 ***Dryopteris lushanensis*** Ching & P. S. Chiu in Bot. Res. Inst. Bot. (Beijing) 1987(2): 20, pl. 8: 1. 1987. **Holotype:** China. Jiangxi: Lushan, alt. 550 m, 1963-10-17, P. S. Chiu 3041.

泡鳞肋毛蕨 ***Dryopteris mariformis*** Ros. in Fedde, Repert. Spec. Nov. Regni Veg. 13: 131. 1914. **Isotype:** China. Guizhou: Pinfa (=Guiding), 1904-11-??, P. Cavalerie 1962.

中生鳞毛蕨 ***Dryopteris medialisora*** Ching & P. S. Chiu in Bot. Res. Inst. Bot. (Beijing) 1987(2): 6, pl. 3: 1. 1987. **Holotype:** China. Zhejiang: Qingyuan, Baishanzu, P. S. Chiu 4286.

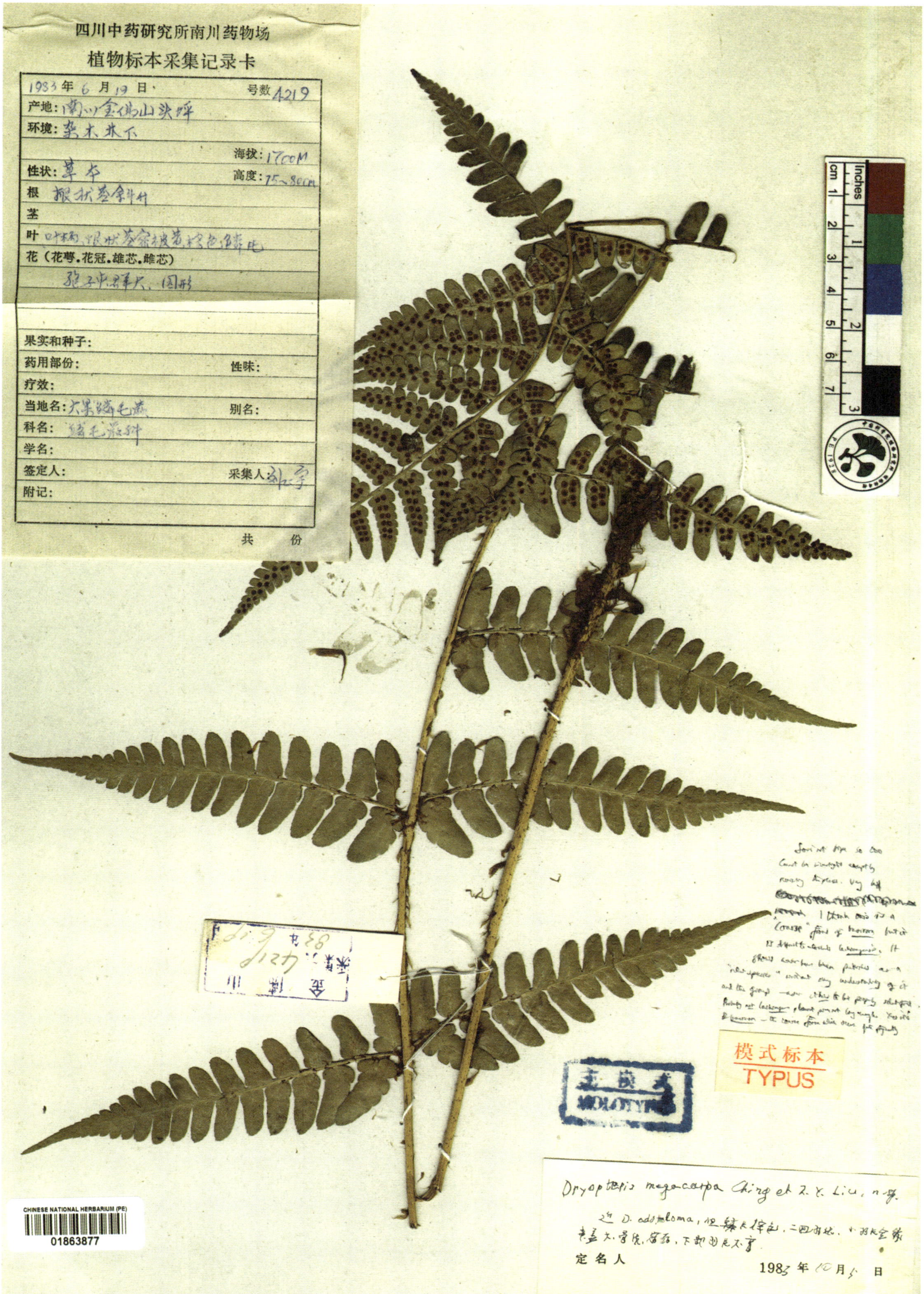

大果鳞毛蕨 ***Dryopteris megacarpa*** Ching & Z. Y. Liu in Bull. Bot. Res., Harbin 4(4): 3, photo. 31. 1984. **Holotype:** China. Chongqing: Nanchuan, alt. 1 700 m, 1983-06-19, Z. Y. Liu 4219.

桂林鳞毛蕨 ***Dryopteris metcalfii*** Ching in Bull. Fan Mem. Inst. Biol., Bot. Ser. 8: 463. 1938. **Holotype:** China. Guangxi: Guilin, 1937-10-(1-11), W. T. Tsang 28463.

拟倒向鳞毛蕨 ***Dryopteris mimetica*** Ching & C. F. Zhang in Bull. Bot. Res., Harbin 3(3): 21, photo. 16. 1983. **Holotype:** China. Zhejiang: Linan, 1981-06-25, C. F. Zhang 6733.

多羽鳞毛蕨 ***Dryopteris multijugata*** Ching & K. H. Shing ex R. C. Ching & C. F. Zhang in Bull. Bot. Res., Harbin 3(3): 12, photo. 10. 1983. **Holotype:** China. Zhejiang: Ninghai, alt. 400 m, 1979-11-10, K. H. Shing & al. 66.

多孢鳞毛蕨 ***Dryopteris multisora*** C. Chr. in Gard. Bull. Strait. Settl. 7: 241. 1934. **Isotype:** Indonesis. Borneo, alt. 2 330 m, 1931-11-17, R. E. Holttum 25523.

纳夯鳞毛蕨 ***Dryopteris nakanensis*** Ching in Bull. Fan Mem. Inst. Biol., Bot. Ser. 8: 413. 1938. **Holotype:** China. Guizhou: Zhenfeng, Nakan, 1930-10-16, Y. Tsiang 4531.

南川鳞毛蕨 ***Dryopteris nanchuanensis*** Ching & Z. Y. Liu in Bull. Bot. Res., Harbin 3(4): 20, photo. 18. 1983. Holotype: China. Chongqing: Nanchuan, Jinfoshan, alt. 1 100 m, 1982-08-13, Z. Y. Liu 3533.

新黑足鳞毛蕨 ***Dryopteris neofuscipes*** Ching & Z. Y. Liu in Bull. Bot. Res., Harbin 4(3): 22, photo. 25. 1984. **Holotype:** China. Chongqing: Nanchuan, Jinfoshan, alt. 1 100 m, 1983-03-27, Z. Y. Liu 3945.

新黑足鳞毛蕨 ***Dryopteris neofuscipes*** Ching & P. S. Chiu in Bot. Res. Inst. Bot. (Beijing) 1987(2): 4, pl. 1: 4. 1987. **Holotype:** China. Zhejiang: W Tianmushan, alt. 1 000 m, 1977-09-20, P. S. Chiu 5323.

新撕裂鳞毛蕨 ***Dryopteris neolacera*** Ching in Bull. Fan Mem. Inst. Biol., Bot. Ser. 8: 440. 1938. **Holotype:** China. Hubei: Badong, 1934-05-24, H. C. Zhou 300.

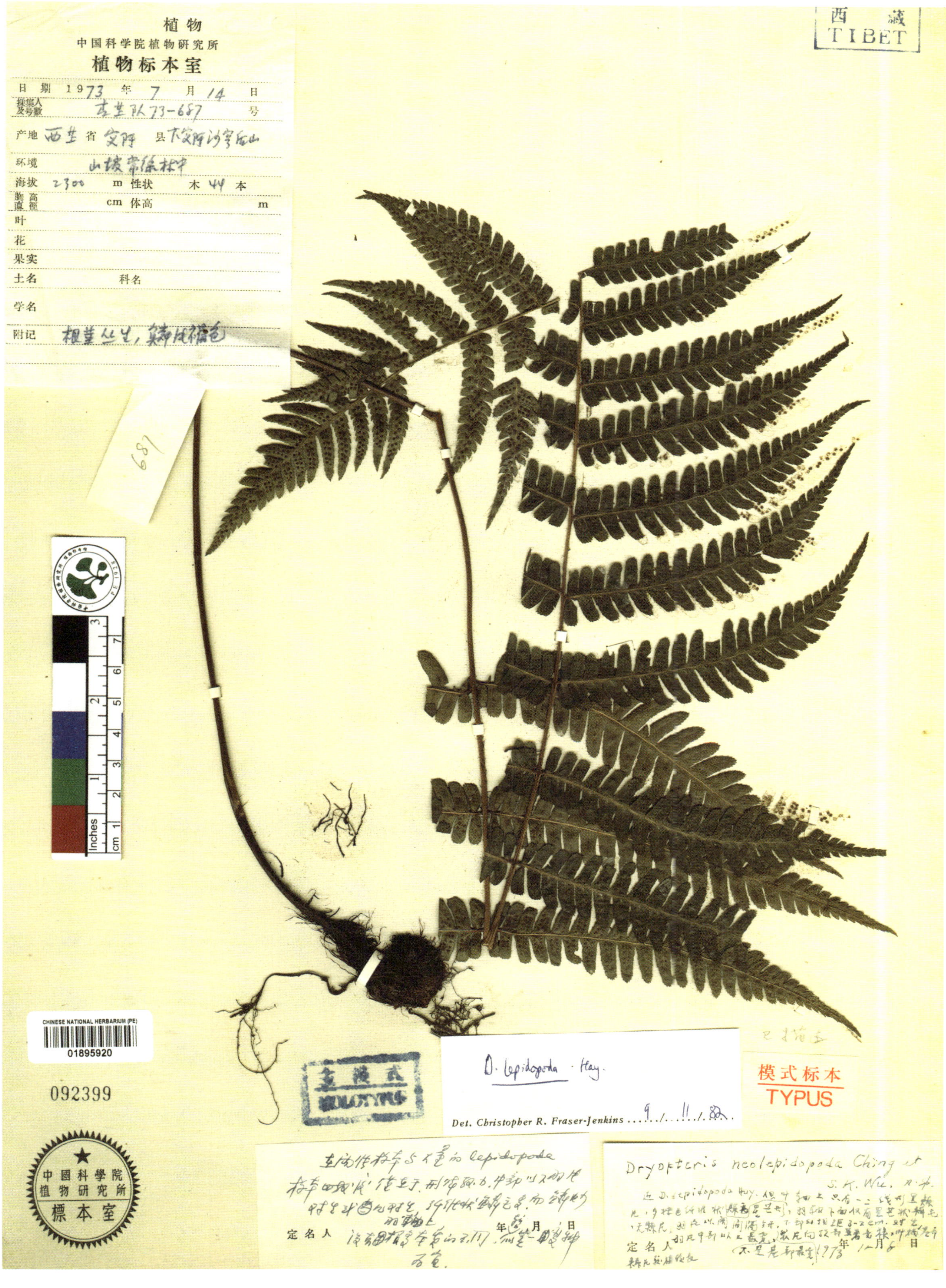

近黑鳞鳞毛蕨 ***Dryopteris neolepidopoda*** Ching & S. K. Wu, Fl. Xizang. 1: 258, f. 61: 1-2. 1983. **Holotype:** China. Xizang: Zayü, alt. 2 300 m, 1973-07-14, Qinghai-Xizang Exped. 687.

新柄叶鳞毛蕨 ***Dryopteris neopodophylla*** Ching in Bull. Fan Mem. Inst. Biol., Bot. Ser. 8: 401. 1938. **Holotype:** China. Guizhou: Pinfa (=Guiding), (1907-1910)-??-??, P. Cavalerie 2883.

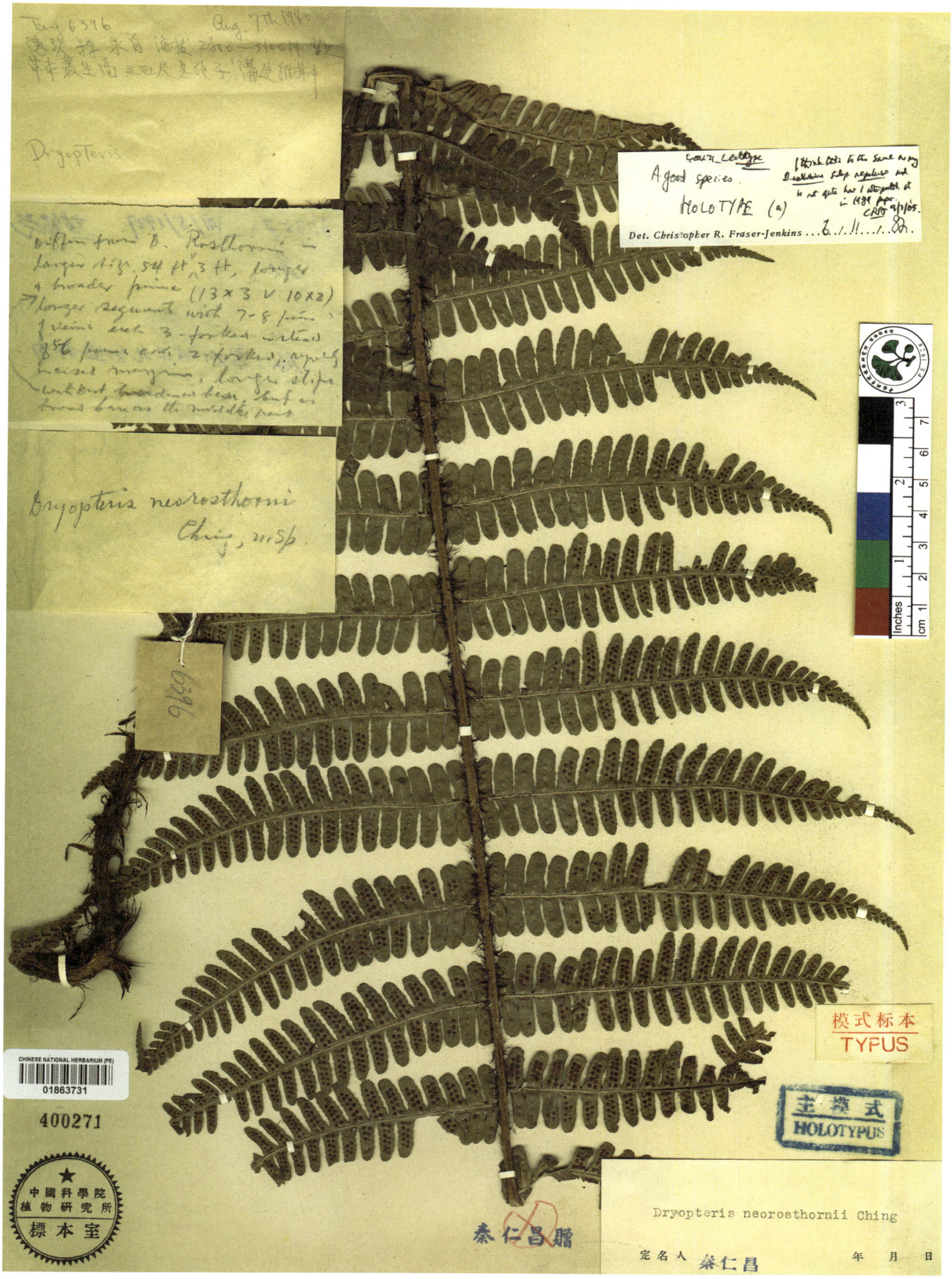

近川西鳞毛蕨 ***Dryopteris neorosthorni*** Ching in Bull. Fan Mem. Inst. Biol., Bot. Ser. 11: 62. 1941. **Holotype:** China. Yunnan: Dêqên, 1940-08-07, K. M. Feng 6396.

优雅鳞毛蕨 ***Dryopteris nobilis*** Ching in Bull. Fan Mem. Inst. Biol., Bot. Ser. 11: 65. 1941. **Holotype:** China. Yunnan: Gongshan, alt. 2 200~2 500 m, 1940-09-20, K. M. Feng 7991.

狭羽鳞毛蕨 ***Dryopteris nyalamense*** Ching & S. K. Wu var. ***angustipinna*** Ching &. S. K. Wu, Fl. Xizang. 1: 256. 1983.

Holotype: China. Xizang: Mêdog, alt. 2 800 m, 1974-08-03, Qinghai-Xizang Exped. 4004.

桐木鳞毛蕨 ***Dryopteris oblongipinnula*** Ching & P. S. Chiu in Bot. Res. Inst. Bot. (Beijing) 1987(2): 5, pl. 2: 2. 1987. **Holotype:** China. Fujian: Chongan, Wuyishan, P. S. Chiu 1227.

西天目鳞毛蕨 ***Dryopteris occidental-zhejiangensis*** Ching & P. C. Chiu in Bot. Res. Inst. Bot. (Beijing) 1987(2): 17, pl. 6: 4. 1987. **Holotype:** China. Zhejiang: W Tianmushan, alt. 850 m, 1977-09-16, P. S. Chiu 5249.

对生鳞毛蕨 ***Dryopteris oppositipinna*** Ching & Z. Y. Liu in Bull. Bot. Res., Harbin 4(3): 25, photo. 28. 1984. **Holotype:** China. Chongqing: Nanchuan, alt. 800 m, 1983-07-29, Z. Y. Liu & al. 4324.

密鳞鳞毛蕨 ***Dryopteris paleifera*** Ching & Z. Y. Liu in Bull. Bot. Res., Harbin 4(4): 2, photo. 30. 1984. **Holotype:** China. Chongqing: Nanchuan, alt. 1 100 m, 1983-07-26, Z. Y. Liu & al. 4317.

湿地鳞毛蕨 ***Dryopteris paludicola*** Ching & Z. Y. Liu in Bull. Bot. Res., Harbin 4(3): 21, photo. 23-24. 1984. **Holotype:** China. Chongqing: Nanchuan, alt. 1 900 m, 1983-06-17, Z. Y. Liu 4212.

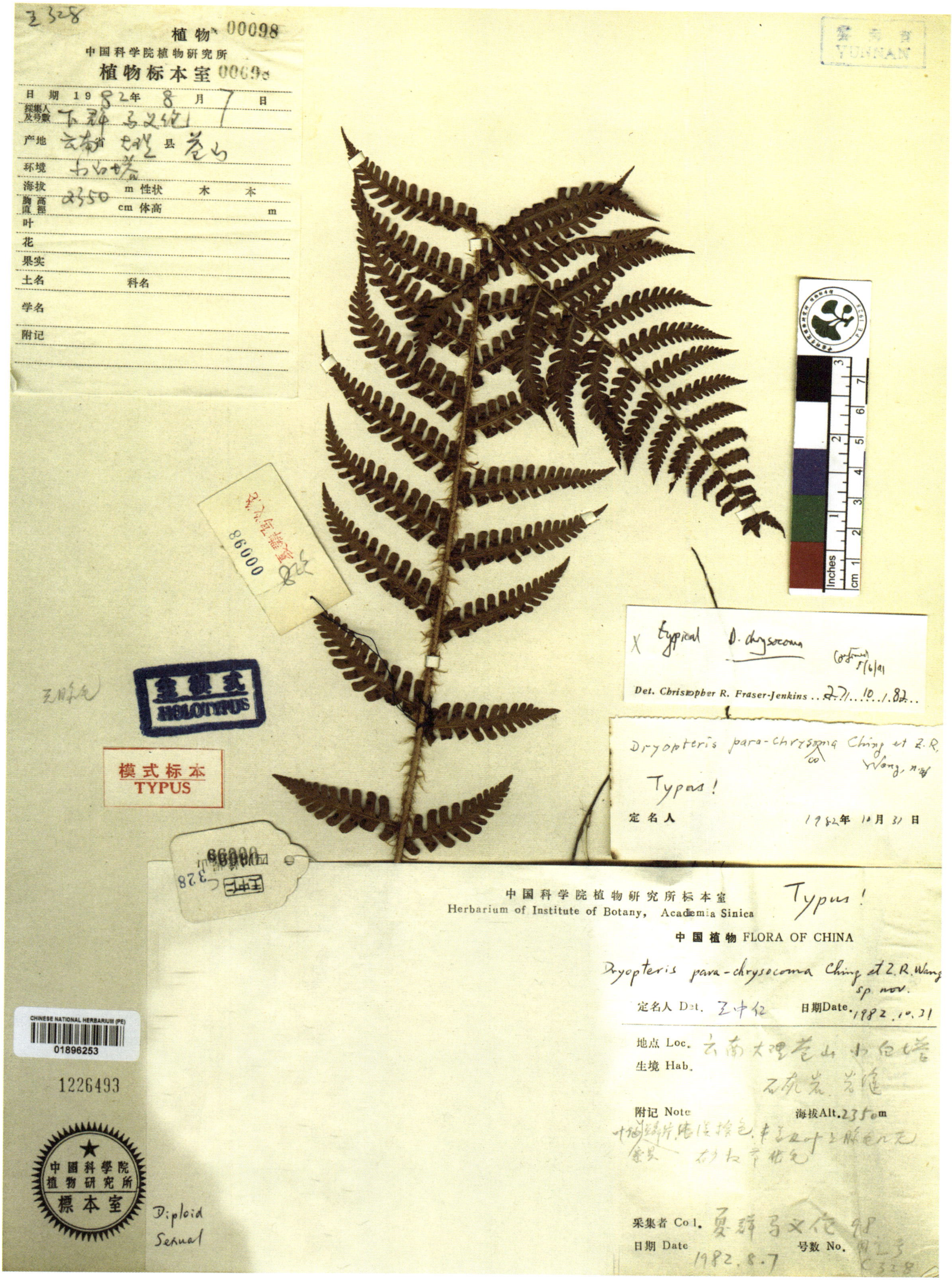

苍山鳞毛蕨 ***Dryopteris para-chrysocoma*** Ching & Z. R. Wang in Acta Phytotax. Sin. 23(5): 344, pl. 1: 1-2, f. 1: 1. 1985.
Holotype: China. Yunnan: Dali, Cangshan, 2 350 m, 1982-08-07, Q. Xia & Y. L. Ma 00098.

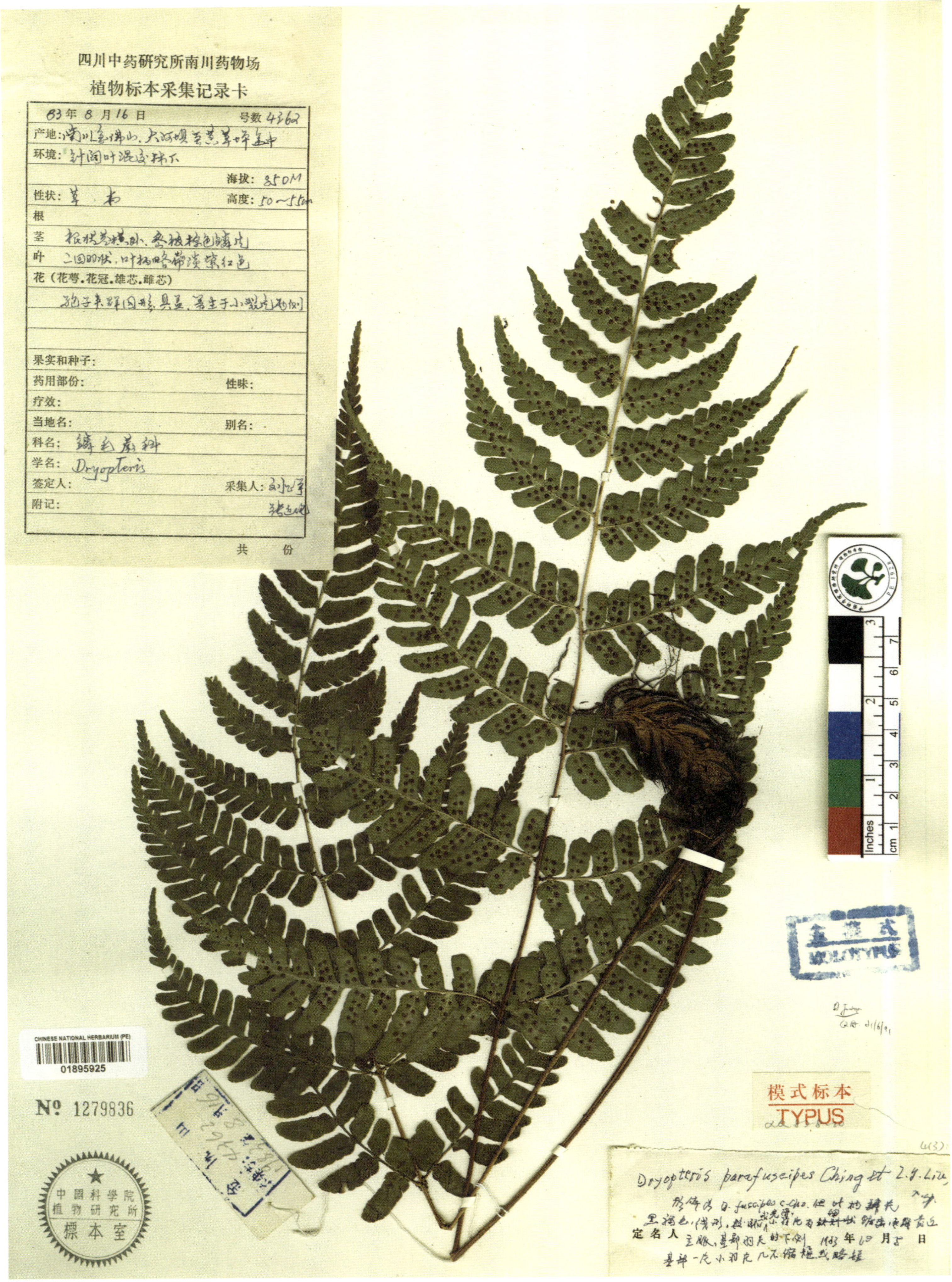

似黑足鳞毛蕨 ***Dryopteris parafuscipes*** Ching & Z. Y. Liu in Bull. Bot. Res., Harbin 4(3): 23, photo. 26. 1984. **Holotype:** China. Chongqing: Nanchuan, alt. 850 m, 1983-08-16, Z. Y. Liu & al. 4362.

似黑足鳞毛蕨 ***Dryopteris parafuscipes*** Ching & P. S. Chiu in Bot. Res. Inst. Bot. (Beijing) 1987(2): 4, pl. 2: 1. 1987. **Holotype:** China. Guangxi: Wuming, Damingshan, alt. 1 100 m, 1977-07-19, P. S. Chiu 5114.

绿色鳞毛蕨 ***Dryopteris parasparsa*** Ching & S. K. Wu, Fl. Xizang. 1: 267, f. 64: 1-2. 1983. **Holotype:** China. Xizang: Mêdog, alt. 800 m, 1974-08-19, Qinghai-Xizang Exped. 74-4374.

长柄鳞毛蕨 ***Dryopteris paravaris*** Ching & P. S. Chiu in Bot. Res. Inst. Bot. (Beijing) 1987(2): 22, pl. 7: 3. 1987. **Holotype:** China. Guangxi: Longsheng, Huaping, alt. 800 m, 1977-06-18, P. S. Chiu 4686.

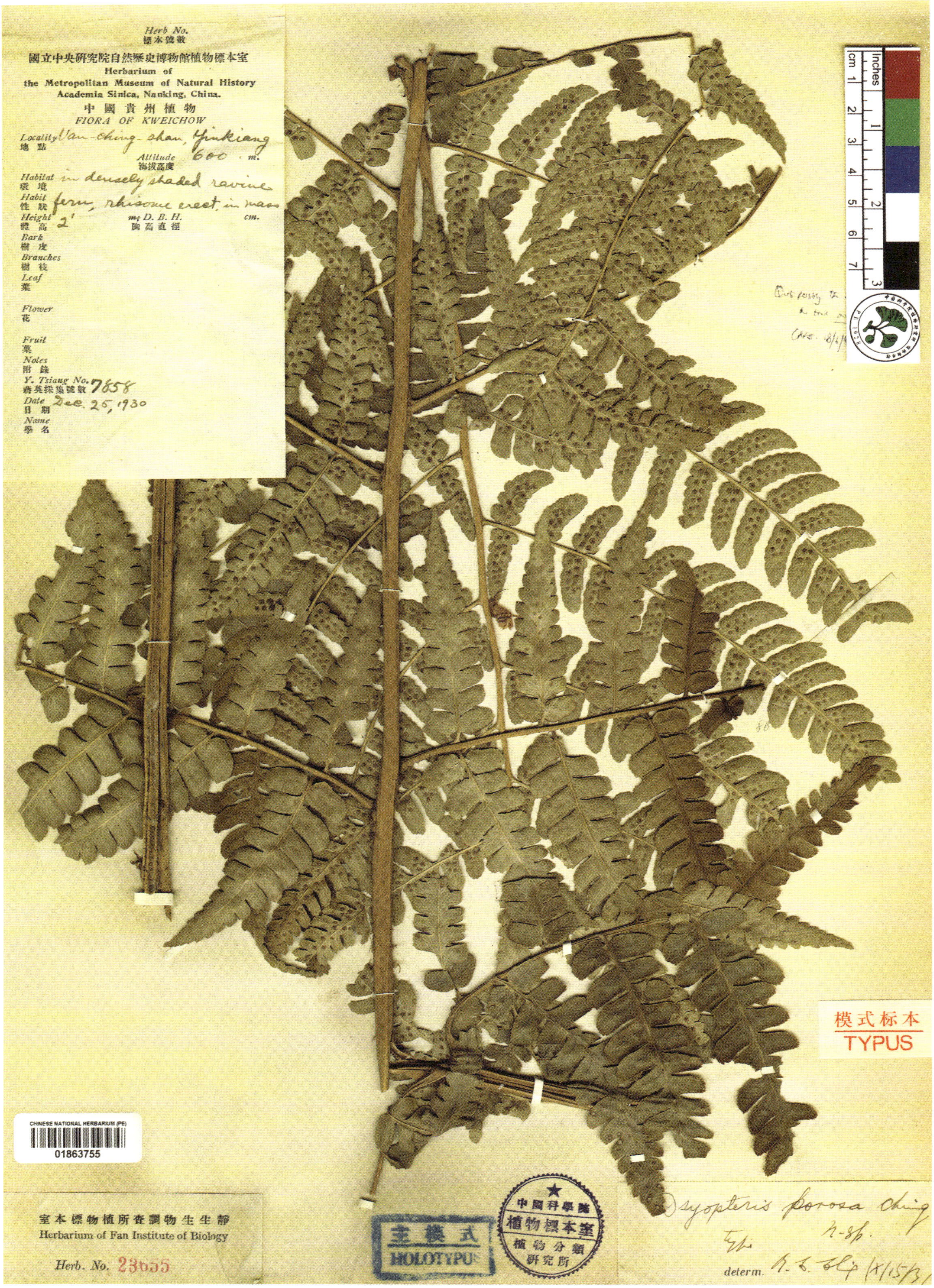

微孔鳞毛蕨 ***Dryopteris porosa*** Ching in Bull. Fan Mem. Inst. Biol., Bot. Ser. 8: 460. 1938. **Holotype:** China. Guizhou: Yingjiang, Fanjingshan, 1930-12-25, Y. Tsiang 7858.

假暗鳞鳞毛蕨 ***Dryopteris pseudatrata*** Ching, Fl. Fujian. 1: 207, 601, f. 194. 1982. **Holotype:** China. Fujian: Chongan, 1958-08-06, P. S. Chiu 1649.

细裂鳞毛蕨 ***Dryopteris pseudobissetiana*** Ching ex K. H. Shing & J. F. Cheng in Jiangxi Sci. 8(3): 49. 1990. **Holotype:** China. Jiangxi: Lushan, 1935-06-07, R. C. Ching 11375.

假粗齿鳞毛蕨 ***Dryopteris pseudodontoloma*** Ching, Fl. Xizang. 1: 265, f. 63: 3-4. 1983. **Holotype:** China. Xizang: Bomi, alt. 2 900 m, 1965-06-11, T. S. Ying & D. Y. Hong 650218.

假红盖鳞毛蕨 ***Dryopteris pseudo-erythrosora*** Ching & C. F. Zhang in Bull. Bot. Res., Harbin 3(3): 27, photo. 20. 1983.
Holotype: China. Zhejiang: Hangzhou, alt. 10 m, 1982-04-27, C. F. Zhang 7235.

假纤维鳞毛蕨 ***Dryopteris pseudofibrillosa*** Ching, Fl. Xizang. 1: 252. 1983. **Holotype:** China. Xizang: Mainling, alt. 3 000 m, 1972-07-14, Xizang Medicinal Herb. Exped. 3911.

假黑足鳞毛蕨 ***Dryopteris pseudofuscipes*** Ching & P. S. Chiu in Bot. Res. Inst. Bot. (Beijing) 1987(2): 3, pl. 1: 3. 1987.
Holotype: China. Fujian: Chongan, Wuyishan, P. S. Chiu s. n.

拟锡金鳞毛蕨 ***Dryopteris pseudo-sikkimensis*** Ching & S. K. Wu, Fl. Xizang. 1: 267, f. 64: 3-5. 1983. **Holotype:** China. Xizang: Mêdog, alt. 2 300 m, 1974-08-03, Qinghai-Xizang Exped. 74-4011.

假稀羽鳞毛蕨 ***Dryopteris pseudosparsa*** Ching in Bull. Fan Mem. Inst. Biol., Bot. Ser. 8: 489. 1938. **Isotype:** China. Yunnan: Mengzi, 1893-05-??, W. Hancock 58.

普陀鳞毛蕨 ***Dryopteris pudouensis*** Ching in Bull. Bot. Res., Harbin 3(3): 11, photo. 9. 1983. **Holotype:** China. Zhejiang: Putuoshan, alt. 40 m, 1979-10-30, K. H. Shing & al. 306.

豫陕鳞毛蕨 ***Dryopteris pulcherrima*** Ching in Bull. Fan Mem. Inst. Biol., Bot. Ser. 8: 422. 1938. **Holotype:** China. Henan: Lushi, alt. 1 420 m, 1935-09-01, K. M. Liou 5344.

庆元鳞毛蕨 ***Dryopteris qinyuanensis*** Ching & P. S. Chiu in Bot. Res. Inst. Bot. (Beijing) 1987(2): 7, pl. 3: 2. 1987. **Holotype:** China. Zhejiang: Qingyuan, Baishanzu, 1964-05-??, P. S. Chiu 3924.

四回鳞毛蕨 ***Dryopteris quadrifida*** Ching in Jiangxi Sci. 8(3): 49. 1990. **Holotype:** China. Jiangxi: Anfu, Wugongshan, alt. 1 300 m, 1954-09-09, Jiangxi Exped. 1161.

挂墩鳞毛蕨 ***Dryopteris quatanensis*** Ching in Wuyi Sci. Journ. 1: 6. 1981. **Holotype:** China. Fujian: Chongan, alt. 1 600 m, 1979-08-23, Wuyishan Exped. 00915.

远羽鳞毛蕨 ***Dryopteris remotipinnula*** Ching & C. F. Zhang in Bull. Bot. Res., Harbin 3(3): 15, photo. 12. 1983. **Holotype:** China. Zhejiang: Yin Xian, alt. 120 m, 1979-11-04, K. H. Shing & al. 544.

红柄鳞毛蕨 ***Dryopteris rubristipes*** Ching & Z. Y. Liu in Bull. Bot. Res., Harbin 3(4): 19. photo. 17. 1983. **Holotype:** China. Chongqing: Nanchuan, alt. 1 300 m, 1982-08-13, Z. Y. Liu 3521.

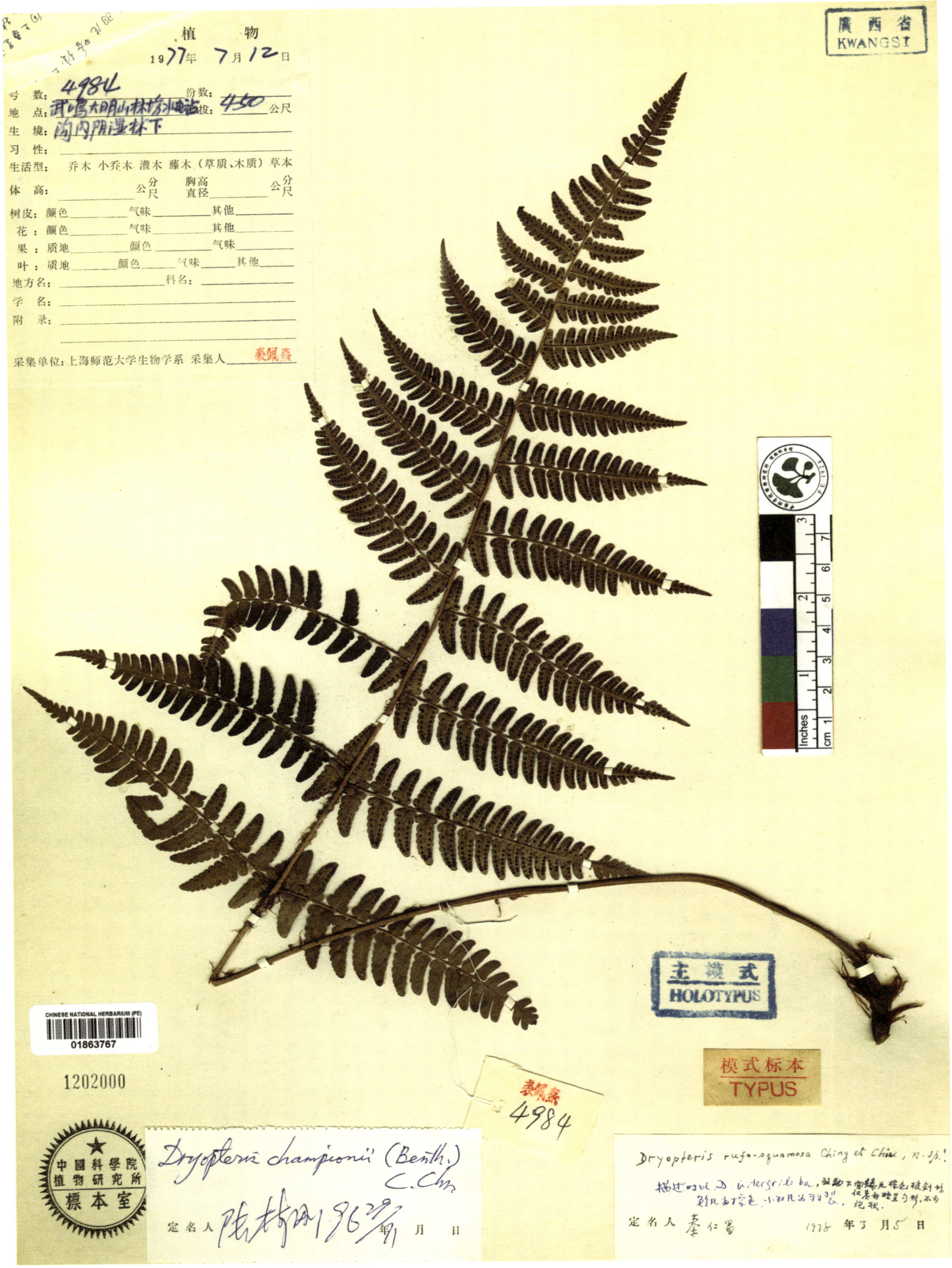

红鳞毛蕨 ***Dryopteris rufosquamosa*** Ching & P. S. Chiu in Bot. Res. Inst. Bot. (Beijing) 1987(2): 6, pl. 3: 1. 1987. **Holotype:** China. Guangxi: Wuming, Damingshan, alt. 450 m, 1977-07-12, P. S. Chiu 4984.

糙柄鳞毛蕨 ***Dryopteris scabripes*** Ching in Bot. Res. Inst. Bot. (Beijing) 1987(2): 9, pl. 4: 2. 1987. **Holotype:** China. Chongqing: Beibei, Jinyunshan, alt. 500 m, 1952-10-??, Y. Zhou s. n.

无柄鳞毛蕨 ***Dryopteris sessilipinna*** Ching & P. S. Chiu in Bot. Res. Inst. Bot. (Beijing) 1987(2): 29, pl. 10: 4. 1987. **Holotype:** China. Guangxi: Wuming, Damingshan, alt. 900 m, 1977-07-15, P. S. Chiu 5063.

上海鳞毛蕨 ***Dryopteris shanghaiensis*** Ching & P. S. Chiu in Bot. Res. Inst. Bot. (Beijing) 1987(2): 24, pl. 9: 1. 1987.
Holotype: China. Shanghai: Sheshan, 1973-07-17, P. S. Chiu 4445.

三泉鳞毛蕨 ***Dryopteris shangqianensis*** Ching & Z. Y. Liu in Bull. Bot. Res., Harbin 4(3): 20, photo. 22. 1984. **Holotype:** China. Chongqing: Nanchuan, alt. 900 m, 1983-01-29, Z. Y. Liu 3827.

三门鳞毛蕨 ***Dryopteris shanmenensis*** Ching & P. S. Chiu in Bot. Res. Inst. Bot. (Beijing) 1987(2): 2, pl. 1: 2. 1987. **Holotype:** China. Guangxi: Longsheng, alt. 300 m, 1977-06-16, P. S. Chiu 4577.

陕西鳞毛蕨 ***Dryopteris shensicola*** Ching & Y. T. Hsieh, Fl. Tsinling. 2: 173, 229. 1974. **Holotype:** China. Shaanxi: Taibaishan, alt. 1 300 m, 1937-08-24, T. N. Liou & P. C. Tsoong 247.

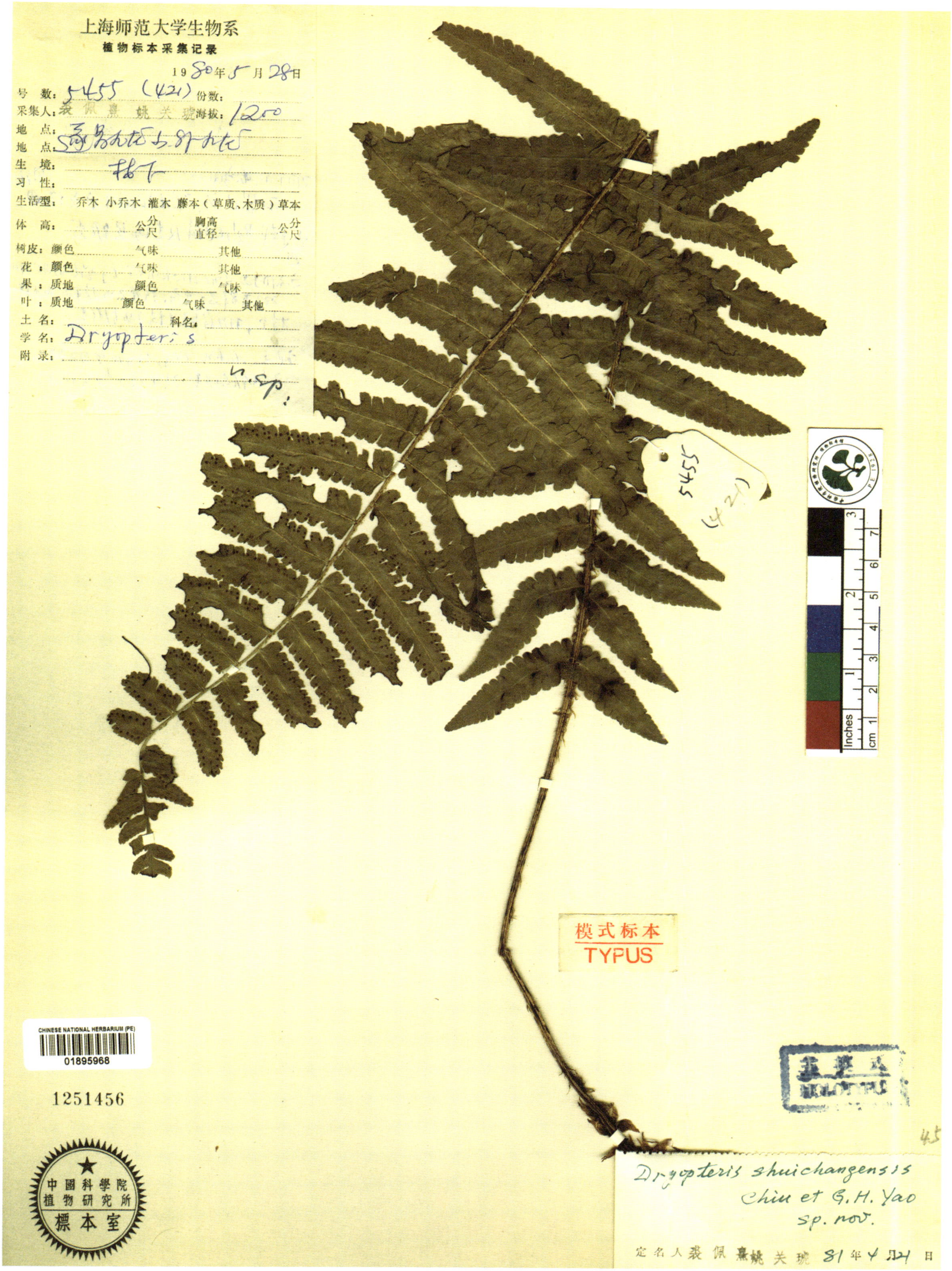

遂昌鳞毛蕨 ***Dryopteris shuichangensis*** P. S. Chiu G. H. Yao ex Ching in Bull. Bot. Res., Harbin 2(2): 63, photo. 1: 2. 1982.

Holotype: China. Zhejiang: Suichang, alt. 1 200 m, 1980-05-28, P. S. Chiu & G. H. Yao 5455.

夕拉鳞毛蕨 ***Dryopteris silaensis*** Ching in Bull. Fan Mem. Inst. Biol., Bot. Ser. 11: 65. 1941. **Isotype:** China. Yunnan: Dêqên, Sila, alt. 3 400~3 500m, 1940-07-14, K. M. Feng 5421.

褐鳞鳞毛蕨 ***Dryopteris squamifera*** Ching & S. K. Wu, Fl. Xizang. 1: 250. 1983. **Holotype:** China. Xizang: Gyirong, alt. 3 500~3 600 m, 1975-07-05, C. Y. Wu & al. 75-0617.

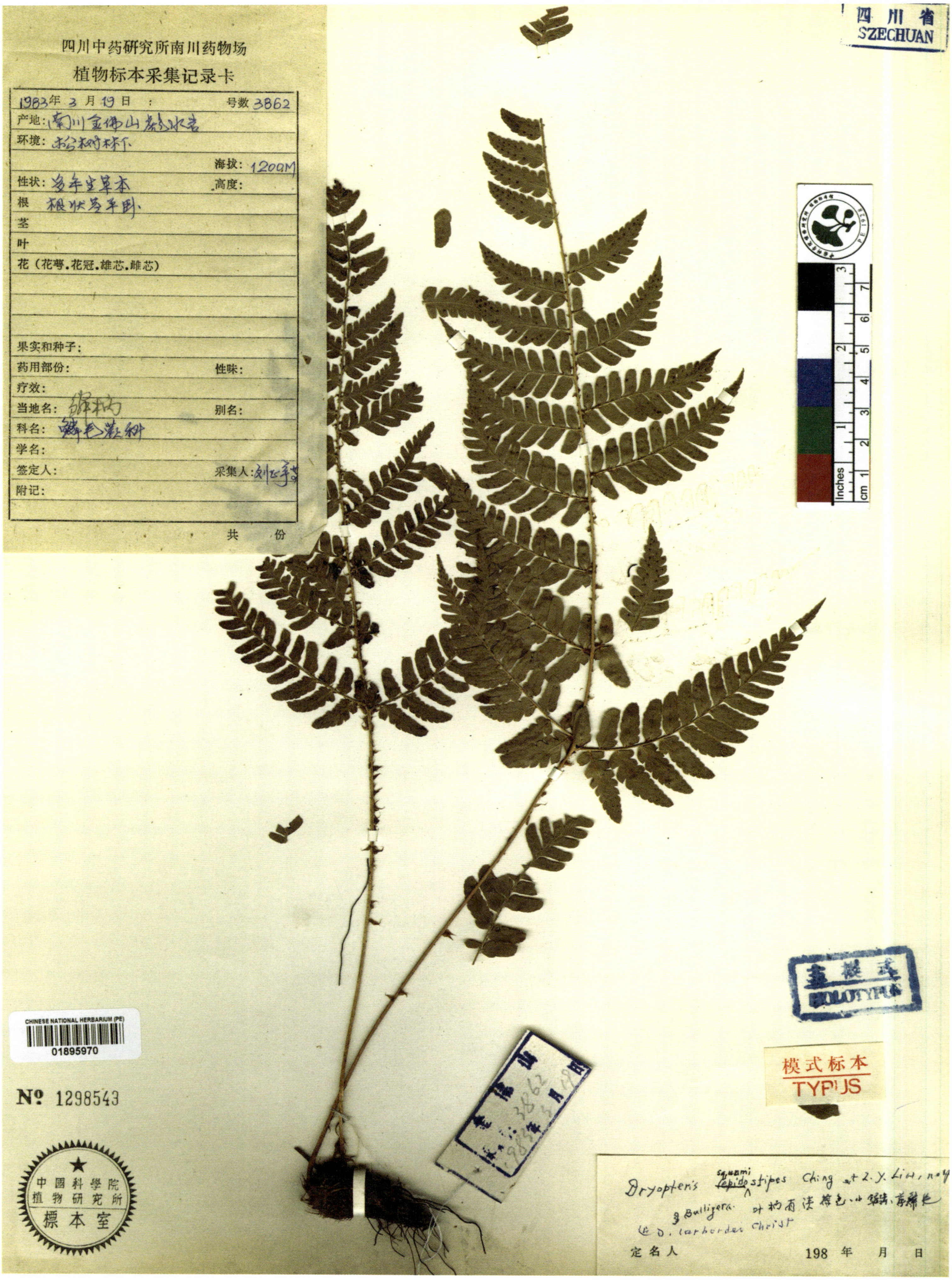

鳞柄鳞毛蕨 ***Dryopteris squamistipes*** Ching & Z. Y. Liu in Bull. Bot. Res., Harbin 4(4): 7, photo. 35. 1984. **Holotype:** China. Chongqing: Nanchuan, alt. 1 200 m, 1983-03-19, Z. Y. Liu 3862.

密羽鳞毛蕨 ***Dryopteris stenochlamys*** Ching ex K. H. Shing & J. F. Cheng in Jiangxi Sci. 8(3): 49. 1990. **Holotype:** China. Jiangxi: Lushan, alt. 450 m, 1963-07-21, P. S. Chiu 3111.

近阿萨姆鳞毛蕨 ***Dryopteris subassamensis*** Ching in Bull. Fan Mem. Inst. Biol., Bot. Ser. 8: 451. 1938. **Holotype:** China. Guangxi: Yaoshan, alt. 1 100 m, 1928-06-11, S. S. Sin 445.

湖南鳞毛蕨 ***Dryopteris subchampionii*** Ching in Bot. Res. Inst. Bot. (Beijing) 1987(2): 14, pl. 5: 4. 1987. **Holotype:** China. Hunan: Chengbu, alt. 850 m, 1959-07-14, P. C. Tam 64037.

近边生鳞毛蕨 ***Dryopteris submarginalis*** Ching, Boufford & K. H. Shing in Bartholomew & al., Journ. Arn. Arb. 64(1): 30, f. 10. 1983. **Holotype:** China. Hubei: Shennongjia, alt. 1 300 m, 1980-09-14, Sino-Amer. Exped. 1356.

无柄鳞毛蕨 ***Dryopteris neofuscipes*** Ros. in Fedde, Repert. Spec. Nov. Regni Veg. 13: 132. 1914. **Isotype:** China. Guizhou: Pinfa (=Guiding), 1912-11-??, J. Cavalerie 2886.

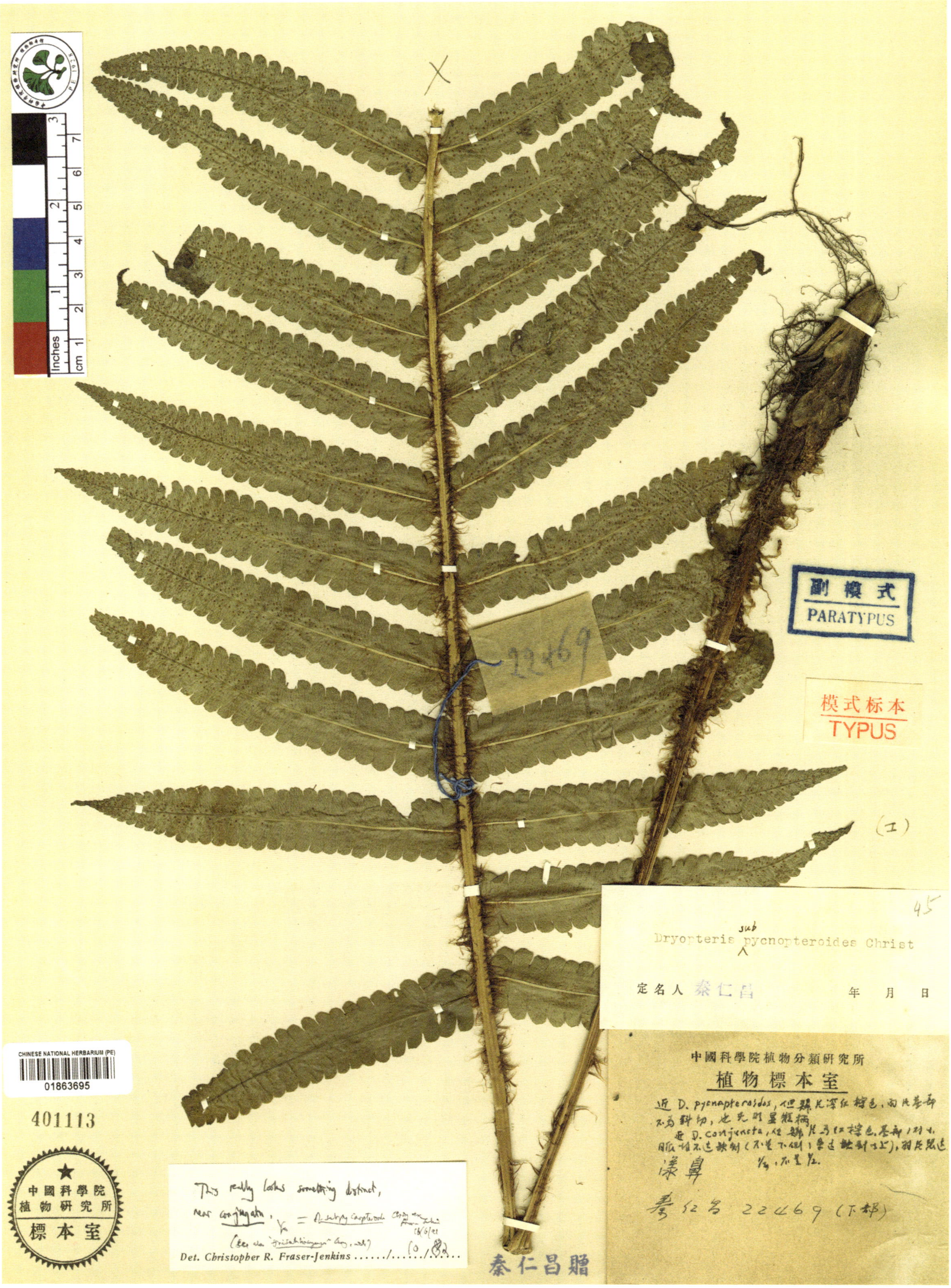

远密鳞鳞毛蕨 ***Dryopteris subpycnopteroides*** Ching ex Fraser-Jenkins in Bull. Brit. Mus. (Nat. Hist.), Bot. Ser. 14(3): 199. 1986. **Paratype:** China. Yunnan: Yangbi, R. C. Ching 22469.

百山祖鳞毛蕨 ***Dryopteris subtenuicula*** Ching & P. S. Chiu in Bot. Res. Inst. Bot. (Beijing) 1987(2): 29, pl. 19: 3. 1987.
Holotype: China. Zhejiang: Qingyuan, Baishanzu, 1964-05-??, P. S. Chiu 3985.

凹脉鳞毛蕨 ***Dryopteris supraimpressa*** Ching, Boufford & K. H. Shing in Bartholomew & al., Journ. Arn. Arb. 64(1): 30. 1983. **Holotype:** China. Hubei: Lichuan, alt. 1 500 m, 1980-10-07, Sino-Amer. Exped. 2020.

泰山鳞毛蕨 ***Dryopteris taishanensis*** F. Z. Li & C. K. Ni in Acta Phytotax. Sin. 20(3): 344 f. 2. 1982. **Isotype:** China. Shandong: Taishan, 1980-09-02, F. Z. Li 0621.

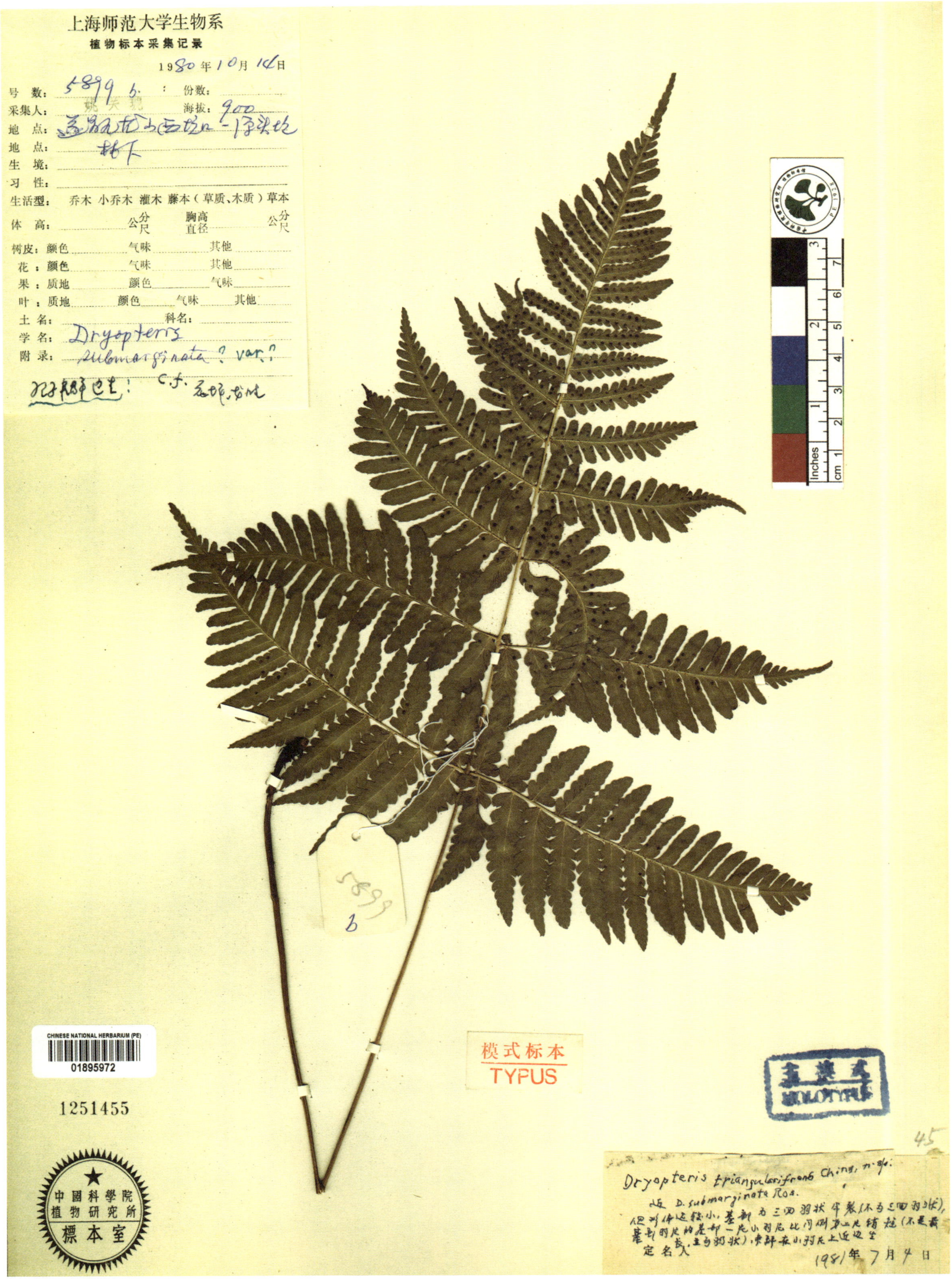

三角鳞毛蕨 ***Dryopteris triangularifrons*** Ching in Bull. Bot. Res., Harbin 2(2): 64, photo. 1: 4. 1982. **Holotype:** China. Zhejiang: Suichang, alt. 900 m, 1980-10-14, G. H. Yao 5899b.

观光鳞毛蕨 ***Dryopteris tsoongii*** Ching in Bot. Res. Inst. Bot. (Beijing) 1987(2): 14, pl. 6: 1. 1987. **Holotype:** China. Anhui: Yuting, 1926-12-09, K. K. Tsoong 4520.

块茎鳞毛蕨 ***Dryopteris tuberculifera*** C. Chr. in Contr. Unit. Stat. Nat. Herb. 26(6): 275. 1931. **Isotype:** China. Yunnan: Precise locality not known, 1922-03-(2-12), Rock 2731.

尾羽鳞毛蕨 ***Dryopteris uropinna*** Price in Gard. Bull. Singapore 30: 244. 1977. **Isotype:** Phlippine. Luzon: Mt. Burnay, alt. 1 900 m, 1975-12-(3-5), M. G. Price 3364.

脉纹鳞毛蕨 ***Dryopteris venosa*** Ching & S. K. Wu, Fl. Xizang. 1: 264, f. 63: 1-2. 1983. **Holotype:** China. Xizang: Zayü, alt. 2 200 m, 1973-07-04, Qinghai-Xizang Exped. 73-566.

喜马拉雅鳞毛蕨 ***Dryopteris wallichiana*** (Spreng.) Hylander var. ***himalaica*** Ching & S. K. Wu, Fl. Xizang. 1: 257. 1983.

Holotype: China. Xizang: Zayü, alt. 2 300 m, 1973-07-14, Qinghai-Xizang Exped. 73-682.

武夷山鳞毛蕨 ***Dryopteris wuyishanensis*** Ching, Fl. Fujian. 1: 198, 600. 1982. **Paratype:** China. Fujian: Chongan, 1958-09-31, P. S. Chiu 1531.

雁荡鳞毛蕨 ***Dryopteris yandangensis*** Ching & C. F. Zhang in Bull. Bot. Res., Harbin 3(3): 13, photo. 11. 1983. **Holotype:** China. Zhejiang: Leqing, alt. 100 m, 1979-11-18, K. H. Shing & al. 189.

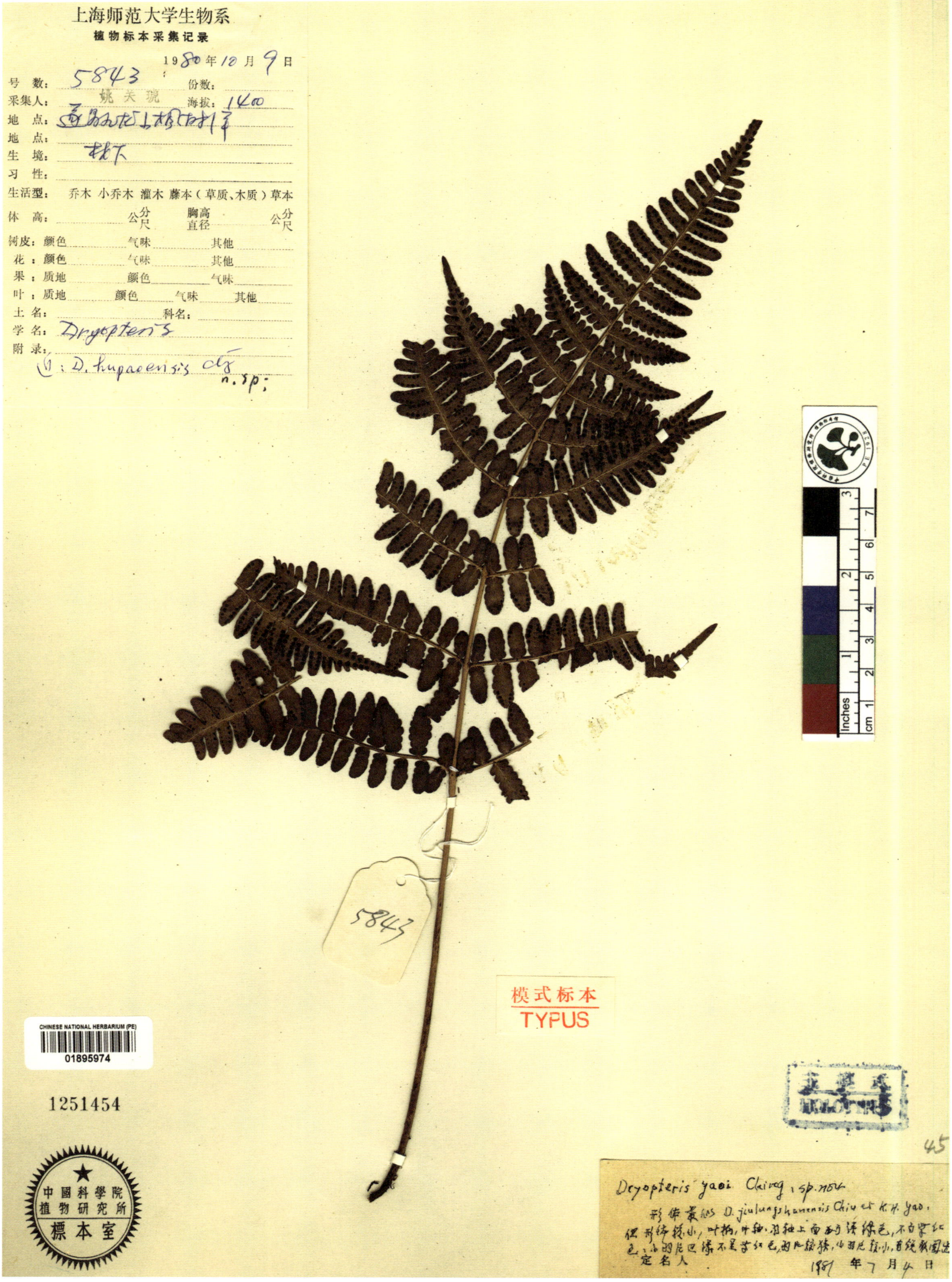

姚氏鳞毛蕨 ***Dryopteris yaoi*** Ching in Bull. Bot. Res., Harbin 2(2): 64, photo. 1: 3. 1982. **Holotype:** China. Zhejiang: Shuichang, alt. 1 400 m, 1980-10-09, G. H. Yao 5843.

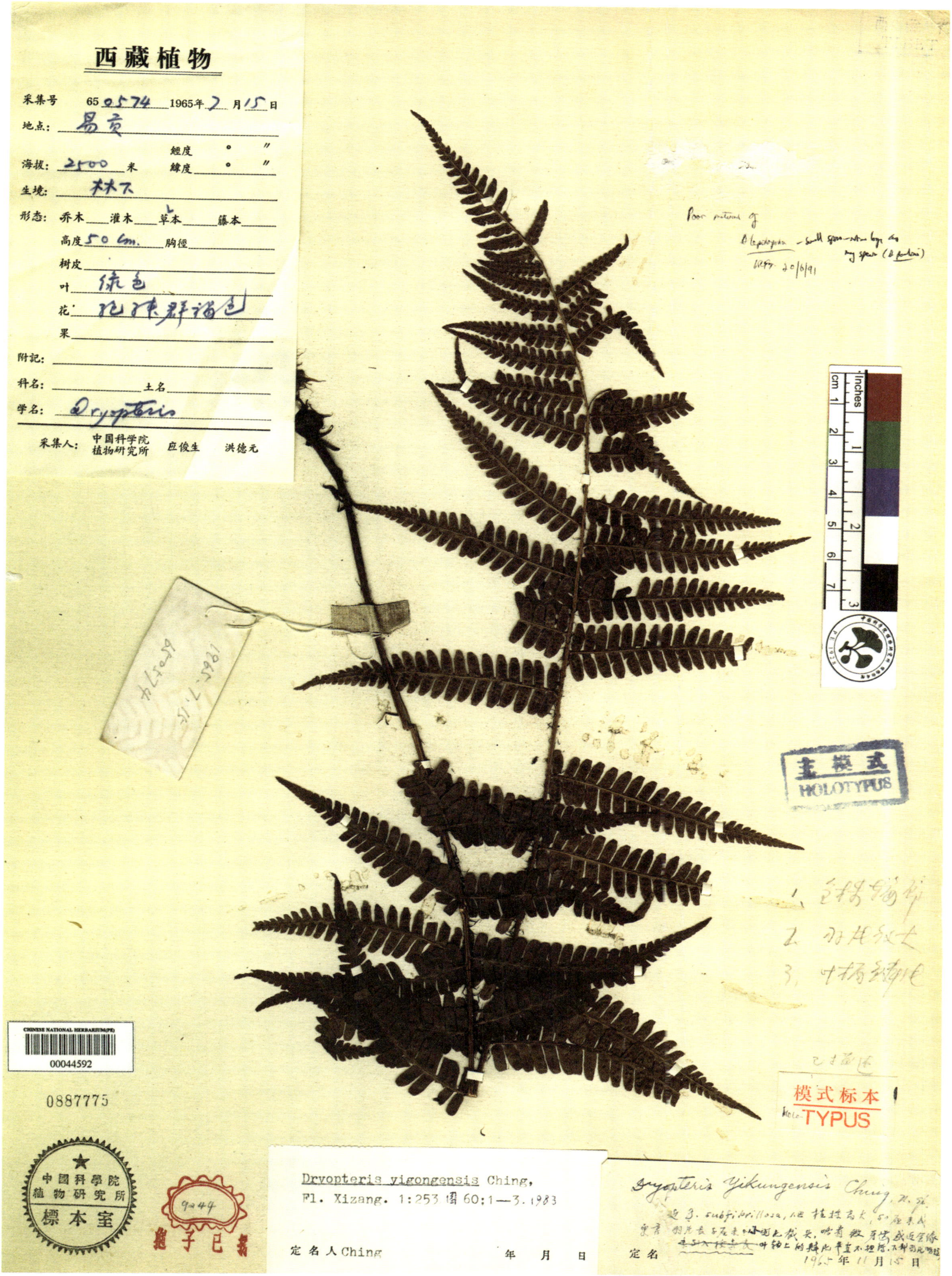

易贡鳞毛蕨 ***Dryopteris yigongensis*** Ching, Fl. Xizang. 1: 253, f. 60: 1-3, pl. 6: 5-6. 1983. **Holotype:** China. Xizang: Bomi, Yigong, alt. 2 500 m, 1965-07-15, T. S. Ying & D. Y. Hong 650574.

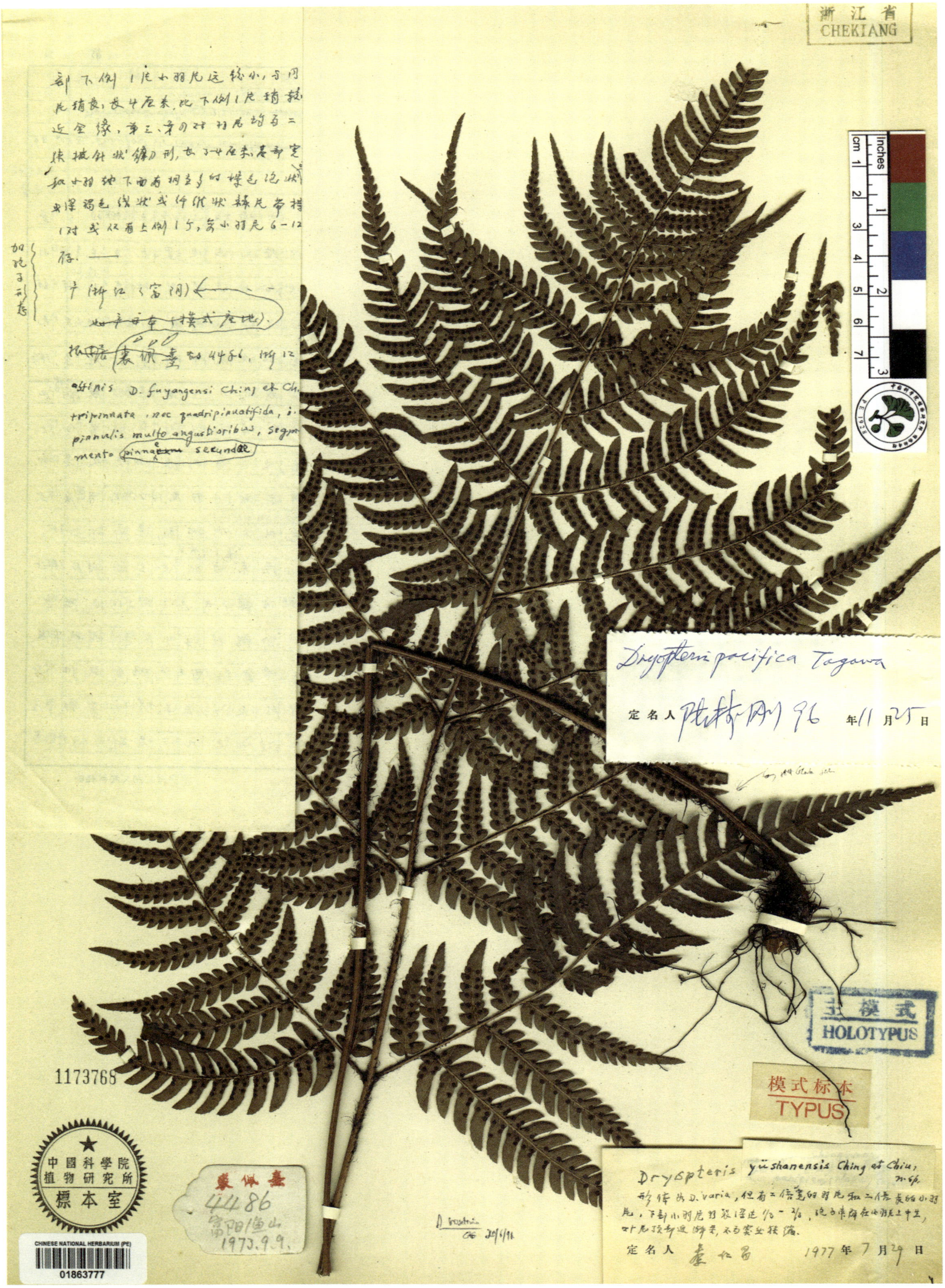

渔山鳞毛蕨 ***Dryopteris yushanensis*** Ching & P. S. Chiu in Bot. Res. Inst. Bot. (Beijing) 1987(2): 28, pl. 10: 2. 1987. **Holotype:** China. Zhejiang: Fuyang, Yushan, 1973-09-09, P. S. Chiu 4486.

察隅鳞毛蕨 ***Dryopteris zayuensis*** Ching & S. K. Wu, Fl. Xizang. 1: 255. 1983. **Holotype:** China. Xizang: Zayü, alt. 3 700 m, 1973-06-26, Qinghai-Xizang Exped. 373.

光柄鳞毛蕨 ***Dryopteris zhangii*** Ching in Bull. Bot. Res., Harbin 3(3): 26, photo. 19. 1983. **Holotype:** China. Zhejiang: Yin Xian, alt. 300 m, 1981-08-11, C. F. Zhang 6830.

浙南鳞毛蕨 ***Dryopteris zhenanensis*** Ching & P. S. Chiu in Bot. Res. Inst. Bot. (Beijing) 1987(2): 11, pl. 5: 1. 1987. **Holotype:** China. Zhejiang: Qingyuan, Baishanzu, P. S. Chiu 4288.

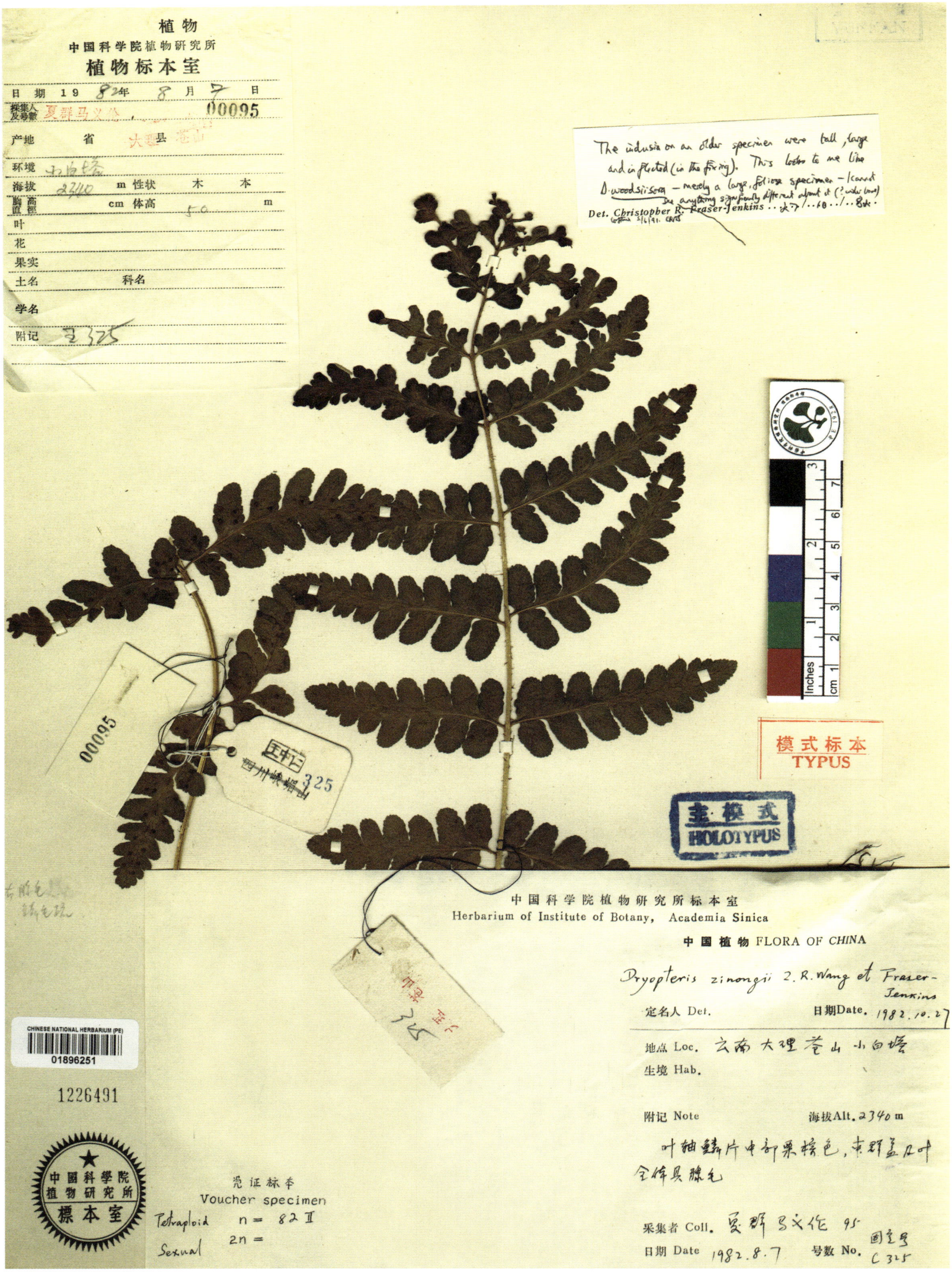

子农鳞毛蕨 ***Dryopteris zinongii*** Z. R. Wang & Fraser-Jenkins in Acta Phytotax. Sin. 23(5): 345, pl. 1: 3-4, f. 1: 2. 1985.
Holotype: China. Yunnan: Dali, Cangshan, 2 340 m, 1982-08-07, Q. Xia & Y. L. Ma 00095.

阿萨姆鳞毛蕨 ***Nephrodium assamense*** C. Hope in Journ. Bot., Brit. For. 28(299): 326. 1890. **Isotype:** India. Assam: Nambur Forest, G. Mann 10.

细鳞鳞毛蕨 ***Nephrodium microlepis*** Baker in Bull. Mis. Inf. 1906(1): 10. 1906. **Isotype:** China. Yunnan: Simao, alt. 1 670 m, A. Henry 13154.

光亮鳞毛蕨 ***Nephrodium splendens*** Wall. ex Hook. in Sp. Fil. 4: 126. 1862. **Isotype:** India. Sikkim, T. Thomson s. n.

棕鳞肉刺蕨 ***Nothoperanema diacalpioides*** Ching in Acta Phytotax. Sin. 11: 28. 1966. **Holotype:** China. Yunnan: Jingping, alt. 2 400 m, 1956-??-??, Sino-Russia Yunnan Exped. 2455.

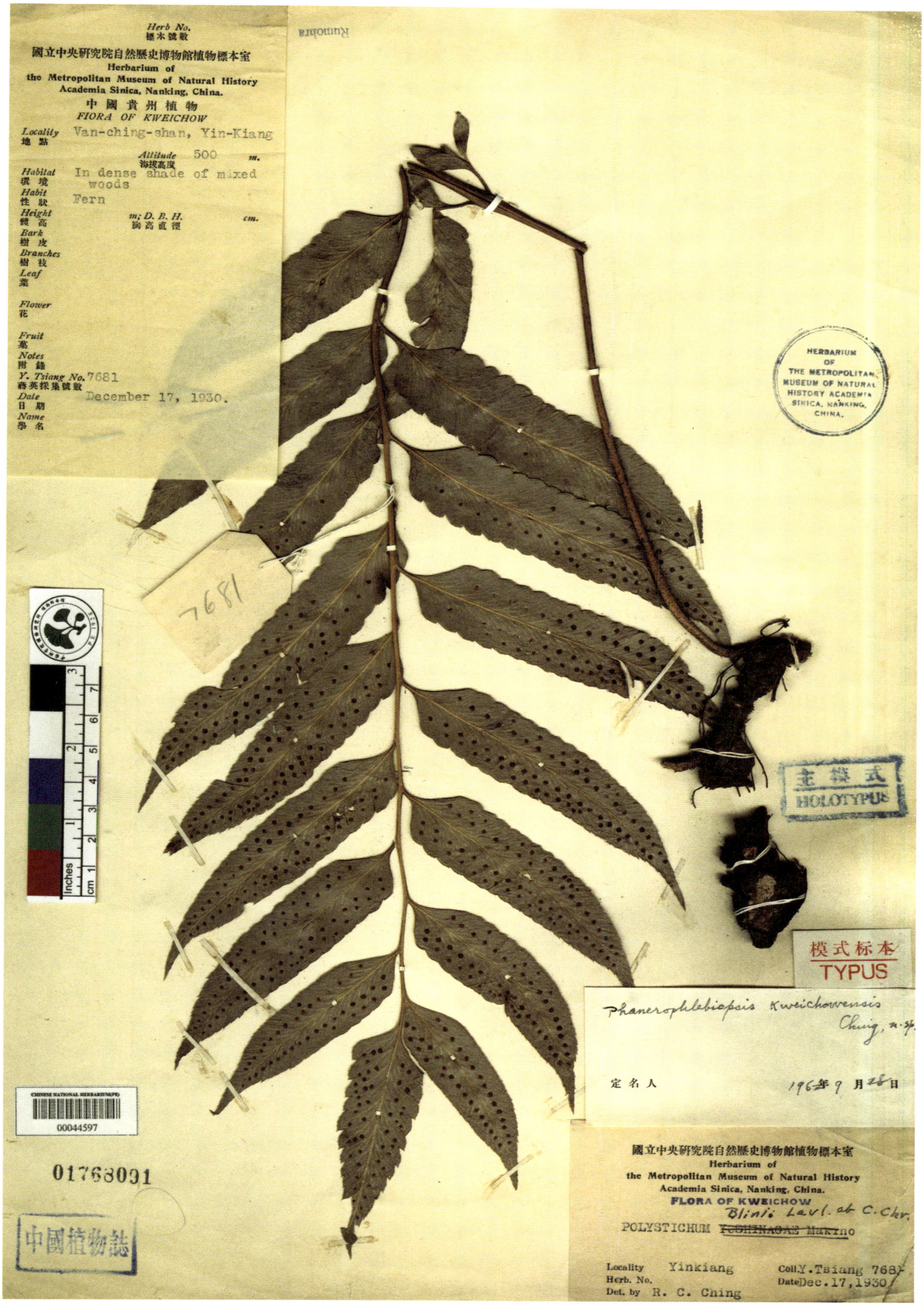

大羽黔蕨 ***Phanerophlebiopsis kweichowensis*** Ching in Acta Phytotax. Sin. 10(2): 116. 1965. **Holotype:** China. Guizhou: Yinjiang, alt. 500 m, 1930-12-17, Y. Tsiang 7681.

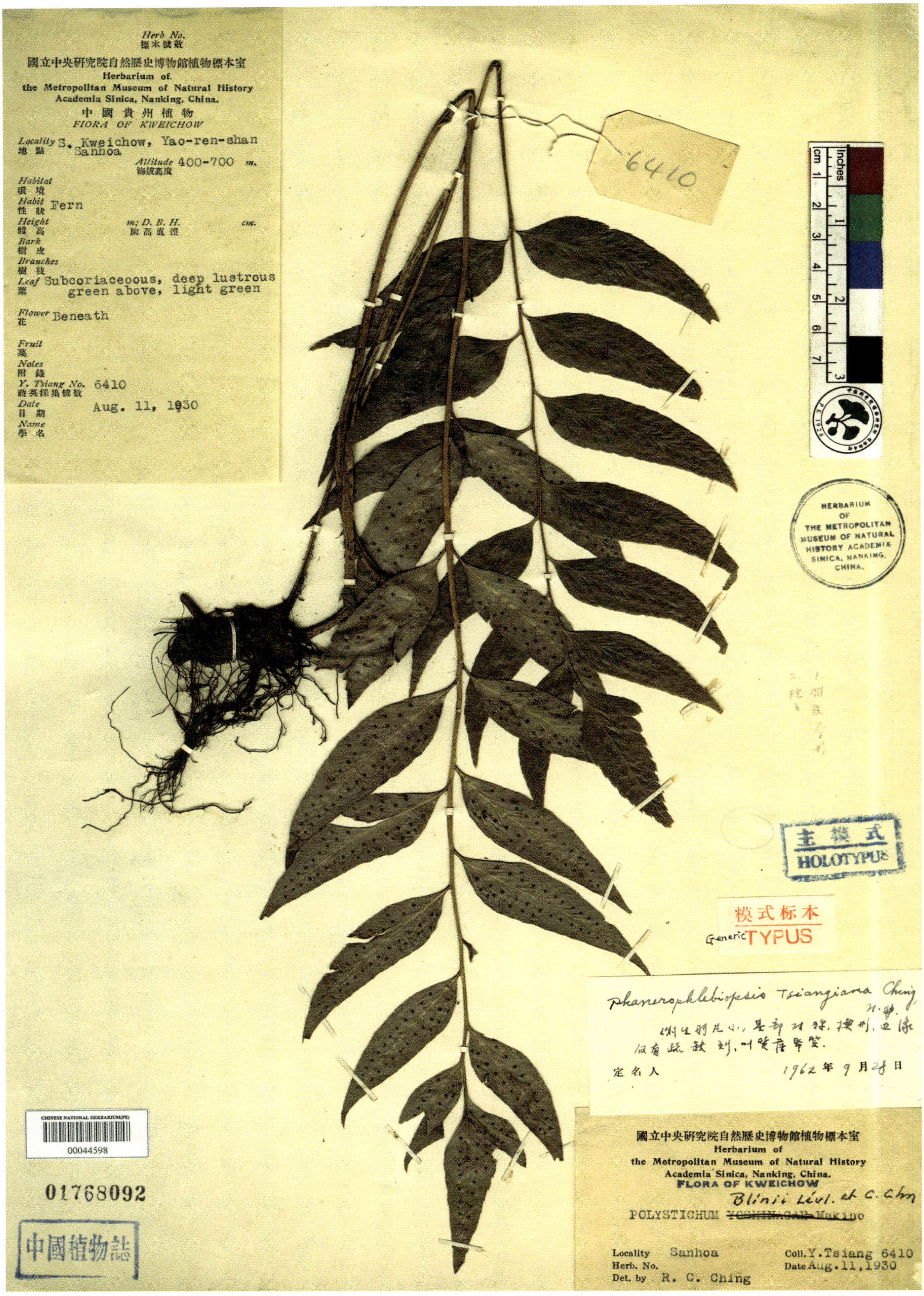

黔蕨 ***Phanerophlebiopsis tsiangiana*** Ching in Acta Phytotax. Sin. 10(2): 116, pl. 21: 5-7. 1965. **Holotype:** China. Guizhou: Sanhoa (=Sandu), alt. 400-700 m, 1930-08-11, Y. Tsiang 6410.

Index to Scientific Names / 拉丁学名索引

D

Index to Chinese Names／中名索引

7 画

8 画

9 画

10 画

11 画

12 画

13 画

14 画

Authors and Addresses ／作者及工作单位地址

BAN Qin, CHEN Shurong, DU Yufen, LIN Qi, MA Xintang, TIAN Xiya, WANG Zhongtao, YANG Zhirong
China National Herbarium (PE), Institute of Botany, Chinese Academy of Sciences, Xiangshan, Beijing 100093, Beijing.

HE Dongdong, SONG Li
Department of Biology, Taiyuan Normal University, Taiyuan 030031, Shanxi.

LIN Yun
Hunan Medication Vestibule School, Changsha 410208, Hunan.

班　勤　陈淑荣　杜玉芬　林　祁　马欣堂　田希娅　王忠涛　杨志荣
邮政编码：100093，北京市，香山，中国科学院植物研究所 国家植物标本馆（PE）

何东东　宋　莉
邮政编码：030031，山西省，太原市，太原师范学院 生物系

林　云
邮政编码：410208，湖南省，长沙市，湖南省医药技工学校